Zahlbereiche

Mathematik Primarstufe und Sekundarstufe I + II

Herausgegeben von
Prof. Dr. Friedhelm Padberg
Universität Bielefeld

Bisher erschienene Bände (Auswahl):

Didaktik der Mathematik

P. Bardy: Mathematisch begabte Grundschulkinder – Diagnostik und Förderung (P)
M. Franke: Didaktik der Geometrie (P)
M. Franke/S. Ruwisch: Didaktik des Sachrechnens in der Grundschule (P)
K. Hasemann: Anfangsunterricht Mathematik (P)
K. Heckmann/F. Padberg: Unterrichtsentwürfe Mathematik Primarstufe (P)
G. Krauthausen/P. Scherer: Einführung in die Mathematikdidaktik (P)
G. Krummheuer/M. Fetzer: Der Alltag im Mathematikunterricht (P)
F. Padberg: Didaktik der Arithmetik (P)
P. Scherer/E. Moser Opitz: Fördern im Mathematikunterricht der Primarstufe (P)

G. Hinrichs: Modellierung im Mathematikunterricht (P/S)

R. Danckwerts/D. Vogel: Analysis verständlich unterrichten (S)
G. Greefrath: Didaktik des Sachrechnens in der Sekundarstufe (S)
F. Padberg: Didaktik der Bruchrechnung (S)
H.-J. Vollrath/H.-G. Weigand: Algebra in der Sekundarstufe (S)
H.-J. Vollrath: Grundlagen des Mathematikunterrichts in der Sekundarstufe (S)
H.-G. Weigand/T. Weth: Computer im Mathematikunterricht (S)
H.-G. Weigand et al.: Didaktik der Geometrie für die Sekundarstufe I (S)

Mathematik

F. Padberg: Einführung in die Mathematik I – Arithmetik (P)
F. Padberg: Zahlentheorie und Arithmetik (P)

K. Appell/J. Appell: Mengen – Zahlen – Zahlbereiche (P/S)
S. Krauter: Erlebnis Elementargeometrie (P/S)
H. Kütting/M. Sauer: Elementare Stochastik (P/S)
T. Leuders: Erlebnis Arithmetik (P/S)
F. Padberg: Elementare Zahlentheorie (P/S)
F. Padberg/R. Danckwerts/M. Stein: Zahlbereiche (P/S)

A. Büchter/H.-W. Henn: Elementare Analysis (S)
G. Wittmann: Elementare Funktionen und ihre Anwendungen (S)

P: Schwerpunkt Primarstufe
S: Schwerpunkt Sekundarstufe

Weitere Bände in Vorbereitung

Friedhelm Padberg /
Rainer Danckwerts / Martin Stein

Zahlbereiche

Eine elementare Einführung

Autor:
Prof. Dr. Friedhelm Padberg
Fakultät für Mathematik
Universität Bielefeld

Wichtiger Hinweis für den Benutzer
Der Verlag und die Autoren haben alle Sorgfalt walten lassen, um vollständige und akkurate
Informationen in diesem Buch zu publizieren. Der Verlag übernimmt weder Garantie noch die
juristische Verantwortung oder irgendeine Haftung für die Nutzung dieser Informationen, für
deren Wirtschaftlichkeit oder fehlerfreie Funktion für einen bestimmten Zweck. Der Verlag
übernimmt keine Gewähr dafür, dass die beschriebenen Verfahren, Programme usw. frei von
Schutzrechten Dritter sind. Die Wiedergabe von Gebrauchsnamen, Handelsnamen, Warenbe-
zeichnungen usw. in diesem Buch berechtigt auch ohne besondere Kennzeichnung nicht zu der
Annahme, dass solche Namen im Sinne der Warenzeichen- und Markenschutz-Gesetzgebung als
frei zu betrachten wären und daher von jedermann benutzt werden dürften. Der Verlag hat sich
bemüht, sämtliche Rechteinhaber von Abbildungen zu ermitteln. Sollte dem Verlag gegenüber
dennoch der Nachweis der Rechtsinhaberschaft geführt werden, wird das branchenübliche
Honorar gezahlt.

Bibliografische Information der Deutschen Nationalbibliothek
Die Deutsche Nationalbibliothek verzeichnet diese Publikation in der Deutschen Nationalbiblio-
grafie; detaillierte bibliografische Daten sind im Internet über http://dnb.d-nb.de abrufbar.

Springer ist ein Unternehmen von Springer Science+Business Media
springer.de

1. Auflage 1995, 1. Nachdruck 2001, 2. Nachdruck 2010
© Spektrum Akademischer Verlag Heidelberg 1995
Spektrum Akademischer Verlag ist ein Imprint von Springer

10 11 12 13 14   5 4 3

Lektorat: Dr. Andreas Rüdinger, Bianca Alton
Umschlaggestaltung: SpieszDesign, Neu–Ulm

ISBN 978-3-86025-394-6

Inhaltsverzeichnis

Einleitung

Dieser Band gibt eine elementare, praxisnahe Einführung in die Zahlbereiche der natürlichen Zahlen, der Bruchzahlen (positive rationale Zahlen), der rationalen Zahlen, der reellen Zahlen und der komplexen Zahlen. Seine Zielgruppe sind Studenten mit dem Fach Mathematik für die Sekundarstufe I und II, Studenten der Primarstufe mit Mathematik als Wahlfach sowie Mathematiklehrer aller Schulstufen.

Im *ersten* Kapitel dieses Bandes behandeln wir die *natürlichen Zahlen*, und zwar unter zwei verschiedenen Blickwinkeln. Einmal besitzen die natürlichen Zahlen wegen ihrer einfachen Struktur charakteristische *Beweistechniken* wie beispielsweise die vollständige Induktion oder das Kettenprinzip, die für die rationalen und reellen Zahlen *nicht* zur Verfügung stehen. Wir verdeutlichen diese verschiedenen Beweistechniken anhand vieler Beispiele und weisen ihre Äquivalenz nach. Auf der anderen Seite führen wir die natürlichen Zahlen unter dem Gesichtspunkt einer *Grundlegung des Zahlbegriffs sowie der vier Grundrechenarten* auf zwei verschiedene Arten ein, nämlich als Ordinalzahlen und Kardinalzahlen. Hierbei erfolgt zunächst – ausgehend von anschaulichen Perlenketten–Modellen – eine axiomatische Charakterisierung der natürlichen Zahlen als *Ordinalzahlen* mit Hilfe der Peano–Axiome. Anschließend thematisieren wir die Frage, wie man die natürlichen Zahlen in der Sprache der Mengenlehre darstellt und dann mit diesen Zahlen als *Kardinalzahlen* rechnet. Dabei werden jeweils die Grundrechenarten eingeführt und die wesentlichen Rechengesetze bewiesen. Ein kurzer Abschnitt über *Primzahlen* rundet das erste Kapitel ab.

Schon zur Beschreibung vieler alltäglicher Sachverhalte reichen jedoch die natürlichen Zahlen *nicht* aus. Darum behandeln wir im *zweiten* Kapitel die wesentlich leistungsfähigeren *Bruchzahlen* oder positiven rationalen Zahlen. Hiermit weichen wir von der in der Hochschulmathematik oft üblichen Abfolge ab. Wir führen zunächst die Bruchzahlen und *nicht* die *ganzen* Zahlen ein, da für unsere – auch im Unterricht der Schulen übliche – Abfolge insbesondere die größere Bedeutsamkeit der Bruchzahlen für das alltägliche Leben, die historische Entwicklung und auch die leichteren, anschaulichen Grundvorstellungen, die man mit den Bruchzahlen und den Rechenoperationen mit ihnen verbindet, sprechen. Nach einer einleitenden Fundierung der Bruchzahlen behandeln wir die Kleinerrelation und die vier Grundrechenarten. Beim anschließenden *Vergleich* mit den natürlichen Zahlen stellen wir viele Gemeinsamkeiten, aber auch wichtige Unterschiede fest. Vergleichen wir jedoch die natürlichen Zahlen mit *speziellen* Bruchzahlen, so erkennen wir eine völlige Entsprechung. Dies legt eine *Identifizierung* nahe und ermöglicht so die Deutung der Bruchzahlen als eine *Erweiterung* des Zahlbereichs der natürlichen Zahlen. Haben wir uns bislang ausschließlich ganz konkret mit den Bruchzahlen beschäftigt, so analysieren wir anschließend die durchgeführte Zahlbereichserweiterung – ganz im Sinne eines Spiralcurriculums – unter *strukturellen* Gesichtspunkten. Wir zeigen *allgemein*, daß wir bei einer entsprechenden Vorgehensweise eine gegebene Ausgangsmenge – sofern sie bestimmten Anforderungen genügt – *stets* zu einer *kommutativen Gruppe* erweitern können, in der neben der gegebenen Verknüpfung auch die *Umkehr*verknüpfung immer *ohne* Einschränkung ausführbar ist – genauso wie im konkreten Fall der Bruchzahlen dort neben der Multiplikation auch die Division ohne Einschränkung durchführbar ist. Die Beweisökonomie, die mit der Verwendung des Gruppenbegriffs verbunden ist, nutzen wir bei den folgenden Zahlbereichserweiterungen oft mit Gewinn aus. Die Bruchzahlen kann man sowohl als gemeine Brüche – so wie bislang geschehen – wie auch als *Dezimalbrüche* darstellen, wobei beide Darstellungen spezielle Vorteile aufweisen. Daher beenden wir dieses Kapitel mit einer gründlichen Darstellung des *Zusammenhanges* zwischen gemeinen Brüchen und Dezimalbrüchen.

Die Art der Gewinnung der Bruchzahlen im zweiten Kapitel kann man einprägsam mit dem Schlagwort *Neubau* beschreiben. Im bewußten Kontrast hierzu erhalten wir im *dritten* Kapitel die Menge der *rationalen Zahlen* durch einen *Anbau* an die positiven rationalen Zahlen : Wir konstruieren zu jeder Bruchzahl eine entsprechende negative Zahl und fügen die Null hinzu. Dieser Weg besitzt gegenüber dem auch hier möglichen Weg des Neubaus deutliche *Vorteile*. Daher wird auch im Mathematikunterricht der Schulen entsprechend vorgegangen – natürlich ohne dies dort so explizit zu thematisieren. Diese Vorteile erkaufen wir durch eine – wegen verschiedener Fallunterscheidungen – etwas mühsame und wenig elegante Beweisführung bei *einigen wenigen* Beweisen. Neben diesen Vorzügen und der „Schulnähe" wählen wir aber in diesem Kapitel für unsere Zielgruppe auch bewußt eine *andere* Vorgehensweise als im zweiten Kapitel, um sie so mit *beiden* naheliegenden Verfahren bei Zahlbereichserweiterungen vertraut zu machen.

Mit den rationalen Zahlen erreichen wir endlich einen Zahlbereich mit einer Kleinerrelation, in dem wir die *vier* Grundrechenarten *uneingeschränkt* – bis auf die Division durch Null – durchführen können. Viele der von uns in diesem Kapitel bewiesenen Aussagen gelten erfreulicherweise jedoch *nicht nur* für die rationalen Zahlen, sondern sogar *allgemein* für alle *vergleichbaren* algebraischen Strukturen, also für alle *Körper* sowie auch für alle angeordneten Körper. Auch hier heben wir also diese abstrakten Strukturbegriffe – ganz im Sinne eines Spiralcurriculums – erst *nach* der konkreten Behandlung der rationalen Zahlen ab. Somit können wir sie im folgenden mit Gewinn einsetzen und auf diese Art die mit diesen Strukturbegriffen verbundene Beweisökonomie gut verdeutlichen.

Nach der Behandlung des *Absolutbetrages* sowie der wichtigen Teilmenge der *ganzen* Zahlen beenden wir dieses Kapitel mit einem Rückblick beziehungsweise Ausblick auf *verschiedene* Wege von den natürlichen Zahlen zu den rationalen Zahlen, und zwar sowohl über die *Bruchzahlen* wie auch über die *ganzen Zahlen*.

Unsere Einführung der reellen Zahlen im *vierten* Kapitel orientiert sich an der *elementaren Grundvorstellung* der lückenlosen Zahlengeraden. An schulnahen Beispielen arbeiten wir zunächst heraus, warum die rationalen Zahlen nicht ausreichen. Nach der Thematisierung der *Vollständigkeit* von $\mathbb{R}$ behandeln wir die wichtige Korrespondenz zwischen reellen Zahlen und *Dezimalbrüchen*. Schließlich beleuchten wir die Möglichkeiten einer *Konstruktion* der reellen aus den rationalen Zahlen. Der *axiomatische Standpunkt* (Charakterisierung von $\mathbb{R}$ als vollständiger, angeordneter Körper) rundet das Kapitel ab. Insgesamt stellen wir bei diesem Kapitel die mathematisch–allgemeinbildende Perspektive in den Vordergrund; beweistechnische Momente erhalten exemplarisch besonderes Gewicht.

Die in diesem Band schrittweise durchgeführten Zahlbereichserweiterungen kommen im *fünften* Kapitel mit den *komplexen Zahlen* zu einem wohlbegründeten Abschluß. Wir zeigen zunächst auf, wie sich die komplexen Zahlen im Verlauf von *drei* Jahrhunderten von *eingebildeten* Zahlen voller Mystik zu einem sicher fundierten und sehr schlagkräftigen Werkzeug für viele Bereiche der Mathematik und der Naturwissenschaften gewandelt haben. Für diesen Wandel ist die – erst spät gefundene – adäquate *Veranschaulichung* der komplexen Zahlen äußerst wichtig und hilfreich. Die komplexen Zahlen bilden ebenso wie die reellen Zahlen einen *Körper* und besitzen damit alle hieraus folgenden algebraischen Eigenschaften. Sie bieten jedoch gegenüber den reellen Zahlen deutliche *Vorteile* beim Lösen von *Gleichungen*; denn aufgrund des Fundamentalsatzes der Algebra ist im Körper der komplexen Zahlen *jede* algebraische Gleichung lösbar. Die komplexen Zahlen sind also für algebraische Rechnungen – weit über das im Bereich der rationalen Zahlen erreichte Ziel der (mit Ausnahme der Division mit Null) uneingeschränkten Durchführbarkeit der vier Grundrechenarten hinaus – ideal geeignet. Dieser große Vorteil wird allerdings erkauft durch einen Verlust von vertrauten Eigenschaften bei der Kleinerrelation. Die komplexen Zahlen bilden im Gegensatz zu den reellen Zahlen keinen *angeord-*

neten Körper.

Der aufmerksame Leser dieses Bandes wird zwischen den einzelnen Kapiteln kleine *Unterschiede* im Sprachstil und zum Teil auch in der Vorgehensweise – nicht jedoch in der benutzten Symbolik – feststellen. Dies ist beabsichtigt und beruht darauf, daß *nicht* alle Kapitel aus *einer* Feder stammen, sondern daß das *erste* Kapitel über die natürlichen Zahlen von *Martin Stein* (Münster), das *zweite* Kapitel über die Bruchzahlen, das *dritte* Kapitel über die rationalen Zahlen und das *fünfte* Kapitel über die komplexen Zahlen von *Friedhelm Padberg* (Bielefeld) sowie das *vierte* Kapitel über die reellen Zahlen von *Rainer Danckwerts* (Siegen) jeweils konzipiert und geschrieben worden ist. Allen Kapiteln ist jedoch gemeinsam, daß die *Beweise* bewußt relativ breit dargestellt werden, um das Verständnis zu erleichtern. Möglichst elegante und kurze Beweise sind *nicht* die primäre Intention dieser elementaren Einführung. Jedes Kapitel enthält außerdem eine Fülle von *Übungsaufgaben* mit Lösungshinweisen im Anhang.

Für die Durchsicht des Manuskriptes sind wir den Kollegen Herget (Clausthal), Trauerstein (Bielefeld), Voigt (Bielefeld) und Vollmers (Siegen), für seine sorgfältige Erstellung Frau Meyer–Stodiek (Bielefeld) zu Dank verpflichtet.

Bielefeld / Siegen / Münster,   August 1995

Friedhelm Padberg   Rainer Danckwerts   Martin Stein

I Natürliche Zahlen

Die Zahlen $1, 2, 3, 4, \ldots$ sind in unseren Sprachgebrauch derart „selbstverständlich" eingegangen, daß ihre Bezeichnung als *natürliche Zahlen* auch mathematisch nicht vorgebildeten Menschen unmittelbar einsichtig ist. Dabei verschleiert der beiläufige Umgang mit diesen Zahlen im täglichen Leben, daß die „Erfindung" dieser Zahlen eine der großen kulturellen Leistungen der Menschheit ist. Abschnitt 1 gibt hierzu einige Informationen.

In den folgenden Abschnitten nähern wir uns schrittweise einer exakten Grundlegung der natürlichen Zahlen :

Zunächst behandeln wir im Abschnitt 2 auf der Grundlage einer naiven Kenntnis dieser Menge die dort *typischen* und für die Menge $\mathbb{N}$ der natürlichen Zahlen auch *charakteristischen* Beweisprinzipien.

Abschnitt 3 bringt die Charakterisierung der natürlichen Zahlen mit Hilfe der Peano–Axiome. Wir definieren die vier Grundrechenarten sowie die Kleiner–Relation und zeigen, daß die bekannten Gesetze aus den Peano–Axiomen ableitbar sind. Die Definition mit Hilfe der Peano–Axiome beschreibt lediglich die „Struktur" der Menge $\mathbb{N}$. Dies sieht man zum Beispiel daran, daß die Menge $\mathbb{N}_0$ wie auch die Menge $\{-1, -2, -3, \ldots\}$ ganz analog mit Hilfe der Peano–Axiome definiert werden können. Das „Wesen der natürlichen Zahlen" wird jedoch offensichtlich durch die Peano–Axiome noch nicht voll erfaßt : wir wissen, daß die 2 auf die 1 folgt, die 3 auf die 2, usw.; wir wissen aber noch nicht, was die 2 „eigentlich" ist. Zur Klärung dieses Problems trägt der Begriff der Kardinalzahlen im Abschnitt 4 bei.

Wir beenden das erste Kapitel im Abschnitt 5 mit einigen Bemerkungen über die *Primzahlen*, die als *Bausteine* der natürlichen Zahlen aufgefaßt werden können.

1 Vom Zählen und von den Zahlen

Wir verwenden die *natürlichen Zahlen* in vielfältiger Weise.

- Wir bezeichnen *Anzahlen* mit ihnen : „In der Klasse 5 a unserer Schule sind 28 Schüler".
  Den zugehörigen Aspekt des Zahlbegriffs nennen wir *Kardinalzahlaspekt.*

- Wir bezeichnen
  - *Reihenfolgen* mit ihnen : die Seitennumerierung dieses Buches ist

dafür ein Beispiel;

– *Rangplätze* innerhalb einer geordneten Reihe mit ihnen : „Michael Müller hat den dritten Platz beim Wettlauf erreicht".

Den zugehörigen Aspekt des Zahlbegriffs nennen wir *Ordinalzahlaspekt.*

– Wir *rechnen* mit ihnen. Das ist der *Rechenzahlaspekt* der Zahlen, der allerdings von den beiden vorgenannten Aspekten nicht ganz getrennt werden kann.

– Wir *kodieren Informationen* mit ihnen, zum Beispiel in PKW–Kennzeichen oder Telefonnummern.

Unser heutiger Umgang mit den natürlichen Zahlen ist so selbstverständlich, daß uns die großen Abstraktionsleistungen, die mit dem *Zahlbegriff*, mit der *sprachlichen Darstellung von Zahlen* sowie schließlich mit der *Zahlschrift* verbunden sind, kaum noch bewußt sind. Die folgenden drei Beispiele sollen deutlich machen, wie schwierig für die menschliche Vorstellung der Zahlbegriff ist und war.

Beispiel 1

Ob wir nun Zahlen zur Bezeichnung von *Anzahlen* oder zur Bezeichnung von *Rangplätzen* verwenden – wir gehen stets grundsätzlich davon aus, daß die verwendeten Zahlen *unabhängig vom Bezeichneten* sind. Entsprechend schreibt der Mathematiker und Philosoph *Russel* (1872 – 1970) :

> „Eine bestimmte Zahl ist nicht identisch mit einer Kollektion von so viel Elementen, wie diese Zahl beträgt. Die Zahl 3 ist nicht identisch mit dem Trio Brown, Jones und Robinson. Die Zahl 3 ist etwas, das alle Trios gemeinsam haben und sie von anderen Kollektionen unterscheidet." (Russel 1930, S. 11)

Bei näherer Betrachtung zeigt sich allerdings, daß die strenge Trennung der Zahl vom Gezählten lediglich für die *mathematische Fachsprache* charakteristisch ist, von der *Umgangssprache* dagegen nicht vollständig vollzogen wird. Hier sind Zahlvorstellungen vielfach noch mit dem Gezählten verbunden. Besonders deutlich wird dies bei der Zahl „Zwei". Um eine „Zweiheit" auszudrücken, sprechen wir von einem *Joch Ochsen*, von *Zwillingen*, von einem *Paar Schuhe*, aber nicht von einem *Joch Schuhe*.

Außer der Zwei finden wir auch verschiedene andere Bezeichnungen von Anzahlen, die mit dem *Gezählten* verbunden sind : wir kaufen ein *Dutzend Eier*, sprechen aber

— *selten* von einem *Dutzend Autos*, wenn unser Fuhrpark aus 12 Autos besteht,

und

— *nie* von einem *Dutzend Mark*, wenn wir für eine Ware 12,– DM bezahlt haben.

Wir finden hier also Reste einer *Kopplung des Gezählten an die jeweils verwendete Zahl.*

Aber auch wenn wir die *Zahlen* selbst unabhängig vom Inhalt verwenden, finden sich doch häufig noch „kontextgebundene" *Mengenbezeichnungen* : wir sprechen von *3 Kopf Salat* und von *4 Stück Vieh*, aber nicht von *4 Kopf Vieh*. Derartige *Zählklassen* finden sich in anderen Sprachen in weitaus systematischerer Form. So finden wir im Japanischen etwa 50 verschiedene Zählklassen. Gegenstände können nicht direkt gezählt werden, sondern müssen jeweils mit der zugehörigen Zählklasse verbunden werden.

„Da alles Walzenförmige zur jap. Klasse *hon* „Wurzel" rechnet und Gedichte zu *shu* „Kopf", so werden 4 Bäume und 4 Gedichte so gezählt :

Bäume 4–*hon*   Gedichte 4–*shu*." (Menninger 1979, Bd. I, S. 42)

Wir können mit Menninger (S. 43) weiter feststellen : „Gerade die Zählklassen zeigen uns noch einmal sehr klar, wie eng in der Vorstellung des früheren Menschen die Zahl mit der Sache zusammengedacht wird, wie stark die Sache die Zahl beherrscht. Sie lassen uns aber auch erkennen, welche Denkhindernisse der frühe Mensch überwinden mußte, wenn er von diesen Vorstufen aus die Zählreihe nicht nur loslösen, sondern auch über die ersten Anfänge hinaus *aufbauen* wollte."

Beispiel 2

Auch in der Darstellung von Zahlen durch Symbole, also in der *Zahlschrift*, kann das verwendete Zeichen vom jeweils Gezählten abhängen.

So haben Nissen, Damerow und Englund (1991) gezeigt, daß in alten babylonischen Texten (ca. 3000 bis 3500 v. Chr.) verschiedene Zahlzeichensysteme verwendet wurden, *abhängig vom jeweils gezählten Gut.*

So findet sich zum Beispiel die folgende Abrechnung über Zuteilung an Gerste. Die Vorderseite der Tafel zeigt die einzelnen Positionen, die Rückseite die Summe.

Wir haben hier also die folgende Rechnung vor uns :

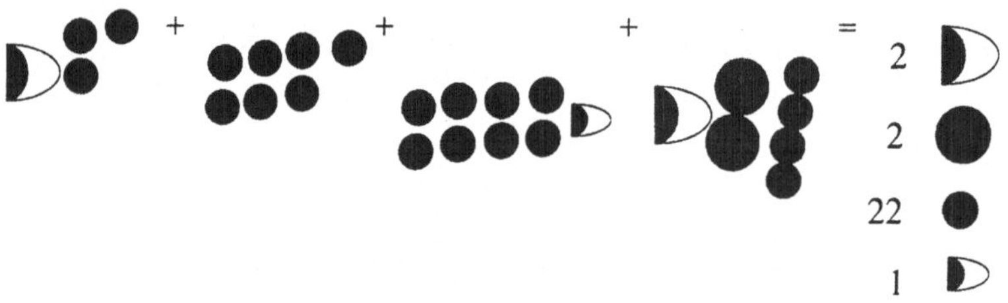

$$2$$
$$2$$
$$22$$
$$1$$

Das ist gleich :

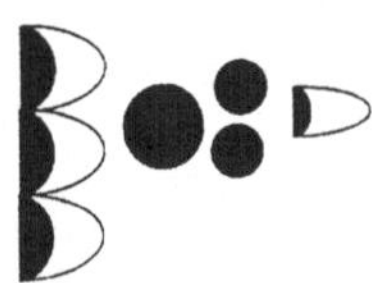

Das verwendete Zahlbezeichnungs–System zur Notierung von Hohlmaßen von Getreide arbeitet mit den folgenden Bündelungen :

Damerow et alii konnten zeigen, daß zum Teil dieselben Zeichen in anderen sachlichen Zusammenhängen mit gänzlich anderen Bündelungen verbunden waren. So findet sich in einem System zur Zählung von (u. a.) Käse und Frischfisch die folgende Sequenz :

Beispiel 3

Das vorangegangene Beispiel zeigt, daß sich eine entscheidende Entdeckung bereits sehr früh findet : die Möglichkeit, durch geschicktes *Bündeln* auch große Zahlen übersichtlich darzustellen.

Die vorgestellten Systeme lassen allerdings die weitergehende Erkenntnis vermissen, daß *gleichartige Bündelungsschritte ein Stellenwertsystem* ergeben, in dem das Zählen noch übersichtlicher gestaltet werden kann.
Auch wenn jede natürliche Zahl $a > 1$ Basis eines solchen Stellenwertsystems werden kann, hat sich – wenn man einmal vom Bereich der Computertechnik absieht – weltweit das *Dezimalsystem* in Sprache und Schrift durchgesetzt.
Die Übernahme des Dezimalsystems birgt dabei sowohl für die *Sprache* als auch für die *Schrift* eine Reihe von Problemen.
So ist das dezimale System in vielen Sprachen auf andere Bündelungsformen gestoßen und mit diesen eine „organische" Verbindung eingegangen : Das Französische zum Beispiel hat mit der 20 – *vingt* – eine Zählstufe, die bei der 80 mit *quatre vingt* – viermal zwanzig – und der 90 mit *quatre vingt dix* – viermal 20 plus 10 – zum Tragen kommt. Das französichsprachige Belgien zählt dagegen regelmäßig : *octante – 80, nonante – 90.*

Die Benutzung dieser 20er–Bündelung reichte im Frankreich des 17. Jahrhunderts sogar noch weiter : Im *Bürger als Edelmann* bezeichnete Moliere die 120 als *sixvingt*.

Nicht einmal die *konsequente* Umsetzung des Dezimalsystems in der *Sprache* birgt allerdings die Garantie, daß auch eine entsprechende *Zahlschrift mit Stellenwertschreibweise* gefunden wird.

Besonders deutlich wird dies im Lateinischen, das eine korrekte Versprachlichung des Dezimalsystems zeigt :

> *uno; duo; tres; quattuor; quinque; sex; septem; octo;*
> *novem; decem; undecem; duodecem; tredecem*

Die römischen Zahlen mit ihren komplizierten Bildungsregeln

$$1 = I \quad 2 = II \quad 3 = III \quad\quad 4 = IV \ (= 5 - 1) \quad\quad 5 = V$$

$$6 = VI \quad 7 = VII \quad 8 = VIII \quad\quad 9 = IX \ (= 10 - 1) \quad 10 = X$$

zeigen dagegen nicht einmal Ansätze einer dezimalen Zahlschreibweise.

2 Beweistechniken für die natürlichen Zahlen

Bevor in den folgenden beiden Abschnitten zwei Charakterisierungen der natürlichen Zahlen vorgestellt werden, soll hier zunächst „naiv" mit diesen Zahlen „gearbeitet" werden. Wir setzen hier also voraus, daß wir „wissen", was „die" natürlichen Zahlen sind.

Dabei bezeichnen wir mit

$$\mathbf{N} \quad \text{die Menge der Zahlen } 1, 2, 3, 4...$$

und mit

$$\mathbf{N_0} \quad \text{die Menge der natürlichen Zahlen einschließlich Null.}$$

Wir werden eine Grundlegung der vier Grundrechenarten erst in den beiden folgenden Abschnitten leisten und deshalb die Arbeit mit der Menge der natürlichen Zahlen jetzt noch nicht auf das *Rechnen* mit diesen Zahlen beziehen. Wir behandeln in diesem Abschnitt vielmehr *Beweistechniken*, die für die natürlichen Zahlen charakteristisch sind, und zwar

- die Vollständige Induktion,

- das Wohlordnungsprinzip,

- das Kettenprinzip und

- das Dirichlet'sche Schubfachprinzip.

Die *Äquivalenz dieser vier Prinzipien* werden wir in den Abschnitten 2.2 und
2.4 auf der Grundlage einer „naiven" Kenntnis der natürlichen Zahlen beweisen. Es ist daher möglich, bei den Peano–Axiomen das Axiom der vollständigen
Induktion durch eines der anderen obigen Prinzipien gleichwertig zu ersetzen.

2.1 Vollständige Induktion

Wir beginnen unsere Überlegungen zu diesem Beweisverfahren mit einem einfachen

Beispiel

Das Spiel *Die nette 17* kann man wie folgt beschreiben :

In ein Feld mit 17 Kästchen zeichnen zwei Spieler abwechselnd mindestens
einen und höchstens vier Kringel $\bigcirc$ bzw. Kreuze X ein.
Hierbei zeichnet der beginnende erste Spieler jeweils Kringel, der zweite Kreuze. Man beginnt beim ersten Kästchen und darf beim Zeichnen keine Kästchen
freilassen. Wer die 17 erreicht hat, hat gewonnen.

Im folgenden Beispiel hat der zweite Spieler – der also *nicht* begonnen hat –
gewonnen.

1	2	3	4	5	6	7	8	9	10	11	12	13	14	15	16	17
$\bigcirc$	$\bigcirc$	$\bigcirc$	$\bigcirc$	X	X	X	X	$\bigcirc$	$\bigcirc$	$\bigcirc$	X	$\bigcirc$	$\bigcirc$	$\bigcirc$	X	X

Bei diesem Spiel gibt es für den Spieler, der beginnt, eine Gewinnstrategie,
denn es gilt :

Wenn ein Spieler auf die 12 kommen kann, kann er sicher die 17 erreichen, da
sein Gegenspieler beim nächsten Schritt höchstens die 16 erreichen kann. Auf
die 12 kann er kommen, wenn er die 7 erreichen kann. Ebenso kann er die 7
erreichen, wenn er die 2 erreichen kann.
Als *beginnender* Spieler kann er stets die 2 erreichen. Damit kann er als nächstes
die 7 erreichen, danach auch die 12 und damit die 17 erreichen.

Verallgemeinert man diese Überlegungen, so erkennt man, daß entsprechend
auch eine Gewinnstrategie für den beginnenden Spieler existiert, wenn unser
Feld statt 17 Kästchen 22 oder 27 oder allgemein $17 + 5 \cdot k$ (mit $k \in \mathbb{N}$)
Kästchen umfaßt.

Wir wollen jetzt diese Frage für *alle möglichen* Anzahlen von Kästchen beant-
worten.
Offenbar können wir sämtliche natürliche Zahlen einschließlich Null in der

Form $5 \cdot m - k$ mit $m \in \mathbb{N}$ und $1 \leq k \leq 5$ schreiben. Um im folgenden Schreibarbeit zu sparen, kürzen wir die Aussage *Der beginnende Spieler hat eine Gewinnstrategie für ein Feld mit $5 \cdot m - k$ Kästchen durch Strat(m, k)* ab. Strat(4,3) bedeutet also beispielsweise : Der beginnende Spieler hat eine Gewinnstrategie für ein Feld mit $5 \cdot 4 - 3$, also mit 17 Kästchen. Damit können wir die oben beschriebene Vorgehensweise im Spiel *Die nette 17* wie folgt beschreiben :

Strat(3,3) $\implies$	Strat(4,3)	Wenn der Spieler die 12 erreichen kann, kann er die 17 erreichen.
Strat(2,3) $\implies$	Strat(3,3)	Wenn er die 7 erreichen kann, kann er auf die 12 kommen.
Strat(1,3) $\implies$	Strat(2,3)	Wenn er die 2 erreichen kann, kann er auf die 7 kommen.
Es gilt	Strat(1,3)	Als *beginnender* Spieler kann er stets die 2 erreichen.
Also gilt:	Strat(4,3)	Also kann der beginnende Spieler stets die 17 erreichen.

Entsprechend können wir offenbar auch allgemein für Felder mit $5 \cdot m - k$ Kästchen (bei festem k mit $1 \leq k \leq 5$) schließen :

$$\text{Strat}(m - 1, k) \implies \text{Strat}(m, k)$$
$$\text{Strat}(m - 2, k) \implies \text{Strat}(m - 1, k)$$
$$\vdots$$
$$\text{Strat}(1, k) \implies \text{Strat}(2, k)$$

Wir können nun alle vorstehenden Schlußfolgerungen in der folgenden allgemeinen Aussage zusammenfassen :

Für alle $n \in \mathbb{N}\backslash\{1\}$ gilt : aus Strat$(n - 1, k)$ folgt Strat(n, k). Wir schreiben dies in knapper Form als :

$$\forall n \in \mathbb{N}\backslash\{1\} : (\text{Strat}(n - 1, k) \implies \text{Strat}(n, k))$$

Aus dieser zusammengefaßten Kette von Implikationen können wir allerdings noch *nicht* schließen, daß der beginnende Spieler *wirklich* eine Gewinnstrategie hat, daß also Strat(m, k) gilt. Dazu benötigen wir noch die Information, daß in der „ersten" Implikation Strat$(1, k)$ $\implies$ Strat$(2, k)$ das Vorderglied Strat$(1, k)$ gilt, *daß also der beginnende Spieler das Feld $5 - k$ erreichen kann.*

Dies ist allerdings nicht für alle in Frage kommenden k der Fall : $\mathrm{Strat}(1, k)$ gilt nur für alle k mit $1 \leq k < 5$: Für $k = 5$ bedeutet $\mathrm{Strat}(1, k)$ nämlich : *„Der beginnende Spieler hat eine Gewinnstrategie für ein Feld mit* $5 \cdot 1 - 5 = 0$ *Kästchen"*. Dies ist offenbar unmöglich, da der beginnende Spieler nicht auf das „0-te Feld" setzen kann.

Darüber hinaus kann man sich leicht überlegen, daß im Falle $k = 5$ *sogar der nicht beginnende Spieler eine Gewinnstrategie hat.*

Wir können unsere Überlegungen in folgender Weise formal fassen :
Falls $\mathrm{Strat}(1, k)$ *gilt und für alle* $n \in \mathbb{N}\backslash\{1\}$ *aus* $\mathrm{Strat}(n - 1, k)$ *folgt, daß* $\mathrm{Strat}(n, k)$ *gilt, dann gilt* $\mathrm{Strat}(m, k)$ *für alle* $m \in \mathbb{N}$. Wir schreiben dies knapp als :

$$[\mathrm{Strat}(1, k) \wedge \forall\, n \in \mathbb{N}\backslash\{1\}\ (\mathrm{Strat}(n - 1, k)$$
$$\implies \mathrm{Strat}(n, k))] \implies \forall\, m \in \mathbb{N}\ \mathrm{Strat}(m, k)$$

Inhaltlich bedeutet das :
Der beginnende Spieler hat für jede natürliche Zahl m eine Gewinnstrategie für ein Feld mit $5 \cdot m - k$ Kästchen, wenn die beiden Voraussetzungen erfüllt sind :

1. Er muß das Feld mit der Nummer $5 - k$ erreichen können (das ist die Bedeutung von $\mathrm{Strat}(1, k)$)

2. Wenn er (bei beliebigem $n \in \mathbb{N}\backslash\{1\}$) eine Gewinnstrategie für ein Feld mit $5 \cdot (n - 1) - k$ Kästchen hat, dann hat er auch eine Gewinnstrategie für ein Feld mit $5 \cdot n - k$ Kästchen.

Wir haben unsere bisherigen Überlegungen von m aus „rückwärtsschreitend" motiviert.

Wir wissen, daß der beginnende Spieler laut Spielregel auf jedes der Felder 1 bis 4 kommen kann. Damit gilt $\mathrm{Strat}(1, k)$ für $1 \leq k < 5$. Wir können jetzt auch bei 1 beginnend „vorwärtsschreitend" vorgehen : von $\mathrm{Strat}(1, k)$ schließen wir auf $\mathrm{Strat}(2, k)$, von $\mathrm{Strat}(2, k)$ auf $\mathrm{Strat}(3, k)$ usw. Dabei benutzen wir die für alle natürlichen Zahlen ebenso gültige Implikation

$$\mathrm{Strat}(n, k) \implies \mathrm{Strat}(n + 1, k).$$

Damit bekommt die formale Struktur des gesamten Schlusses die folgende Form :
Falls $\mathrm{Strat}(1, k)$ *gilt und für alle* $n \in \mathbb{N}$ *aus* $\mathrm{Strat}(n, k)$ *folgt, daß* $\mathrm{Strat}(n + 1, k)$ *gilt, dann gilt* $\mathrm{Strat}(m, k)$ *für alle* $m \in \mathbb{N}$. Wir schreiben dies knapp als:

$$[\text{Strat}(1, k) \wedge \forall n \in \mathbf{N} \ (\text{Strat}(n, k) \implies \text{Strat}(n+1, k))] \implies \forall m \in \mathbf{N} \ \text{Strat}(m, k)$$

Aus Gründen der besseren Verständlichkeit haben wir bisher den rechts geschriebenen All–Quantor über die Variable m „laufen" lassen. Aus formaler Sicht besteht hierfür keine Notwendigkeit. Wir schreiben allgemein

$$[\text{Strat}(1, k) \wedge \forall n \in \mathbf{N} \ (\text{Strat}(n, k) \implies \text{Strat}(n+1, k))] \implies \forall n \in \mathbf{N} \ \text{Strat}(n, k)$$

und haben damit ein Beweisprinzip formuliert, das in allgemeiner Form als *vollständige Induktion* bezeichnet wird.

Prinzip der vollständigen Induktion

Sei $A(n)$ eine Aussageform über der Grundmenge $\mathbf{N}$.
Dann gilt $A(n)$ für alle natürlichen Zahlen,

– wenn A auf $n = 1$ zutrifft, und

– wenn für beliebige natürliche Zahlen n gilt, daß aus $A(n)$ stets $A(n+1)$ folgt.

Wir schreiben kurz :

$$[A(1) \wedge \forall n \in \mathbf{N}(A(n) \implies A(n+1)] \implies \forall n \in \mathbf{N} \ A(n)$$

Um die Allgemeingültigkeit in $\mathbf{N}$ einer Aussageform $A(n)$ nachzuweisen, hat man also beim Beweis durch vollständige Induktion **zwei** Schritte zu vollziehen :

(I1) Man zeigt : $A(1)$ ist wahr.
   (*Induktionsanfang*)

(I2) Man zeigt : Für beliebige natürliche Zahlen $n \in \mathbf{N}$ gilt, daß man aus der Gültigkeit von $A(n)$ auf die Gültigkeit von $A(n+1)$ schließen kann.
   $\forall n \in \mathbf{N} : (A(n) \implies A(n+1))$.
   (*Induktionsschritt*)

Für Induktionsschritt sagt man auch Induktionsschluß. Der Induktionsschritt (I2) sagt nur aus : Für alle $n \in \mathbf{N}$ gilt : *Wenn $A(n)$ wahr ist, dann* ist $A(n+1)$ wahr. Dadurch ist die zu beweisende Behauptung $\forall n \in \mathbf{N} : A(n)$ keineswegs vorweggenommen.
In der in (I2) zu zeigenden Implikation heißt der Vordersatz $A(n)$ auch *Induktionsvoraussetzung*, der Nachsatz $A(n+1)$ *Induktionsbehauptung*.

Die vorstehenden Ausführungen zur vollständigen Induktion schließen nicht aus, daß der Induktionsanfang auch bei einer anderen Zahl als 1 liegen kann. Es gilt :

2.1.1 Verlagerung des Induktionsanfangs

Bei Beweisen durch vollständige Induktion ist der Induktionsanfang *nicht* zwingend auf die Zahl 1 festgelegt. Es gilt entsprechend :

$$[A(2) \wedge \forall n(A(n) \implies A(n+1))] \implies \forall n \geq 2 \; A(n)$$
$$[A(3) \wedge \forall n(A(n) \implies A(n+1))] \implies \forall n \geq 3 \; A(n)$$

usw.

Wir müssen jedoch beachten, daß bei Beweisen mittels vollständiger Induktion beide Bestandteile des Beweises unverzichtbar sind :

2.1.2 Notwendigkeit des Induktionsanfangs

Die *Notwendigkeit des Induktionsanfangs* erkennt man unmittelbar an unserem einführenden Beispiel :

Hier gilt $\forall n(\text{Strat}(n,5) \implies \text{Strat}(n+1,5))$, $\text{Strat}(1,5)$ gilt dagegen nicht, da der beginnende Spieler nicht auf das 0–te Feld setzen kann.

Wie wir oben erwähnt haben, gibt es in diesem Fall sogar eine Gewinnstrategie für den nicht beginnenden Spieler.

2.1.3 Notwendigkeit des Induktionsschrittes

Der Induktionsschritt läßt sich *nicht* durch eine Überprüfung von endlich vielen Beispielen ersetzen. Wir betrachten dazu die Aussageform

$$A(n) \; : n^2 - n + 41 \;\; \text{ist eine Primzahl}$$

Wie Leonhard Euler (1707 – 1783) – auf den das Beispiel zurückgeht – feststellte, ist $A(n)$ für alle natürlichen Zahlen $n = 1, ..., 40$ wahr. Dennoch ist die Aussage nicht für alle natürlichen Zahlen wahr; denn für $n = 41$ erhalten wir $41^2 - 41 + 41 = 41^2$, also ist $A(41)$ falsch.

2.1.4 Beispiele

Beispiel 1

Vom großen Mathematiker Carl Friedrich Gauß (1777 – 1855) wird die folgende Anekdote erzählt :

Als er als kleiner Junge zur Schule ging, wollte der Lehrer in einer Unterrichtsstunde die Klasse für eine Weile mit der Aufgabe beschäftigen, die Zahlen von 1 bis 100 zusammenzuzählen. Während noch alle anderen rechneten, meldete sich Gauß schon nach kürzester Zeit: „Ligget'se" (*ich hab's*). Wir können

16

natürlich nur vermuten, wie Gauß vorging. Es ist jedoch recht wahrscheinlich, daß er den folgenden Trick benutzte : Er faßte den ersten Summanden mit dem letzten, den zweiten mit dem vorletzten zusammen, usw. Da diese Teilsummen immer den Wert 101 ergaben, mußte er nur noch die Zahl 101 mit der halben Anzahl der zu addierenden Summanden multiplizieren, und erhielt so das gewünschte Ergebnis :

$$1+2+3+...+98+99+100 = (100+1)+(99+2)+...+(51+50) = 50\cdot101 = \frac{100\cdot101}{2} = 5050$$

Die obige Summationsmethode funktioniert nicht nur bei den Zahlen von 1 bis 100. Wir vermuten, daß sogar für beliebige $n \in \mathbb{N}$ gilt :

$$1+2+...+n = \frac{n\cdot(n+1)}{2}$$

Den Beweis führen wir durch vollständige Induktion.

Induktionsanfang :

Für $n = 1$ ist zu zeigen : $\quad 1 = \frac{1\cdot(1+1)}{2}$
Diese Gleichung ist offensichtlich korrekt.

Induktionsschritt :

Wir haben zu zeigen, daß für alle Zahlen $n \in \mathbb{N}$ gilt :

$$1+2+...+n = \frac{n\cdot(n+1)}{2} \implies 1+2+...+n+(n+1) = \frac{(n+1)\cdot(n+2)}{2}$$

Für ein beliebiges aber festes n gehen wir also von der *Induktionsvoraussetzung*

IV : $\qquad 1+2+...+n = \frac{n\cdot(n+1)}{2}$

aus und haben dann die *Induktionsbehauptung*

$$1+2+...+n+(n+1) = \frac{(n+1)\cdot(n+2)}{2}$$

zu zeigen. Wir schließen wie folgt :

$$1+2+...+n+(n+1) = \frac{n\cdot(n+1)}{2} + n + 1 = \frac{n\cdot(n+1)+2(n+1)}{2} = \frac{((n+1)\cdot(n+2))}{2}$$

damit ist die Behauptung bewiesen.

Beispiel 2

Summiert man, beginnend mit der 1, aufeinanderfolgende ungerade Zahlen, so ergibt sich :

$$1 = 1^2$$
$$1+3 = 2^2$$
$$1+3+5 = 3^2$$

Wir können daraus die *Vermutung* aufstellen, daß die Summe der aufeinander-folgenden ungeraden Zahlen beginnend mit 1 immer eine *Quadratzahl* ist, und zwar genau das Quadrat der Anzahl der Summanden.

Behauptung : Für alle natürlichen Zahlen n gilt : $1 + 3 + \ldots + (2n - 1) = n^2$

Den Beweis führen wir durch vollständige Induktion.

Induktionsanfang :

Für $n = 1$ ergibt sich die wahre Gleichung : $1 = 1^2$.

Induktionsschritt :

Die *Induktionsvoraussetzung* **IV** lautet :

$$1 + 3 + \ldots + (2n - 1) = n^2$$

Die zu zeigende *Induktionsbehauptung* ist dann :

$$1 + 3 + \ldots + (2n - 1) + (2 \cdot (n + 1) - 1) = (n + 1)^2.$$

Wir schließen wie folgt :

$$
\begin{aligned}
1 + 3 + \ldots + (2n - 1) + (2 \cdot (n + 1) - 1) \quad &= n^2 + 2 \cdot (n + 1) - 1 \qquad (IV) \\
&= n^2 + 2n + 1 \\
&= (n + 1)^2
\end{aligned}
$$

Damit ist die Behauptung bewiesen.

Aufgaben

Beweisen Sie die folgenden Aussagen durch vollständige Induktion :

(1) Für alle natürlichen Zahlen n gilt : $2 + 4 + \ldots + 2n = n^2 + n$.

(2) Für alle natürlichen Zahlen n gilt : $\frac{1}{1 \cdot 2} + \frac{1}{2 \cdot 3} + \ldots + \frac{1}{n \cdot (n+1)} = \frac{n}{n+1}$.

(3) Das Quadrat jeder ungeraden natürlichen Zahl läßt bei Division durch 8 den Rest 1.

(4) Wenn man in der Ebene mehrere Geraden zeichnet, so ergibt sich eine Reihe von Gebieten. Etwa so :

Zeigen Sie :
Man kann die ent-
stehenden Gebiete
mit nur zwei Farben
so einfärben, daß
nirgendwo Gebiete
gleicher Farbe an-
einander grenzen.

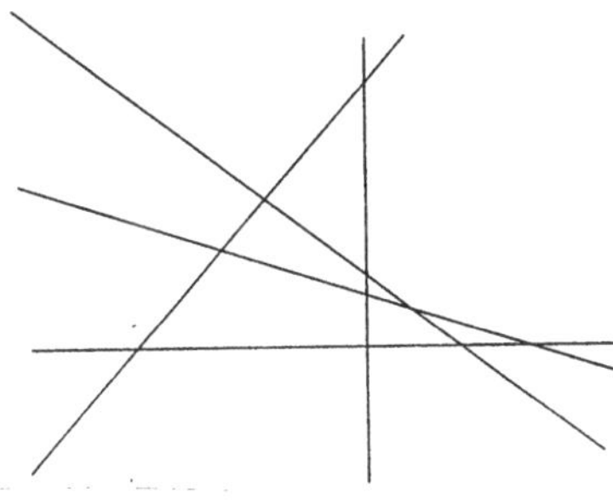

2.2 Wohlordnungsprinzip und Kettenprinzip

Die einfache Struktur der natürlichen Zahlen ermöglicht neben der vollständigen Induktion weitere Standard–Beweistechniken, die für die rationalen und reellen Zahlen nicht zur Verfügung stehen. Wir betrachten dazu zunächst das folgende Beispiel aus *Padberg* [1] (1991, S. 22) :

> „**Satz 2** Jede natürliche Zahl $a > 1$ besitzt (mindestens) eine Primfaktorzerlegung
>
> **Beweis**
> $p_1 \neq 1$ sei der kleinste Teiler von $a > 1$. Nach Satz 1a ist p_1 eine Primzahl. Ist $a = p_1$ schon selbst eine Primzahl, so besitzt a eine Primfaktorzerlegung. Andernfalls gilt $1 < p_1 < a$ und wir können a zerlegen in die Form : $a = p_1 \cdot n_1$ mit $1 < n_1 < a$. Ist n_1 Primzahl, so ist $a = p_1 \cdot n_1$ eine Primfaktorzerlegung von a. Andernfalls bestimmen wir den kleinsten Teiler $p_2 \neq 1$ von n_1 und können n_1 zerlegen in das Produkt : $n_1 = p_2 \cdot n_2$ und damit a in das Produkt : $a = p_1 \cdot p_2 \cdot n_2$ mit $1 < n_2 < n_1$. Das angegebene Verfahren wenden wir jetzt auf n_2 an.
>
> Wegen $n_1 > n_2 > ... > 1$ muß die Zerlegung nach endlich vielen Schritten mit einer Primzahl $n_s = p_s$ abbrechen, und wir erhalten die Primfaktorzerlegung : $a = p_1 \cdot p_2 ... p_s$.“

Bereits der erste Satz des Beweises $p_1 \neq 1$ *sei der kleinste Teiler von* $a > 1$ benutzt eine Eigenschaft der natürlichen Zahlen, die wir nicht als selbstverständlich annehmen können :

Wohlordnungsprinzip :
Jede nichtleere Teilmenge der natürlichen Zahlen besitzt ein kleinstes Element.

Wir finden kurz darauf mit dem Halbsatz *Wegen* $n_1 > n_2 > ... > 1$ *muß die Zerlegung nach endlich vielen Schritten mit einer Primzahl* $n_s = p_s$ *abbrechen,* ... eine weitere Eigenschaft der natürlichen Zahlen :

Kettenprinzip :
Jede absteigende Kette natürlicher Zahlen bricht nach endlich vielen Schritten ab.

---

[1] F. Padberg, Elementare Zahlentheorie, Mannheim [2]1991

Die beiden hier aufgeführten Eigenschaften der natürlichen Zahlen sind inhaltlich eng miteinander verwandt. Deshalb ist der Beweis des folgenden Satzes recht einfach :

Satz 1

Wohlordnungsprinzip und Kettenprinzip sind zueinander äquivalent.

Beweis

a) Wir zeigen zunächst, daß aus dem Wohlordnungsprinzip das Kettenprinzip folgt.

Wir nehmen also die Gültigkeit des Wohlordnungsprinzips für die natürlichen Zahlen an. Die Gültigkeit des Kettenprinzips läßt sich dann mit einer einfachen *indirekten* Überlegung nachweisen :
Wir nehmen also an, es gebe eine unendliche absteigende Kette natürlicher Zahlen. Dann könnten wir die Elemente dieser Kette in einer Menge zusammenfassen. Diese Menge hätte dann kein kleinstes Element mehr, im Widerspruch zum Wohlordnungsprinzip.
Also folgt, daß es eine unendliche absteigende Kette natürlicher Zahlen nicht geben kann.

b) Es gelte nun das Kettenprinzip. Die Gültigkeit des Wohlordnungsprinzips kann man dann ebenfalls indirekt beweisen (vgl. Aufgabe 5).

Aufgabe

(5) Zeigen Sie, daß das Wohlordnungsprinzip aus dem Kettenprinzip folgt.

2.3 Dirichlet'sches Schubfachprinzip

Wir verdeutlichen dieses Prinzip am Beweis der folgenden Aussage :

Behauptung

$a : b$ sei ein endlicher Dezimalbruch mit $a \in \mathbb{N}_0$, $b \in \mathbb{N}$. $a : b$ habe n Nachkommastellen. Dann gilt : $0 \leq n \leq b - 1$.

Beweis

Der Dezimalbruch $a : b$ habe die Form

$$a : b = q_0, q_1 q_2 q_3 \ldots q_n$$

mit $q_n \neq 0$.

Die zugehörige Division habe die Form

$$a : b = q_0, q_1 q_2 q_3 \cdots q_n$$

$$\underline{**}$$
$$r_0$$
$$\underline{**}$$
$$r_1$$
$$\underline{**}$$
$$r_2$$
$$\underline{**}$$
$$\cdots$$
$$\underline{**}$$
$$r_n$$

mit $r_n = 0$. Alle anderen r_i müssen größer als Null sein, da andernfalls die Zahlen q_{i+1}, ..., q_n gleich Null wären. Da die bei der schriftlichen Division durch b auftretenden Reste stets kleiner als b sein müssen, erhalten wir also für die r_i mit $i \neq n : 0 < r_i < b$.

Wir beweisen die Behauptung indirekt und nehmen an, daß $n > b - 1$ sei. Damit haben wir im Divisionskalkül insgesamt $n + 1 > b$ verschiedene Reste $r_0 \ldots r_n$, die jeweils kleiner als b sind.

Wir stellen uns jetzt vor, daß wir b Schubfächer haben, die mit den Zahlen von 0 bis $b - 1$ beschriftet sind. Dann können wir die Zahlen r_0 bis r_n auf diese Schubfächer verteilen. *Da dies $n + 1$ Zahlen sind, kommen in eines der Schubfächer zwei Zahlen.* Daraus folgt, daß (mindestens) zwei der r_i übereinstimmen müssen.

Mit $r_n = 0$ kann aber keines der früheren r_i übereinstimmen, da andernfalls die Dezimalbruchentwicklung schon früher abgebrochen wäre.

Damit muß es Zahlen i und j mit $i < j < n$ und $r_i = r_j \neq 0$ geben, und die Dezimalbruchentwicklung von $a : b$ würde beginnend mit q_i zwangsläufig „im Kreis laufen", da sich ab r_j stets dieselbe Folge der Reste und damit dieselbe Folge von Ziffern in der Dezimalbruchentwicklung von $a : b$ ergeben würde.

$$a : b = q_0, q_1 q_2 \cdots q_i q_{i+1} \cdots q_j q_{i+1} q_{i+2} \cdots q_j \cdots$$
$$\underline{**} \qquad\qquad = q_i \qquad\qquad = q_i$$
$$r_0$$
$$\underline{**}$$
$$r_1$$
$$\underline{**}$$
$$r_2$$
$$\underline{**}$$
$$\cdots$$
$$\underline{**}$$
$$r_i$$
$$\underline{**}$$
$$r_{i+1}$$
$$\underline{**}$$
$$\cdots$$
$$\underline{**}$$
$$r_j = r_i$$
$$\underline{***}$$
$$r_{i+1}$$
$$\vdots$$

$a : b$ wäre demnach periodisch, im Widerspruch zur Voraussetzung.

Bei diesem Beweis wurde das folgende Beweisprinzip benutzt :

Dirichlet'sches Schubfachprinzip

Wenn ich m Gegenstände habe und diese auf n Schubfächer $S_1, \ldots, S_n$ mit $n, m \in \mathbb{N}$ und $n < m$ verteile, dann liegt in wenigstens einem Schubfach mehr als ein Element.

Aufgabe

(6) Zeigen Sie, daß für alle $a, b \in \mathbb{N}$ mit $a < b$ gilt : Die Dezimalbruchentwicklung von $a : b$ hat entweder endlich viele Nachkommastellen oder eine Periode der Länge $k < b$.

2.4 Äquivalenz der verschiedenen Prinzipien

Die vorgestellten Prinzipien sind nicht unabhängig voneinander, sondern zueinander äquivalent. Es gilt :

Satz 2

Wohlordnungsprinzip, Vollständige Induktion und Dirichlet'sches Schubfachprinzip sind zueinander äquivalent.

Beweis

Wir führen den Beweis in drei Schritten :

a) **Wohlordnungsprinzip** $\implies$ **Induktionsprinzip**
b) **Induktionsprinzip** $\implies$ **Schubfachprinzip**
c) **Schubfachprinzip** $\implies$ **Kettenprinzip**

Der Nachweis dieser drei Implikationen genügt als Beweis der Behauptung. Man kann nämlich in c) das Kettenprinzip durch das nach Satz 1 äquivalente Wohlordnungsprinzip ersetzen. Wenn man jetzt die drei Implikationen in *eine* Zeile schreibt, sieht man, daß man von jedem der drei Prinzipien auf jedes andere schließen kann :

Wohlordnungsprinzip $\Rightarrow$ Induktionsprinzip $\Rightarrow$ Schubfachprinzip $\Rightarrow$ Wohlordnungsprinzip

Zu a)
Wohlordnungsprinzip $\implies$ **Induktionsprinzip**

Gelte also das Wohlordnungsprinzip. Ferner sei $A(n)$ eine Aussageform, für die gilt :

$$A(1) \wedge \forall n[A(n) \implies A(n+1)]$$

Zu zeigen ist, daß die Aussage dann auf *alle* natürlichen Zahlen zutrifft, daß also das Induktionsprinzip gilt.
Wir führen den Nachweis indirekt.

Wir nehmen an, daß es eine natürliche Zahl x gibt, auf die $A(x)$ nicht zutrifft. Dann sei M die Menge aller derartigen Zahlen.
M ist nicht leer und besitzt aufgrund des Wohlordnungsprinzips ein *kleinstes* Element z.
z ist von 1 verschieden, da nach Definition von M die Aussage $A(x)$ für $x = z$ *nicht* zutrifft, andererseits aber nach Voraussetzung $A(1)$ gilt.
Damit gilt, daß $z = m + 1$ für eine natürliche Zahl m ist.

Da z *kleinstes* Element von M ist, kann m kein Element von M sein, so daß nach Definition von M die Aussage A auf m zutreffen muß.
Aus $A(m)$ folgt aber wegen $\forall n(A(n) \implies A(n+1))$, daß auch $A(m+1)$, also $A(z)$ gelten muß, im Widerspruch zur Wahl von z.

zu b)

Induktionseigenschaft $\Longrightarrow$ Schubfachprinzip

Wir nehmen die Induktionseigenschaft als gültig an. Zu zeigen ist :

Wenn ich m Gegenstände habe und diese auf n Schubfächer mit $n < m$ verteile, dann wird in wenigstens einem Schubfach mehr als ein Element liegen.

Wir zeigen durch vollständige Induktion : Wenn ich $n+1$ Gegenstände habe und diese auf n Schubfächer verteile, dann wird in einem Schubfach mehr als ein Element liegen.

Für beliebige $m > n$ folgt die Behauptung dann unmittelbar.

Induktionsanfang :

Für $n = 1$ ist die Behauptung unmittelbar einsichtig.

Induktionsschritt :

Die Behauptung gelte für n Schubfächer und $n+1$ Gegenstände.

Jetzt seien $n+1$ Schubfächer S_1, S_2, ..., S_{n+1} und $n+2$ Gegenstände G_1, G_2, ..., G_{n+2} gegeben. V sei eine Verteilung dieser Gegenstände auf die Schubfächer. Der $n+2$–te Gegenstand liege im Schubfach S_i. Wenn in diesem Schubfach bei der Verteilung V bereits ein weiterer Gegenstand liegt, ist die Behauptung bewiesen. Andernfalls verteilt V die $n+1$ Gegenstände G_1, G_2, ..., G_{n+1} auf die n Schubfächer S_j mit $1 \leq j \leq n+1$ und $j \neq i$. Nach Induktionsvoraussetzung liegt dann in mindestens einem Schubfach mehr als ein Gegenstand.

Das war zu zeigen.

zu c)

Dirichlet'sches Schubfachprinzip $\Longrightarrow$ Kettenprinzip

Wir führen den Beweis indirekt. Wir nehmen also an, das Schubfachprinzip gelte, und es gebe eine *unendliche* Kette $n_1 > n_2 > ... > n_i > ... \geq 1$ natürlicher Zahlen.

Zur Zahl n_1 wählen wir entsprechend viele Schubfächer, die wir durch S_1, S_2, ..., S_{n_1} aufzählen. Andererseits stellt n_1 gemäß Annahme das erste Glied einer unendlichen absteigenden Kette natürlicher Zahlen dar. Wir wählen aus dieser Kette die $n_1 + 1$ Zahlen n_1, n_2, ..., n_{n_1+1} aus. Da alle n_i kleiner oder gleich n_1 sind, können wir jede Zahl n_i genau einem „Schubfach" S_{n_i} zuordnen. Andererseits haben wir $n_1 + 1$ Gegenstände, die auf S_1, S_2, ..., S_{n_1} Schubfächer zu verteilen sind. Aus dem Schubfachprinzip folgt damit, daß in wenigstens einem Schubfach mehr als eine Zahl liegen muß. Wir haben damit einen Widerspruch erhalten. Die Annahme, es gebe eine unendlich absteigende Kette natürlicher Zahlen, war falsch.

3 Axiomatische Charakterisierung der natürlichen Zahlen: Ordinalzahlen

3.1 Perlenketten–Modell der natürlichen Zahlen

Für einen ersten axiomatischen Zugang zu den natürlichen Zahlen gehen wir von der anschaulichen Vorstellung aus, daß die natürlichen Zahlen in „natürlicher Weise" so angeordnet sind, wie es die folgende „Perlenkette" zeigt :

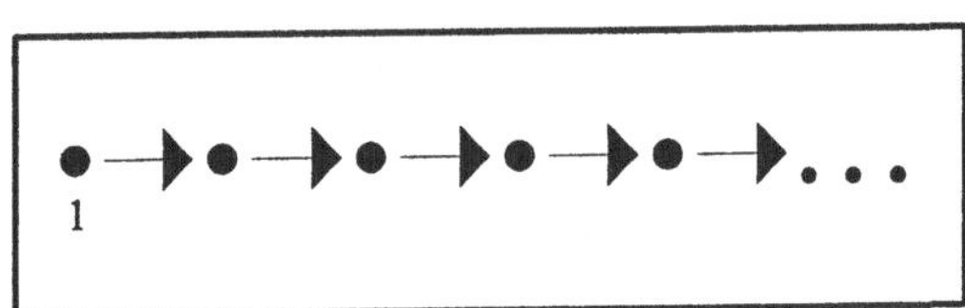

Wenn wir *diese Anordnung* durch eine Definition erfassen, sprechen wir vom *Ordinalzahlaspekt* der natürlichen Zahlen.

Um die natürlichen Zahlen über ihre Anordnungseigenschaften zu *charakterisieren*, gehen wir zunächst davon aus, daß wir unendlich viele Perlen und hinreichend viele Schnüre haben. Wir sprechen von einer *Perlen–Anordnung*, wenn die einzelnen Perlen zumindest teilweise durch Schnüre verbunden sind. Die folgende Abbildung zeigt eine solche Perlen–Anordnung.

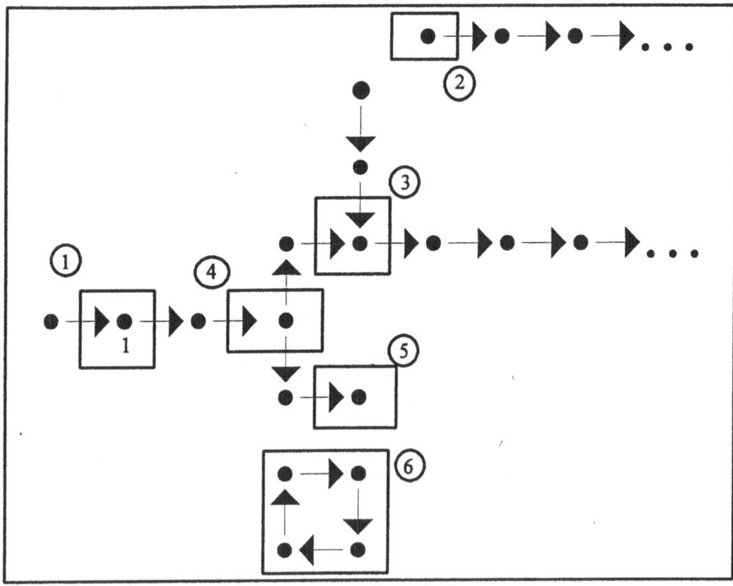

Um sicherzustellen, daß von allen denkbaren Perlen-Anordnungen nur das Perlenketten-Modell der natürlichen Zahlen

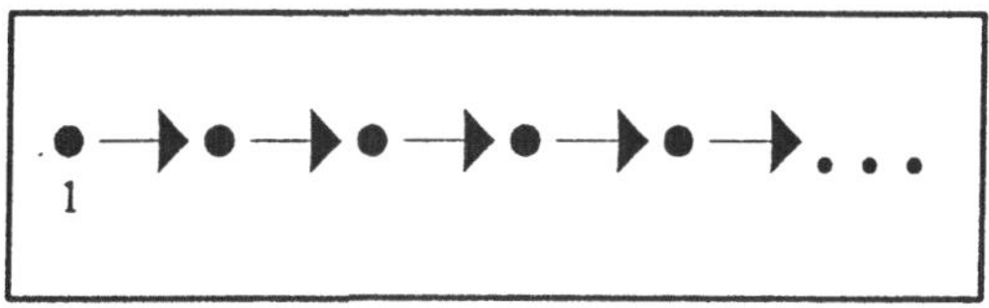

übrigbleibt, fordern wir zunächst :

Forderung 1 :
Von jeder Perle geht immer genau ein Pfeil aus.
Damit wird die „Verzweigung" bei ④ und die Perle ohne Nachfolger bei ⑤ ausgeschlossen.

Forderung 2 :
Auf die 1 darf kein Pfeil zeigen.
Damit wird die Situation bei ① ausgeschlossen.

Forderung 3 :
Auf keine Perle dürfen zwei Pfeile zeigen.
Damit wird die Situation bei ③ ausgeschlossen.

Forderung 4 :
Auf jede Perle, die von der Perle 1 verschieden ist, zeigt ein Pfeil.
Damit wird der zweite unendliche Strang bei ② ausgeschlossen.

Mit diesen vier Forderungen haben wir bereits eine große Zahl „unerwünschter" Perlen-Anordnungen ausgeschlossen. Eine Überprüfung aller Forderungen zeigt aber, daß der „unendliche Zirkel" ⑥ noch nicht beseitigt ist. Die folgende Perlen-Anordnung erfüllt nämlich alle vier Forderungen :

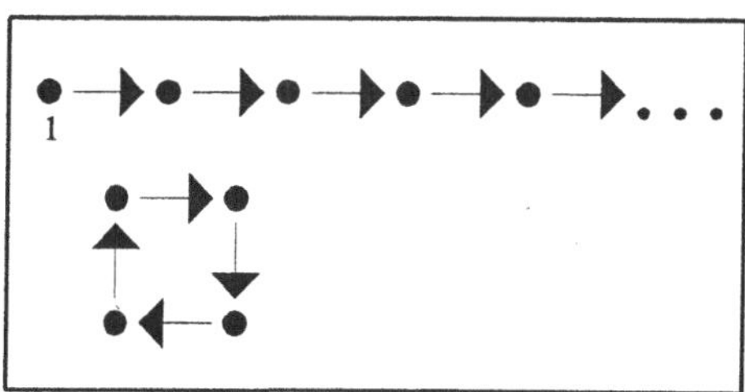

Um diese Situation auszuschließen, fordern wir :

Forderung 5 :

Die Perlen–Anordnung soll keine *echte* Teilmenge enthalten, die die 1 und mit jeder Perle auch deren Nachfolger enthält.

Mit anderen Worten :

Wenn eine Teilmenge der Perlen–Anordnung die Perle 1 enthält, und wenn zusätzlich mit jeder Perle auch die nachfolgende Perle enthalten ist, dann umfaßt diese Teilmenge bereits alle vorhandenen Perlen.

3.2 Peano–Axiome

Mit den im vorigen Abschnitt vorgestellten Forderungen haben wir Schritt für Schritt ungeeignete Perlen–Anordnungen ausschließen können und schließlich ein Perlenketten–Modell der natürlichen Zahlen erhalten. Die Formalisierung dieser Forderungen führt zu einem Axiomensystem, das durch die Vielzahl seiner Axiome etwas „unhandlich" ist.

Die folgende kürzere Fassung geht auf *Peano* (1858 – 1932) zurück und wird deshalb auch als *Peano-Axiome* bezeichnet.

Definition 1 (Natürliche Zahlen/ Peano–Axiome)

Eine Menge N zusammen mit einer Abbildung $v : N \longrightarrow N$ heißt *Menge der natürlichen Zahlen* genau dann, wenn gilt :

(P1) $1 \in N$

   Das heißt : Die Eins ist eine natürliche Zahl.

(P2) Für alle $x \in N$ gilt : $v(x) \neq 1$.

   Das heißt : Die Eins ist kein Nachfolger irgendeiner natürlichen Zahl.

(P3) Für alle $x, y \in N$ gilt : Aus $x \neq y$ folgt $v(x) \neq v(y)$.

   Das heißt : Verschiedene Zahlen haben verschiedene Nachfolger.

(P4) Aus $A(1)$ und $\forall x \in N : (A(x) \implies A(v(x))$ folgt, daß A für alle natürlichen Zahlen gilt, kurz :
$$[A(1) \wedge \forall x \in N : (A(x) \implies A(v(x)))] \implies \forall x \in N : A(x)$$

   Das heißt : Eine Aussage A gilt dann für alle natürlichen Zahlen, wenn sie die beiden folgenden Voraussetzungen erfüllt :

1.   Sie muß auf die Eins zutreffen.
2.   Wenn sie auf eine beliebige (aber feste) Zahl x zutrifft, dann muß sie auch auf den Nachfolger von x zutreffen.

Das vierte Axiom haben wir bereits als *Prinzip der vollständigen Induktion* kennengelernt.

Aufgabe

(7) Ordnen Sie die Peano–Axiome den Forderungen aus Abschnitt 3.1 zu.

Der Vergleich der Axiome (P1) bis (P4) mit den Forderungen 1 bis 5 ergibt, daß ein Analogon zu Forderung 4 bei den Peano–Axiomen nicht vorkommt. Diese Aussage läßt sich jedoch aus (P1) bis (P4) als Satz ableiten, denn es gilt :

Satz 3

Für alle natürlichen Zahlen x gilt : Wenn $x \neq 1$ ist, gibt es ein y mit $x = v(y)$. Das heißt : Jede natürliche Zahl außer der Eins hat einen Vorgänger.

Aufgaben

(8) Beweisen Sie Satz 3 durch vollständige Induktion.

(9) Welche der Peano–Axiome werden durch die folgenden vier Perlenketten erfüllt, welche werden verletzt?

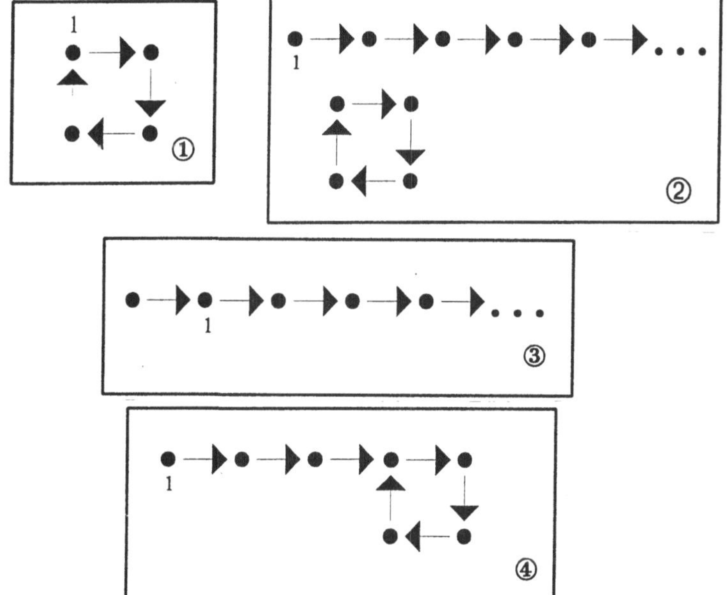

3.3 Grundrechenarten

Wir wollen uns im folgenden überlegen, wie man im Rahmen einer Beschreibung der natürlichen Zahlen mit Hilfe der Peano–Axiome die Grundrechenarten definieren kann.

Da die *Addition* stark an die Vorstellung einer Vereinigung zweier disjunkter Mengen gebunden ist, für die es in den Peano–Axiomen keine natürliche Entsprechung gibt, stellen wir hier die Behandlung dieser Rechenart kurz zurück und beginnen statt dessen mit der *Multiplikation*.

3.3.1 Definition der Multiplikation

Die Erarbeitung der Einmaleinsreihen erfolgt in der Schule in mehreren Schritten. Man beginnt mit den Vielfachen von 2 und 4 und behandelt dann meist die Vielfachen von 10 und 5. Danach werden häufig zunächst die Vielfachen von 8, dann die der 3, der 6 und der 9 und zum Schluß die Vielfachen der 7 behandelt.

Für den sicheren Erwerb der Einmaleinskenntnisse ist hier von besonderer Bedeutung, daß die Schüler lernen, verschiedene Rechenstrategien flexibel einzusetzen. Padberg [2] (1992, S. 126) schreibt hierzu :

„Der Übergang von einer vertrauten Stützpunktaufgabe zu neuen, unbekannten Aufgaben kann erfolgen

- durch Vergrößerung beziehungsweise Verkleinerung des ersten Faktors um 1 (also durch Übergang zur Nachbaraufgabe;
  Beispiel : $7 \cdot 7 \longrightarrow 8 \cdot 7$ oder $10 \cdot 8 \longrightarrow 9 \cdot 8$)

- durch Vergrößerung oder Verkleinerung des zweiten Faktors um 1 (also durch Übergang zur Nachbaraufgabe;
  Beispiel : $8 \cdot 8 \longrightarrow 8 \cdot 7$ oder $6 \cdot 6 \longrightarrow 6 \cdot 7$)

- durch Verdoppelung beziehungsweise Halbierung eines Faktors
  (Beispiel : $2 \cdot 7 \longrightarrow 4 \cdot 7$ oder $10 \cdot 7 \longrightarrow 5 \cdot 7$)

- durch Anwendung des Kommutativgesetzes (also durch Übergang zur – schon bekannten – Tauschaufgabe;
  Beispiel : $4 \cdot 7 \longrightarrow 7 \cdot 4$)

- durch Vergrößerung oder Verkleinerung des ersten oder zweiten Faktors um zwei".

---

[2] F. Padberg: Didaktik der Arithmetik, Mannheim [2]1992

Bei diesen Beispielen wird bei der Multiplikation zweier Zahlen darauf zurückgegriffen, daß die Multiplikation anderer – „einfacherer" – Zahlen bereits bekannt ist.

Die Behandlung der Multiplikation weist damit gewisse Züge auf, die uns von der vollständigen Induktion her vertraut sind. Unter Benutzung der Abkürzung $M(x,y) := $ „$x \cdot y$ kann berechnet werden" haben alle Übergänge bei Padberg die Form

$$M(a,b) \implies M(x,y),$$

wobei die Zusammenhänge zwischen a und x, b und y zunächst noch unterschiedlicher Natur sind. Wenn wir im folgenden berücksichtigen, daß eine formale Fassung der Multiplikation im Rahmen der Peano–Axiome nur auf die Nachfolgerfunktion zurückgreifen kann, verbleibt nur das folgende Vorgehen :

$$M(7,7) \implies M(v(7),7) :$$

„Ich kann $8 \cdot 7$ berechnen, wenn ich den Wert für $7 \cdot 7$ kenne".
Da die Aussage

„Für jedes $x \in \mathbb{N}$ kann das Produkt $x \cdot 7$ berechnet werden"
sich formalisieren läßt zu

$$\forall x \in \mathbb{N} : M(x,7)$$

können wir das „Induktionsaxiom für die Multiplikation mit 7" wie folgt formulieren :

$$[M(1,7) \land \forall x \in \mathbb{N} : (M(x,7) \implies M(v(x),7))] \implies \forall x \in \mathbb{N} : M(x,7)$$

und allgemein für beliebige Multiplikanden

$$[M(1,y) \land \forall x \in \mathbb{N} : (M(x,y) \implies M(v(x),y))] \implies \forall x \in \mathbb{N} : M(x,y)$$

Wir können nun mit der folgenden Definition jedes Produkt berechnen.

Definition 2 (Multiplikation)

Für beliebige natürliche Zahlen x und y wird festgesetzt :

$$1 \cdot y := y$$
$$v(x) \cdot y := x \cdot y + y$$

Wir folgen allerdings der üblichen Gewohnheit und stellen die Definition wie folgt um :

Definition 2 a (Multiplikation)

Für beliebige natürliche Zahlen x und y wird festgesetzt :

$$M1 \qquad x \cdot 1 := x$$
$$M2 \qquad x \cdot v(y) := x \cdot y + x$$

3.3.2 Definition der Addition

Wir haben bei der Definition der Multiplikation die Existenz der Addition vorausgesetzt. Die Definition soll jetzt nachgetragen werden :

Definition 3 (Addition)

Für beliebige natürliche Zahlen x und y wird festgesetzt :

$$A1 \quad x + 1 := v(x)$$
$$A2 \quad x + v(y) := v(x + y)$$

Wegen der Festsetzung $v(x) = x + 1$ $(A1)$ können die Definitionen 2 a und 3 folgendermaßen neu gefaßt werden :

Definition 3 a (Addition)

Für beliebige natürliche Zahlen x und y wird festgesetzt :

$$A1 \quad x + 1 := v(x)$$
$$A2 \quad x + (y + 1) := (x + y) + 1$$

Definition 2 b (Multiplikation)

Für beliebige natürliche Zahlen x und y wird festgesetzt :

$$M1 \quad x \cdot 1 := x$$
$$M2 \quad x \cdot (y + 1) := x \cdot y + x$$

3.3.3 Korrektheit der Definitionen

Bei der Definition von Addition und Multiplikation legen wir in den Zeilen $A1$ beziehungsweise $M1$ jeweils eindeutig einen „Anfangswert" fest. In den folgenden Zeilen

$$A2 \quad x + (y + 1) = (x + y) + 1 \quad \text{und} \quad M2 \quad x \cdot (y + 1) = x \cdot y + x$$

greifen wir bei der Berechnung von $x + (y + 1)$ bzw. $x \cdot (y + 1)$ auf die Werte von $x + y$ bzw. $x \cdot y$ zurück. Derartige Definitionen heißen *rekursiv*.

Bevor wir die Eigenschaften dieser beiden Rechenarten weiter untersuchen können, müssen wir sicherstellen, daß es zu zwei Zahlen a und b stets genau ein c mit $a + b = c$ und genau ein d mit $a \cdot b = d$ gibt, daß also Addition und Multiplikation (zweistellige) *Funktionen* sind.

Auf die einfachen, aber recht formalen *Existenzbeweise* mittels vollständiger Induktion verzichten wir hier.

Die *Eindeutigkeit* ergibt sich aus den folgenden beiden Sätzen :

Satz 4 (Eindeutigkeit der Addition)

Seien $+$ und $\oplus$ zwei Verknüpfungen auf $\mathbb{N}$. Es gelte für alle natürlichen Zahlen x, y :

$$x + 1 = v(x) \quad \text{und} \quad x \oplus 1 = v(x)$$

Ferner gelte für alle $n \in \mathbb{N}$:

$$x + (y + 1) = (x + y) + 1 \quad \text{und} \quad x \oplus (y + 1) = (x \oplus y) + 1$$

Dann gilt für alle natürlichen Zahlen x, y : $x + y = x \oplus y$

Wir verzichten hier auf den Beweis und beweisen statt dessen

Satz 5 (Eindeutigkeit der Multiplikation)

Seien $\cdot$ und $\circ$ zwei Verknüpfungen auf $\mathbb{N}$. Es gelte für alle natürlichen Zahlen x, y :

$$x \cdot 1 = x \quad \text{und} \quad x \circ 1 = x$$

Ferner gelte für alle $n \in \mathbb{N}$:

$$x \cdot (y + 1) = x \cdot y + x \quad \text{und} \quad x \circ (y + 1) = x \circ y + x$$

Dann gilt für alle natürlichen Zahlen x, y : $x \cdot y = x \circ y$

Beweis

Der Beweis erfolgt durch vollständige Induktion :

Der *Induktionsanfang* ist :

$$x \cdot 1 = x = x \circ 1$$

Induktionsschritt :

Sei y beliebig, aber fest. Dann lautet die Induktionsvoraussetzung :

$$x \cdot y = x \circ y.$$

Damit gilt weiter :

$$\begin{aligned}
x \cdot v(y) &= x \cdot y + x \\
&= x \circ y + x \quad (IV) \\
&= x \circ v(y)
\end{aligned}$$

Damit wurde aus der Induktionsvoraussetzung auf die Induktionsbehauptung geschlossen, der Beweis des Satzes ist geführt.

3.3.4 Grundlegende Eigenschaften von Addition und Multiplikation

Für die Addition und die Multiplikation gelten die vertrauten Gesetze :

Satz 6

Für alle natürlichen Zahlen x, y, z gilt :

$(AG; +)$	$(x + y) + z = x + (y + z)$	(Assoziativgesetz für die Addition)
$(KG; +)$	$x + y = y + x$	(Kommutativgesetz für die Addition)
$(N; \cdot)$	$x \cdot 1 = x = 1 \cdot x$	(Satz vom neutralen Element der Multiplikation)
$(AG; \cdot)$	$(x \cdot y) \cdot z = x \cdot (y \cdot z)$	(Assoziativgesetz für die Multiplikation)
$(KG; \cdot)$	$x \cdot y = y \cdot x$	(Kommutativgesetz für die Multiplikation)
(DG)	$(x + y) \cdot z = x \cdot z + y \cdot z$	(Distributivgesetz)

Beweis

Wir beweisen exemplarisch das Assoziativgesetz für die Addition und die beiden Kommutativgesetze.

(1) Assoziativgesetz der Addition (AG; +).

Wir müssen zeigen : für alle natürlichen Zahlen x, y, z gilt :

$$(x + y) + z = x + (y + z).$$

Wir führen den Beweis durch vollständige Induktion über z.

Induktionsanfang :

$$(x + y) + 1 = x + (y + 1) \quad (Def.3a, A1)$$

Induktionsschritt :

Da wir eine Induktion über z durchführen, lautet die *Induktionsvoraussetzung* :
Für alle $x, y \in \mathbf{N}$ gilt : $(x + y) + z = x + (y + z)$.
Zum Schluß auf die *Induktionsbehauptung* nehmen wir $x, y \in \mathbf{N}$ als beliebig aber fest an und schließen :

$$\begin{aligned}
(x + y) + (z + 1) &= [(x + y) + z] + 1 & (Def.\ 3a, A2) \\
&= [x + (y + z)] + 1 & (IV) \\
&= x + [(y + z) + 1] & (A2) \\
&= x + [y + (z + 1)] & (A2)
\end{aligned}$$

Das war aber zu zeigen.

(2) Kommutativgesetz für die Addition

Wir müssen zeigen : für alle natürlichen Zahlen x, y gilt :

$$x + y = y + x.$$

Wir führen den Beweis durch vollständige Induktion über y.

Induktionsanfang :

Die hier zu zeigende Aussage $A(1)$ lautet : Für alle $x \in \mathbf{N}$ gilt : $x + 1 = 1 + x$
Wir beweisen diese Aussage durch Induktion über x :

Der *Induktionsanfang* lautet $1 + 1 = 1 + 1$ und ist damit trivialerweise gültig.
Im *Induktionsschritt* haben wir zu zeigen, daß aus der Induktionsvoraussetzung $x + 1 = 1 + x$ die Induktionsbehauptung $(x+1)+1 = 1 + (x + 1)$ folgt.

$$
\begin{aligned}
(x + 1) + 1 \ &= (1 + x) + 1 \qquad (IV)\\
&= 1 + (x + 1) \qquad (Def.\ 3a,\ A2)
\end{aligned}
$$

Damit ist der Induktionsanfang für den Beweis des Kommutativgesetzes als gültig nachgewiesen.

Induktionsschritt :

Unsere *Induktionsvoraussetzung* lautet jetzt :
Für alle $x \in \mathbf{N}$ gilt : $x + y = y + x$.
Wir haben daraus die *Induktionsbehauptung* abzuleiten : Für alle $x, y \in \mathbf{N}$ gilt : $x + (y + 1) = (y + 1) + x$.
Sei also y beliebig aber fest. Dann gilt :

$$
\begin{aligned}
x + (y + 1) \ &= (x + y) + 1 \qquad (Def.\ 3a,\ A2)\\
&= (y + x) + 1 \qquad (IV)\\
&= y + (x + 1) \qquad (A2)\\
&= y + (1 + x) \qquad (Ind. - Anfang)\\
&= (y + 1) + x \qquad (AG)
\end{aligned}
$$

(3) Kommutativgesetz der Multiplikation (K G, $\cdot$)

Wir müssen zeigen : für alle $x, y \in \mathbf{N}$ gilt : $x \cdot y = y \cdot x$.
Wir führen den Beweis durch vollständige Induktion über y.

Induktionsanfang :

Der Induktionsanfang ist das Gesetz $(N, \cdot)$ vom neutralen Element der Multiplikation.

Induktionsschritt :

Unsere Induktionsvoraussetzung lautet :

<u>IV 1</u> : Für ein beliebiges, aber festes $y \in \mathbf{N}$ und für alle $x \in \mathbf{N}$ gelte :
$$x \cdot y = y \cdot x.$$
Wir haben nun zu zeigen :

Für alle $x \in \mathbf{N} : x \cdot (y + 1) = (y + 1) \cdot x$

Diesen Beweis führen wir durch vollständige Induktion über x.

Der (neue) *Induktionsanfang* lautet :

$$1 \cdot (y + 1) = (y + 1) \cdot 1$$

Dies ist wiederum das Gesetz vom neutralen Element der Multiplikation.

Induktionsschritt :

Die neue *Induktionsvoraussetzung* ist :

<u>IV 2</u> : Für ein beliebiges, aber festes $x \in \mathbf{N}$ gelte :

$$x \cdot (y + 1) = (y + 1) \cdot x$$

Wir schließen damit weiter :

$$
\begin{aligned}
(x + 1) \cdot (y + 1) \ &= (x + 1) \cdot y + (x + 1) && \text{(Def. 2 b, M 2)} \\
&= y \cdot (x + 1) + (x + 1) && \text{(IV 1)} \\
&= (y \cdot x + y) + (x + 1) && \text{(Def. 2 b, M 2)} \\
&= (y \cdot x + x) + (y + 1) && \text{(mehrfache} \\
& && \text{Anwendung} \\
& && \text{von } (KG, +) \\
& && \text{und } (AG, +)) \\
&= (x \cdot y + x) + (y + 1) && \text{(IV 1)} \\
&= x \cdot (y + 1) + (y + 1) && \text{(Def. 2 b, M2)} \\
&= (y + 1) \cdot x + (y + 1) && \text{(IV 2)} \\
&= (y + 1) \cdot (x + 1) && \text{(Def. 2 b, M2)}
\end{aligned}
$$

Das war zu zeigen.

Aufgabe

(**10**) Beweisen Sie die Gültigkeit des Distributivgesetzes durch vollständige Induktion über z.

Neben den behandelten Gesetzen für die Addition und Multiplikation werden weitere Gesetze für das korrekte „Rechnen" mit natürlichen Zahlen benötigt. So benutzt man bei der korrekten Auflösung der folgenden Gleichung

$$
\begin{aligned}
4x + 3 &= 19 \quad | - 3 \\
4x &= 16 \quad | : 4 \\
x &= 4
\end{aligned}
$$

die folgenden Äquivalenzen :

$$4 \cdot x + 3 = 4 \cdot 4 + 3 \iff 4 \cdot x = 4 \cdot 4 \iff x = 4$$

Die „nicht–trivialen" Richtungen dieser Äquivalenzen finden wir im folgenden Satz :

Satz 7

Für alle natürlichen Zahlen x, y, z gilt :

1) $x + z = y + z \implies x = y$
(Satz von der Rechtseindeutigkeit der Addition)

2) $z + x = z + y \implies x = y$
(Satz von der Linkseindeutigkeit der Addition)

3) $x \cdot z = y \cdot z \implies x = y$
(Satz von der Rechtseindeutigkeit der Multiplikation)

4) $z \cdot x = z \cdot y \implies x = y$
(Satz von der Linkseindeutigkeit der Multiplikation)

Bemerkung

Bei 1) und 2) beziehungsweise 3) und 4) spricht man auch von der *Regularität* der Addition beziehungsweise Multiplikation.

Beweis

Rechtseindeutigkeit der Addition

Beweis durch vollständige Induktion über z

Induktionsanfang :

Aus $x + 1 = y + 1$ folgt mit dem dritten Peano–Axiom unmittelbar $x = y$.

Induktionsschritt :

Wir arbeiten mit der *Induktionsvoraussetzung* $x + z = y + z \implies x = y$ und schließen weiter :

$$x + (z + 1) \quad = y + (z + 1)$$
$$\implies (x + z) + 1 \quad = (y + z) + 1 \qquad \text{(Def. 3 a, A 2)}$$
$$\implies \qquad x + z = y + z \qquad \text{(Peano–Axiom P 3)}$$
$$\implies \qquad x = y \qquad \text{(IV)}$$

Die Linkseindeutigkeit der Addition folgt aus 1) unter Rückgriff auf das Kommutativgesetz für die Addition.

Die Beweise von 3) und 4) erfolgen unter Rückgriff auf Eigenschaften der Kleiner–Relation, die im folgenden Abschnitt behandelt werden (vgl. Aufgabe 13).

3.3.5 Kleiner–Relation

Bei der Definition der Kleiner – Relation folgen wir der Anschauung und setzen fest, daß ein $x \in \mathbb{N}$ kleiner als ein $y \in \mathbb{N}$ ist, wenn ich x durch Addition einer Zahl z zu y „ergänzen" kann :

Definition 4 (Kleiner – Relation)

Für beliebige natürliche Zahlen x und y wird festgesetzt :

$$x < y : \iff \exists z \in \mathbb{N} : x + z = y$$

Eine einfache Verallgemeinerung führt zunächst zur Definition der *Kleinergleich – Relation*. Bei dieser Relation dürfen die zu vergleichenden Zahlen auch gleich groß sein.

Definition 5 (Kleinergleich – Relation)

Für beliebige natürliche Zahlen x und y wird festgesetzt :

$$x \leq y : \iff (x = y \lor x < y)$$

Die so definierten Relationen besitzen die uns von den natürlichen Zahlen vertrauten Eigenschaften :

Satz 8 (Trichotomie)

Seien x und y natürliche Zahlen. Dann gilt stets genau eine der folgenden drei Beziehungen :

$$x < y; \quad x = y; \quad y < x$$

Beweis

Wir zeigen, daß für beliebige natürliche Zahlen x und y gilt :

$$\begin{aligned}
&1) \quad x = y \implies x \not< y \;\land\; y \not< x \\
&2) \quad x < y \implies x \neq y \;\land\; y \not< x \\
&3) \quad y < x \implies x \neq y \;\land\; x \not< y
\end{aligned}$$

Damit ist sichergestellt, daß *höchstens eine* der drei Relationen gilt.
Es bleibt zu zeigen, daß stets *mindestens eine* der drei Relationen auf beliebige
Zahlen x und y zutrifft :

$$4) \quad x \neq y \implies x < y \lor y < x$$

Insgesamt ergibt sich damit, daß stets *genau* eine der Relationen gilt.

1) Wir gehen indirekt vor. Gelte also $x = y$. Wir nehmen zusätzlich $x < y$
an. Dann können wir wie folgt schließen :

$$x < y \iff \exists z \in \mathbf{N} : x + z = y \qquad \text{(Def.)}$$
$$\implies x = x + z \qquad \text{(Vor.)}$$

Die letzte Aussage ist falsch : Durch vollständige Induktion über x läßt sich
leicht zeigen, daß stets $x + z \neq x$ gilt (vgl. Aufgabe 11).
Damit erhalten wir einen Widerspruch zur Annahme; also gilt : $x \not< y$. Analog
zeigt man $y \not< x$.

2) Auch hier gehen wir indirekt vor. Sei $x < y$.
Wir nehmen zunächst an, daß $x = y$ gilt. Wegen 1) würde dann $x \not< y$ folgen
im Widerspruch zur Voraussetzung. Damit ist $x \neq y$ gezeigt.

Wir nehmen jetzt an, es gelte : $y < x$. Wegen der Transitivität von $<$ (vgl.
Satz 9) gilt dann : $y < y$. Es muß dann im Widerspruch zu Aufgabe 11 eine
natürliche Zahl z mit $y + z = y$ geben.

Zu 3) Der Beweis verläuft analog zu 2).

Zu 4) Es sei $x \in \mathbf{N}$ beliebig, und M die Menge aller y, für die die Behauptung gilt.
Wir beweisen durch vollständige Induktion, daß $M = \mathbf{N}$ gilt.

Induktionsanfang :

$1 \in \mathbf{M}$, denn entweder ist $x = 1$, oder $x \neq 1$, dann gilt aber wegen Satz 3 :
$1 < x$.

Induktionsschritt :

Die *Induktionsvoraussetzung* **IV** lautet : $\quad x < y \lor x = y \lor y < x$.
Wir leiten damit die *Induktionsbehauptung* $x < y + 1 \lor x = y + 1 \lor y + 1 < x$
wie folgt her :
Aufgrund der **IV** gilt entweder :

$$x = y;$$

$$\Longrightarrow x + 1 = y + 1, \quad \text{also} \quad x < y + 1$$

oder :

$$x < y, \quad \text{also}$$

$$x + z = y \quad \text{mit passendem } z$$

$$\Longrightarrow x + (z + 1) = (x + z) + 1 = y + 1,$$

$$\text{also} \quad x < y + 1$$

oder :

$$y < x, \quad \text{also}$$

$$x = y + z \quad \text{mit passendem } z.$$

Für z sind zwei Fälle möglich :

1. $z = 1$

   Dann gilt $x = y + z = y + 1$

2. $z \neq 1$

   Dann gibt es ein u mit $z = u + 1$ (Satz 3)

   $$\Longrightarrow x = y + z = y + (u + 1) = (y + 1) + u$$

   $$\Longrightarrow y + 1 < x$$

Damit ist der Beweis vollständig.

Satz 9

Für alle natürlichen Zahlen x, y, z gilt :

1) $x < y \wedge y < z \Longrightarrow x < z$ (Transitivität)

2) $x < y \Longleftrightarrow x + z < y + z$ (Monotoniegesetz für die Addition)

3) $x < y \Longleftrightarrow x \cdot z < y \cdot z$ (Monotoniegesetz für die Multiplikation)

4)   Die Sätze 1) bis 3) gelten entsprechend auch für die $\leq$-Relation.

5) $x \neq 1 \Longrightarrow 1 < x$

6) $1 \leq x$ (1 ist die kleinste natürliche Zahl)

7) $x < x + z$

Beweis

1) Seien x, y, z beliebig. Ferner gelte $x < y$ und $y < z$. Dann gibt es
   natürliche Zahlen u, v mit $x + u = y$ und $y + v = z$.

   $$\Longrightarrow (x + u) + v = y + v = z$$

   $$\Longrightarrow x + (u + v) = z \qquad \text{(A G, +)}$$

   $$\Longrightarrow x < z$$

2) ”$\Longrightarrow$”

Wir stellen den Beweis als Kette von Äquivalenzen vor und überlassen es dem Leser, die Bezüge zu den früher bewiesenen Sätzen herzustellen.

$$x < y \Longleftrightarrow x + u = y \Longleftrightarrow (x + u) + z = y + z$$
$$\Longleftrightarrow (x + z) + u = y + z$$
$$\Longleftrightarrow x + z < y + z$$

”$\Longleftarrow$”

Gelte $x + z < y + z$. Wir nehmen an, daß $x < y$ nicht gilt.

Gemäß Satz 8 gilt dann entweder $x = y$ oder $y < x$.

Wenn $x = y$ gilt, gilt auch $x+z = y+z$ im Widerspruch zu $x+z < y+z$.

Aus $y < x$ folgt mit der soeben bewiesenen Richtung ”$\Longrightarrow$”, daß $y + z < x + z$ ist, ebenfalls im Widerspruch zur Voraussetzung.

Die weiteren Beweise überlassen wir dem Leser.

Aufgaben

(11) Beweisen Sie durch vollständige Induktion über x, daß für alle natürlichen Zahlen x, z gilt : $x + z \neq x$.

(12) Beweisen Sie Satz 9.3

(13) Beweisen Sie Satz 7.3

3.3.6 Subtraktion

Die Subtraktion $x - y$ als Umkehrung der Addition kann in $\mathbb{N}$ nur für $y < x$ ausgeführt werden : die aus unserer Vorerfahrung bekannte Äquivalenz

$$a - b = x \Longleftrightarrow b + x = a$$

motiviert die

Definition 6

Seien $a, b \in \mathbb{N}$ mit $b < a$. Dann ist $a - b$ diejenige natürliche Zahl x, für die gilt :

$$b + x = a$$

Dabei ist x aufgrund der Linkseindeutigkeit der Addition eindeutig bestimmt.

Satz 10

Für alle natürlichen Zahlen x, y, z gilt :

1) $\qquad (x - y) + y = x$

$$2) \qquad (x+y) - y = x$$

$$3) \qquad x - (y+z) = (x-y) - z \qquad\qquad \text{falls } y+z \le x$$

$$4) \qquad x - (y-z) = (x-y) + z \qquad\qquad \text{falls } z \le y \le x$$

$$5) \qquad x + (y-z) = (x+y) - z \qquad\qquad \text{falls } z \le y$$

$$6) \qquad (x-y) \cdot z = x \cdot z - y \cdot z \qquad\qquad \text{falls } y \le x$$

$$7) \qquad x < y \implies x - z < y - z \qquad\qquad \text{falls } z \le y \wedge z \le x$$

Beweis

1) Diese Beziehung folgt unmittelbar aus der Definition :

$x - y$ ist gerade *die* Zahl u mit $y + u = x$. Das heißt, es gilt :

$(x - y) + y = y + (x - y) = x$

2) Gemäß 1) gilt :

$((x + y) - y) + y = x + y$.

Damit gilt die Behauptung aufgrund der Rechtseindeutigkeit der Addition.

3) Beim Nachweis dieser Gleichung führen wir zunächst für alle Differenzen Bezeichnungen ein :

a) $\quad u = x - (y+z)$ \qquad b) $\quad v = x - y$ \qquad c) $\quad w = (x-y) - z = v - z$

Wir erhalten zunächst :

a) $\quad (y+z) + u = x$ \qquad b) $\quad y + v = x$ \qquad c) $\quad z + w = v$

Mit b) ergibt sich aus c) : $\quad (y+z) + w = y + (z+w) = x$.

Mit a) ergibt sich somit : $\quad (y+z) + u = x = (y+z) + w$

und daraus folgt $u = w$, also die gewünschte Beziehung

$x - (y+z) = u = w = (x-y) - z.$

Die restlichen Beweise folgen analog.

3.3.7 Ausweitung der Definitionen und Gesetze von N auf N_0

Die Ausführungen der vorigen Abschnitte wurden im Interesse möglichst einfacher Begriffsbildungen und Beweise grundsätzlich in **N** geführt.

Es ist möglich, die Peano–Axiome entsprechend für die Menge N_0 zu formulieren. Die vorgenommenen Definitionen lassen sich ebenfalls sämtlich sinngemäß auf N_0 übertragen. Wir betrachten hier lediglich zwei *Beispiele*: Die neue Definition der Multiplikation lautet :

$$\text{M'1} \quad x \cdot 0 = 0 \qquad \text{M'2} \quad x \cdot (y+1) = x \cdot y + x$$

Dabei ist zu beachten, daß die Setzung $v(x) = x + 1$ jetzt *nicht* mehr das Gesetz A 1 bei der Definition der Addition ist, sondern eine Folgerung aus der Setzung $v(0) = 1$ (vgl. Aufgabe 14).

Die Kleiner–Relation ist in $\mathbb{N}_0$ wie folgt zu definieren :

$$x < y \iff \exists z(z \neq 0 \wedge x + z = y)$$

Die bewiesenen Sätze gelten in der Regel ebenso für $\mathbb{N}_0$. In einigen Fällen sind allerdings Einschränkungen zu machen. So lautet zum Beispiel Satz 7.3 jetzt :

Für alle Zahlen $x, y, z \in \mathbb{N}_0$ gilt : $z \neq 0 \implies (x \cdot z = y \cdot z \implies x = y)$

Aufgaben

(14) Definieren Sie die Addition in $\mathbb{N}_0$. Zeigen Sie, daß aus der Setzung $v(0) = 1$ folgt, daß stets $v(x) = x + 1$ gilt.

(15) Zeigen Sie, daß in $\mathbb{N}_0$ für alle x gilt :

      a) $0 + x = x + 0$ b) $1 + x = x + 1$

      c) $0 \cdot x = x \cdot 0$

(16) Beweisen Sie in $\mathbb{N}_0$ für die Addition und Multiplikation die Kommutativ- und Assoziativgesetze.

(17) Beweisen Sie Satz 8 für die $< -$Relation in $\mathbb{N}_0$.

3.3.8 Division

Die Division als Umkehrung der Multiplikation ist in $\mathbb{N}_0$ in der Regel nur mit Rest durchführbar. Von zentraler Bedeutung ist der folgende Satz, der die Existenz und Eindeutigkeit des Ergebnisses sichert.

Satz 11

Seien $a, b \in \mathbb{N}_0$ mit $b \neq 0$. Dann gibt es genau zwei Zahlen q und r mit $a = q \cdot b + r$, wobei $q, r \in \mathbb{N}_0$ und $0 \leq r < b$.

Beweis

Wir führen zunächst den Nachweis der *Existenz*.

Wenn $b > a$ ist, so ist die Lösung mit $q = 0$ und $r = a$ gefunden.

42

Ist $b \leq a$, so gehen wir von a aus in b–er Schritten rückwärts :

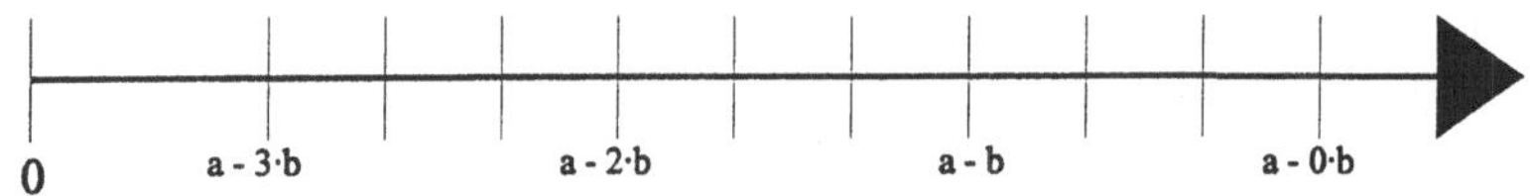

und bilden entsprechend die Menge

$$M = \{z \mid z = a - x \cdot b, x \in \mathbb{N} \quad \text{und} \quad z \geq 0\}.$$

M ist nicht leer, da wegen $b \leq a$ zumindest $z = a - 1 \cdot b$ in M liegt. Damit enthält M ein kleinstes Element r, für das gelte

$$r = a - q \cdot b.$$

Nach Definition der Subtraktion gilt damit zunächst schon

$$a = q \cdot b + r,$$

so daß nur noch $0 \leq r < b$ zu zeigen ist. Dabei folgt $0 \leq r$ aus der Konstruktion. Den Beweis für $r < b$ führen wir indirekt :

$$
\begin{aligned}
\textit{Annahme}: \quad & r \geq b \\
\Longrightarrow \ & \exists y \in \mathbb{N}_0 : b + y = r \\
\Longrightarrow \ & a = q \cdot b + b + y \\
\Longrightarrow \ & a = (q + 1) \cdot b + y
\end{aligned}
$$

Nun ist aber $y = a - (q+1) \cdot b$ kleiner als $r = a - q \cdot b$. Gemäß Konstruktion ist $y \in M$, im Widerspruch zur Definition von r.
Damit bleibt noch die *Eindeutigkeit* nachzuweisen.

Nehmen wir dazu an, es gebe zwei Zahlenpaare q_1, r_1, q_2, r_2 mit

$$a = q_1 \cdot b + r_1, \ 0 \leq r_1 < b \quad \text{und} \quad a = q_2 \cdot b + r_2, \ 0 \leq r_2 < b.$$

Dabei sei $q_1 \leq q_2$. Dann gilt

$$
\begin{aligned}
& q_1 \cdot b + r_1 = q_2 \cdot b + r_2 \\
\Longrightarrow \ & q_1 \cdot b + r_1 = r_2 + q_2 \cdot b && \text{(KG; +)} \\
\Longrightarrow \ & r_1 = (r_2 + q_2 \cdot b) - q_1 \cdot b && \text{(Definition der Subtraktion)} \\
\Longrightarrow \ & r_1 = (q_2 - q_1) \cdot b + r_2 && \text{(Satz 10.5, Satz 10.6, (KG; +))}
\end{aligned}
$$

Da $r_1 < b$ laut Voraussetzung gilt, muß $q_2 - q_1 = 0$ sein, woraus sowohl $q_2 = q_1$ als auch $r_2 = r_1$ folgt.

Bemerkung

Bei Divisionen bezeichnet man die Zahl q in $a = q \cdot b + r$ als *Quotienten*, die Zahl r als *Rest*.

Beispiel: $17 : 5$, $17 = 3 \cdot 5 + 2$. Also ist der Quotient 3, der Rest ist 2.

Häufig werden Quotient und Rest auch wie folgt genauer dargestellt:

Definition 7

Es seien a, b natürliche Zahlen. Ferner gelte:

$$a = q \cdot b + r, \quad \text{wobei} \quad 0 \le r < b.$$

Dann bezeichnen wir mit

a DIV $b = q$ den Quotienten, also das ganzzahlige Ergebnis der Division,

und mit

a MOD $b = r$ den verbleibenden Rest.

Aufgabe

(18) Zeigen Sie: Wenn a von b geteilt wird, gilt für alle natürlichen Zahlen $k : (a \cdot k)$ DIV $(b \cdot k) = a$ DIV b

3.3.9 Teilbarkeitsrelation

Wie wir im vorigen Abschnitt gesehen haben, bleibt in der Regel bei der Division einer Zahl a aus $\mathbb{N}_0$ durch eine natürliche Zahl b ein Rest $r \ne 0$ übrig. Ist dies nicht der Fall, so gilt die Beziehung

$$a = q \cdot b.$$

Wir sagen dann: b *teilt die Zahl* a.

Definition 8

Seien a, b zwei Zahlen aus $\mathbb{N}_0$.

b heißt Teiler von a genau dann, wenn es ein $q \in \mathbb{N}_0$ gibt mit $a = q \cdot b$.
Statt b *ist Teiler von* a schreiben wir kurz: $b \mid a$

Die Teilerbeziehung $\mid$ hat die folgenden wichtigen Eigenschaften:

Satz 12

Für alle natürlichen Zahlen $x, y, z \in \mathbb{N}_0$ gilt:

$$\begin{aligned}
&1) \quad x \mid x && \text{(Reflexivität)} \\
&2) \quad x \mid y \wedge y \mid z \implies x \mid z && \text{(Transitivität)}
\end{aligned}$$

$$3) \qquad x \mid y \wedge y \mid x \implies x = y \qquad \text{(Antisymmetrie)}$$

Beweis

1) $\mid$ ist reflexiv;
   denn für alle $x \in \mathbb{N}_0$ gilt : $x = 1 \cdot x$ und somit $x \mid x$.

2) $\mid$ ist transitiv.
   Es gelte $x \mid y$ und $y \mid z$.
   Dann gibt es $k_1, k_2 \in \mathbb{N}_0$ mit $y = k_1 \cdot x$ und $z = k_2 \cdot y$.
   Durch Einsetzen ergibt sich :
   $z = k_2 \cdot y = k_2 \cdot (k_1 \cdot x) = (k_2 \cdot k_1) \cdot x.$ Da mit $k_1, k_2 \in \mathbb{N}_0$ auch $k_1 \cdot k_2 \in \mathbb{N}_0$
   gilt, folgt : $x \mid z$.

3) $\mid$ ist antisymmetrisch. Es gelte $x \mid y$ und $y \mid x$.
   a) Wenn $y = 0$ gilt, folgt aus $0 \mid x$, daß auch x gleich 0 sein muß.
   b) Wenn $y \neq 0$ ist, gibt es von 0 verschiedene natürliche Zahlen
      k_1, k_2 mit $y = k_1 \cdot x$ und $x = k_2 \cdot y$.
   Durch Einsetzen ergibt sich :
   $y = k_1 \cdot (k_2 \cdot y) = (k_1 \cdot k_2) \cdot y.$ Daraus folgt $k_1 \cdot k_2 = 1$, woraus sich in
   $\mathbb{N}_0$ $k_1 = k_2 = 1$ ergibt.

Bezüglich der Grundrechenarten Addition, Subtraktion und Multiplikation gelten die folgenden wichtigen Eigenschaften :

Satz 13

Für alle $x, y, z \in \mathbb{N}_0$ gilt :

$$1) \qquad x \mid y \implies x \mid y \cdot z$$
$$2) \qquad x \mid y \implies x \cdot z \mid y \cdot z$$
$$3) \qquad x \mid y \wedge x \mid z \implies x \mid (y + z)$$
$$4) \qquad x \mid y \wedge x \mid z \implies x \mid (y - z) \quad (y \geq z)$$

Beweis

Wir beweisen nur die ersten drei Aussagen.

Zu 1) Aus $x \mid y$ folgt $y = k \cdot x$ mit passendem k. Damit ergibt sich

$$y \cdot z = (k \cdot x) \cdot z = (k \cdot z) \cdot x, \ \text{ also } \ x \mid y \cdot z.$$

Zu 2) Aus $x \mid y$ folgt $y = k \cdot x$ mit passendem k. Damit ergibt sich

$$y \cdot z = (k \cdot x) \cdot z = k \cdot (x \cdot z), \ \text{ also } \ x \cdot z \mid y \cdot z.$$

Zu 3)   Aus $x \mid y \wedge x \mid z$ folgt $y = k_1 \cdot x$ und $z = k_2 \cdot x$ mit passenden Zahlen $k_1, k_2 \in \mathbb{N}_0$. Damit ergibt sich

$$y + z = k_1 \cdot x + k_2 \cdot x = (k_1 + k_2) \cdot x, \;\text{ also }\; x \mid (y + z).$$

4 Kardinalzahlen

4.1 Begriff der Endlichkeit

Bevor wir die Frage behandeln, wie man Zahlen in der Sprache der Mengenlehre darstellt und dann mit diesen Zahlen rechnet, wollen wir zunächst das einfachere Problem klären, was überhaupt eine *endliche* Menge ist. Diesen endlichen Mengen werden wir dann *Zahlen* zuordnen.

Die Beschreibung des Begriffs der Endlichkeit erfolgt durch Abgrenzung gegen *unendliche* Mengen. Wir werden deshalb zunächst festlegen, was eine unendliche Menge ist. Zum besseren Verständnis der Begriffsbildung stellen wir ein bekanntes Paradoxon voran :

> Das Hotel *Universum* hat die unendlich vielen Zimmer 1, 2, 3, ...,
> die an diesem Tag alle belegt sind. Nun kommt jedoch noch ein
> Wanderer, der ein Zimmer für die Nacht sucht. Der Hotelier löst
> dieses Problem geschickt, indem er dem „Neuen" das Zimmer mit
> der Nummer 1 zuweist und die übrigen Hotelgäste bittet, in das
> Zimmer mit der nächst höheren Zimmernummer umzuziehen. So
> haben alle ein Dach über dem Kopf.

Zunächst halten wir fest, daß das Paradoxon offenbar nur formuliert werden kann, weil die Menge der Zimmer im Hotel unendlich ist. Bei der Umquartierung wird den Gästen, die vorher 1, 2, ... belegten, jeweils genau ein neues Zimmer zugewiesen. Wenn wir die Gäste einfach durch ihre Zimmer–Nummer bezeichnen, so erhalten wir

$$1 \to 2, \quad 2 \to 3, \quad 3 \to 4, \quad \dots$$

und haben damit eine Abbildung $f : \mathbb{N} \longrightarrow \mathbb{N} \setminus \{1\}$ auf der Menge der Hotelzimmer definiert mit $f : x \to x + 1$. f ist *bijektiv* und bildet die Menge der Hotelzimmer auf eine anscheinend „kleinere" Menge ab, um so ein Zimmer für den Neuankömmling freizumachen.

Da ein derartiges Paradoxon offenbar für jede „unendliche Menge von Hotelzimmern" formuliert werden kann, können wir allgemein formulieren :

Definition 9

Sei M eine Menge. M heißt genau dann *unendlich*, wenn es eine echte Teilmenge T von M und eine bijektive Abbildung

$$f : M \to T \quad \text{gibt mit} \quad f(M) = T.$$

M heißt genau dann *endlich*, wenn M nicht unendlich ist.

Man kann zeigen, daß diese recht formal wirkende Definition der Endlichkeit sich mit einem eher „anschaulichen" Verständnis deckt. Dazu definieren wir:

Definition 10

Ein *Entnahmeverfahren* für eine Menge A ist ein Verfahren, das wie folgt vorgeht :

Aus A wird ein Element a_1 ausgewählt. Man bildet $A_1 = A \setminus \{a_1\}$.

Aus A_1 wird ein Element a_2 ausgewählt. Man bildet $A_2 = A_1 \setminus \{a_2\}$.

Das Verfahren bricht ab, wenn ein A_k die leere Menge ist, andernfalls bricht es nicht ab.

Von einer im anschaulichen Sinne endlichen Menge erwarten wir, daß jeder Entnahmeprozeß endet. Dies gilt auch bei der von uns gewählten Definition der Endlichkeit :

Satz 14

Für jede endliche Menge A gilt : Jedes Entnahmeverfahren für A bricht ab.

Beweis

Sei A endlich.

Wir führen den Beweis *indirekt* und nehmen an, es gebe ein nicht abbrechendes Entnahmeverfahren. Dann sei

$A' = \{a \mid a \text{ wird durch das Entnahmeverfahren gewonnen}\}$, $\overline{A} = A \setminus A'$.

Sei a_1 das erste entnommene Element. Wie im Falle des Hotels *Universum* „verlegen" wir jetzt die Elemente von A' jeweils um eine „Nummer" nach oben und definieren eine Funktion $f : A \to A \setminus \{a_1\}$ wie folgt :

1. Wenn $x \in A'$, dann ist $x = a_k$ für ein $k \in \mathbb{N}$. In diesem Fall setzen wir $f(x) = a_{k+1}$.

Da A' nicht notwendig gleich der Menge A ist, setzen wir weiter fest, daß die Elemente von $\overline{A}$ unverändert bleiben :

2. Wenn $x \in \overline{A}$, setzen wir $f(x) = x$.

Damit ist f eine bijektive Funktion, die A auf eine echte Teilmenge von A, nämlich $A \setminus \{a_1\}$ abbildet, im Widerspruch zur Endlichkeit von A.

Anmerkung

Der aufmerksame Leser wird feststellen, daß die Definition des Begriffs *Entnahmeverfahren* rekursiv erfolgt. In gewissem Sinne greifen wir hier auf einer „Meta–Ebene" auf die Existenz der natürlichen Zahlen zurück.

Dieser Widerspruch wäre nur zu vermeiden, wenn man Kardinalzahlen auf der Grundlage einer exakt eingeführten axiomatischen Mengenlehre definiert. In diesem Falle geht der mengentheoretischen Definition der Kardinalzahlen in der Regel die Definition der Ordinalzahlen voran.

4.2 Natürliche Zahlen als Kardinalzahlen

Bei der angestrebten Definition der natürlichen Zahlen greifen wir noch einmal auf *Russell* zurück (1930, S. 14) :

> „Es leuchtet ein, daß die Zahl ein Mittel ist, gewisse Mengen zusammenzufassen, nämlich diejenigen, die eine gewisse Zahl von Elementen haben. Wir können uns alle Paare zu einem Bündel vereinigt vorstellen, alle Trios zu einem anderen, usf. So erhalten wir verschiedene Bündel von Mengen; jedes Bündel besteht aus allen Mengen, die eine gewisse Zahl von Gliedern haben. Jedes Bündel ist eine Menge, deren Glieder Mengen sind; somit ist jede eine Menge von Mengen. Das Bündel mit allen Paaren zum Beispiel ist eine Menge von Mengen : jedes Paar ist eine Menge mit zwei Gliedern und das ganze Bündel von Paaren ist eine Menge mit einer unendlichen Zahl von Gliedern, von denen jedes eine Menge mit zwei Gliedern ist."

Bei dieser umgangssprachlichen Definition stellt sich die Frage, wie wir feststellen können, daß zwei Mengen eine „gewisse" (gleich große) Zahl von Gliedern haben. Die Antwort liegt im Begriff der *Gleichmächtigkeit* (*Russell* spricht von *Ähnlichkeit*) :

Definition 11

Zwei Mengen A und B heißen genau dann *gleichmächtig*, wenn es eine bijektive Abbildung $f : A \to B$ gibt. Sind A und B gleichmächtig, so schreiben wir $A \equiv B$. f nennen wir die *zugehörige Äquivalenzabbildung*.

Satz 15

$\equiv$ ist eine Äquivalenzrelation.

Beweis

Eine Relation ist eine Äquivalenzrelation, wenn sie transitiv, symmetrisch und reflexiv ist.

a) *Transitivität*
Sei $A \equiv B$ und $B \equiv C$ mit den zugehörigen Äquivalenzabbildungen $f : A \to B$ und $g : B \to C$.
Dann ist die Abbildung $h : A \to C$ mit $h = g \circ f$ bijektiv. Also gilt $A \equiv C$.

b) *Symmetrie*
Sei $A \equiv B$ mit zugehöriger Äquivalenzabbildung $f : A \to B$. Da f bijektiv ist, existiert die ebenfalls bijektive Umkehrabbildung $f^{-1} : B \to A$. Also gilt $B \equiv A$.

c) *Reflexivität*
Trivialerweise gilt $A \equiv A$.

Wir fahren mit *Russell* fort (1930, S. 18) :

„Bis jetzt haben wir nichts vorausgesetzt, was irgendwie paradox wäre. Aber nun, wo wir zur wirklichen Definition der Zahlen kommen, stoßen wir unweigerlich auf Verhältnisse, die im ersten Augenblick paradox erscheinen. Dieser Eindruck wird jedoch bald schwinden. Wir denken natürlich, daß die Menge der Paare etwas von der Zahl 2 Verschiedenes ist. Aber über die Menge der Paare besteht keine Unsicherheit. An ihr kann nicht gezweifelt werden und ihre Definition macht keine Schwierigkeiten, während auf der anderen Seite die Zahl 2 in irgend einem Sinne etwas Metaphysisches ist, von dem wir niemals das sichere Gefühl haben, daß es existiert oder daß wir es ergründet haben. Es ist daher klüger, uns mit der Menge der Paare zu begnügen, deren wir sicher sind, als einer problematischen Zahl 2 nachzujagen, die sich uns immer listig entziehen wird. Demgemäß stellen wir folgende Definition auf :
Die Zahl einer Menge ist die Menge aller ihr ähnlichen Mengen.
Die Zahl eines Paares ist somit die Menge aller Paare. In der Tat: die Menge aller Paare ist die Zahl 2, auf Grund unserer Definition.“

In unserer Sprechweise, und anders als bei *Russell* bereits begrenzt auf endliche Mengen, setzen wir damit fest :

Definition 12

Sei A eine endliche Menge. Dann bezeichnen wir $|A| = \{B|\ B \equiv A\}$ als *Kardinalzahl von A*.[3] Dabei liest man $|A|$ als *Betrag A*. A wird als *Repräsentant* der Kardinalzahl $|A|$ bezeichnet.

Wir können jetzt die natürlichen Zahlen wie folgt als *Kardinalzahlen* charakterisicren :

Die Kardinalzahl von $\emptyset$ wird mit „0" bezeichnet : $0 = |\emptyset|$.
Die „1" ist die Äquivalenzklasse aller „einelementigen" Mengen. Wir nehmen die „einfachste" derartige Menge und setzen : $1 = |\{\emptyset\}|$.
Die „2" ist mit Russell die Menge aller Paare. Wir nehmen das einfachste Paar, das mit Hilfe von $\emptyset$ gebildet werden kann, und setzen : $2 = |\{\emptyset, \{\emptyset\}\}|$.

Entsprechend setzen wir : $3 = |\{\emptyset, \{\emptyset\}, \{\emptyset, \{\emptyset\}\}\}|$.

Wir bilden demnach die Zahlen stets mit Hilfe ihrer „Vorgänger": die 1 wird mit Hilfe des Repräsentanten der 0 gebildet, die 2 mit Hilfe der Repräsentanten von 0 und 1, die 3 mit Hilfe der Repräsentanten von 0, 1 und 2. Entsprechend werden die weiteren natürlichen Zahlen gebildet.

4.3   Grundrechenarten

Auch für dic Kardinalzahlcn lassen sich die Grundrechenarten definieren. Für diese Rechenarten gelten weiterhin die üblichen Gesetze. Diese Gesetze folgen – anders als im Rahmen der Peano–Arithmetik – in vielen Fällen aus bekannten logischen Gesetzen.

4.3.1   Addition

Die Definition der Addition geht von der folgenden intuitiven Vorstellung des Zusammenlegens von Objekten aus :
Man erhält eine Kollektion von $n + m$ Objekten, wenn man eine Kollektion mit n Objekten mit einer Kollektion zusammenlegt, in der sich m Objekte befinden.

---

[3]Im Rahmen dieser exemplarischen Darstellung gehen wir hier bewußt nicht auf die mengentheoretischen Probleme ein, die bei derart „globalen" Mengenbildungen auftreten können.

Das „Zusammenlegen zweier Kollektionen" beschreiben wir mathematisch als Vereinigung von Mengen und erhalten zum Beispiel :

$$\{a, b, c\} \cup \{d, e\} = \{a, b, c, d, e\}$$

Wir können hier die Menge $\{a, b, c\}$ als Repräsentanten der Zahl 3 und die Menge $\{d, e\}$ als Repräsentanten der Zahl 2 ansehen. Die Vereinigung beider Mengen ist dann ein Repräsentant für die Zahl 5.

Allgemein ergibt allerdings die Vereinigung zweier Mengen nur dann die korrekte „Summe", wenn die Mengen *disjunkt*, d.h. elementfremd sind :

$$\{a, b, c\} \cup \{a, e\} = \{a, b, c, e\}$$

Bei der folgenden Definition für die Addition von Kardinalzahlen muß demnach sichergestellt werden, daß die Repräsentanten disjunkt sind :

Definition 13

Seien α und β zwei Kardinalzahlen mit $\alpha = |A|$ und $\beta = |B|$.

Wenn A und B nicht bereits disjunkt sind, können wir stets eine Menge B' finden

mit $B' \equiv B$ und $B' \cap A = \emptyset$. Dann ist

$$\alpha + \beta := |A \cup B'|.$$

Anmerkung

In Zukunft werden wir bei der Addition von Kardinalzahlen stets stillschweigend voraussetzen, daß die Repräsentanten disjunkt sind.

Die vorliegende Definition der Addition hat den Nachteil, daß sie auf Repräsentanten der Kardinalzahl zurückgreifen muß. Wir müssen deshalb zeigen, daß die Auswahl der Repräsentanten für den Wert der Summe keine Rolle spielt.

Satz 16

Seien α und β endliche Kardinalzahlen mit $\alpha = |A| = |A'|$ und $\beta = |B| = |B'|$. Gelte

$$B \cap A = \emptyset, \ B' \cap A' = \emptyset.$$

Dann gilt $|A \cup B| = |A' \cup B'|$.

Beweis

Da $|A| = |A'|$ und $|B| = |B'|$, existieren die bijektiven Abbildungen

$$f : A \longrightarrow A' \quad \text{und} \quad g : B \longrightarrow B'.$$

Wir definieren

$$h : A \cup B \longrightarrow A' \cup B' \quad \text{mit} \quad h(x) = \begin{cases} f(x), & \text{falls } x \in A \\ g(x), & \text{falls } x \in B \end{cases}$$

h ist wohldefiniert, da wegen $A \cap B = \emptyset$ jedes x entweder zu A oder zu B gehört. Die Abbildung h ist bijektiv. Damit gilt : $A \cup B \equiv A' \cup B'$.

Die üblichen Gesetze für die Addition sind in dem hier behandelten Rahmen einfache Folgerungen aus logischen Schlußregeln beziehungsweise Gesetzen der Mengenlehre.

Satz 17

Für alle endlichen Kardinalzahlen α, β, γ gilt :

1) $\quad \alpha + \beta = \beta + \alpha$ $\qquad$ (Kommutativgesetz für die Addition)
2) $\quad (\alpha + \beta) + \gamma = \alpha + (\beta + \gamma)$ $\quad$ (Assoziativgesetz für die Addition)
3) $\quad \alpha + 0 = \alpha$ $\qquad$ (Gesetz vom neutralen Element)
4) $\quad \alpha + \gamma = \beta + \gamma \Longrightarrow \alpha = \beta$ $\quad$ (Rechtseindeutigkeit der Addition)

Beweis

Wir beweisen nur die ersten beiden Gesetze und die Rechtseindeutigkeit. Dabei gehen wir davon aus, daß die gewählten Repräsentanten der Kardinalzahlen untereinander paarweise disjunkt sind. Damit sind insbesondere auch A und $B \cup C$ disjunkt und $A \cup B$ und C disjunkt.

1) Sei $\alpha = |A|$ und $\beta = |B|$
$$\Longrightarrow \alpha + \beta = |A| + |B| = |A \cup B| = |B \cup A| = |B| + |A| = \beta + \alpha$$

2) Sei $\alpha = |A|$, $\beta = |B|$ und $\gamma = |C|$
$$(\alpha + \beta) + \gamma = |A \cup B| + |C| = |(A \cup B) \cup C| = |A \cup (B \cup C)|$$
$$= |A| + |B \cup C| = |A| + (|B| + |C|) = \alpha + (\beta + \gamma)$$

4) Wir können voraussetzen, daß $A \cup C \equiv B \cup C$ gilt. Dabei sei f die bijektive Abbildung, die $A \cup C$ auf $B \cup C$ abbildet.

Wenn es uns gelingt, eine bijektive Abbildung $f^* : A \cup C \longrightarrow B \cup C$ zu konstruieren, für die $f^*(C) \subseteq C$ ist, sind wir fertig. Dann gilt nämlich wegen der Endlichkeit von C und der Bijektivität von f^*, daß $f^*(C) = C$ ist.

Daraus folgt dann $f^*(A) \subseteq B$. Wäre nämlich $f^*(a) = c \in C$ für ein $a \in A$, so wäre $f^*(\{a\} \cup C) = C$, im Widerspruch zur Endlichkeit von $\{a\} \cup C$.

Für diese Abbildung f^* gilt dann wegen $f^*(C) = C$, daß $f^*(A) = B$, so daß $A \equiv B$ und damit $\alpha = \beta$ gilt.

Die gesuchte Abbildung f^* wird wie folgt konstruiert :
Wenn $f(C) \subseteq C$ gilt, sind wir fertig.
(*)   Gebe es also ein $c_1 \in C$ mit $f(c_1) = x \in B$.
Dann muß es ein $a \in A$ mit $f(a) = y \in C$ geben.
Wäre nämlich $f(A) \subseteq B$, müßte wegen $f(A \cup C) = B \cup C$ gelten, daß $C \subseteq f(C)$ ist. Wegen der Endlichkeit von C müßte dann $C = f(C)$ im Widerspruch zu (*) gelten.
Wir bilden jetzt aus f eine neue Abbildung $f^{(1)} : A \cup C \longrightarrow B \cup C$ wie folgt :

$$f^{(1)}(a) = x \; ; \; f^{(1)}(c_1) = y$$
Für alle von a und c_1 verschiedenen Zahlen z sei $f^{(1)}(z) = f(z)$.

Die Abbildung $f^{(1)}$ ist weiterhin bijektiv.
Wenn $f^{(1)}(C) \subseteq C$ gilt, sind wir fertig.
Ist dies nicht der Fall, gibt es ein $c_2 \in C$ mit $f^{(1)}(c_2) = x \in B$ (c_2 ist gemäß Konstruktion von c_1 verschieden), und wir konstruieren in entsprechender Weise eine bijektive Funktion $f^{(2)} : A \cup C \longrightarrow B \cup C$. Da C endlich ist, bricht die Folge der c_1, c_2, ... irgendwann mit einem c_n ab. Die zuletzt gebildete Funktion $f^{(n)}$ ist die gesuchte Funktion f^*.

Anmerkung

Der Beweis zu 4) hat an mehreren Stellen auf die Endlichkeit von C zurückgegriffen. Das ist kein Zufall : der formulierte Satz ist vielmehr falsch, wenn C auch unendlich sein darf.
Um das einzusehen, bezeichnen wir die Kardinalzahl von **N** mit ω. Unser Beispiel vom Hotel *Universum* besagt dann : $1 + \omega = 0 + \omega$.

4.3.2 Multiplikation

Die Multiplikation von Kardinalzahlen ist nicht in so „natürlicher" Weise definierbar wie die Addition und Subtraktion, da von den üblichen Mengenoperationen die Vereinigung und die Differenz bereits „verbraucht" sind, und der Durchschnitt zweier Mengen offenbar wenig mit einer Produktbildung zu tun hat.
Zum besseren Verständnis des weiteren Vorgehens greifen wir auf ein Beispiel aus der Kombinatorik zurück :

Die Tischtennismannschaften aus Pingstadt und Pongdorf sollen gegeneinander antreten. Aus Pingstadt sind 7 Spieler gekommen, aus Pongdorf 8.

Wie viele verschiedene Paarungen sind möglich, wenn zunächst jeder Spieler aus Pingstadt gegen jeden Spieler aus Pongdorf antreten soll?
Zur Lösung bilden wir die Paarungen

$$\text{(Ping 1, Pong 1)} \quad \text{(Ping 1, Pong 2)} \quad \cdots \quad \text{(Ping 1, Pong 8)}$$

$$\vdots \qquad\qquad\qquad \vdots \qquad\qquad\qquad\qquad \vdots$$

$$\text{(Ping 7, Pong 1)} \quad \text{(Ping 7, Pong 2)} \quad \cdots \quad \text{(Ping 7, Pong 8)}$$

und erhalten so $7 \cdot 8 = 56$ Paarungen.
In Mengenschreibweise erhalten wir aus der

- Menge $M_1 = \{p_1, ..., p_7\}$ mit 7 Elementen und der
- Menge $M_2 = \{p_1, ..., p_8\}$ mit 8 Elementen

eine neue Menge mit 56 Elementen, nämlich

$$\{(p_1, p_1), (p_1, p_2), ..., (p_1, p_8), (p_2, p_1), ..., (p_2, p_8), ..., (p_7, p_1), ..., (p_7, p_8)\}$$

Für die formale Definition dieser *Menge von Paaren* benötigen wir

Definition 14 (geordnete Paare, Kreuzprodukt)

a) Wenn a und b zwei Objekte einer Grundgesamtheit sind, heißt (a, b) das *geordnete Paar aus a und b*.

b) Wenn K und M zwei Mengen sind, so heißt
$K \times M = \{(x, y) \mid x \in K, y \in M\}$ das Kreuzprodukt von K und M.

Definition 15 (Produkt zweier Kardinalzahlen)

Seien α und β Kardinalzahlen mit $\alpha = |K|$ und $\beta = |M|$. Dann ist
$\alpha \cdot \beta := |K \times M|$.

Satz 18

Für alle endlichen Kardinalzahlen α, β, γ gilt:

1) $\alpha \cdot \beta = \beta \cdot \alpha$ (Kommutativgesetz für die Multiplikation)

2) $(\alpha \cdot \beta) \cdot \gamma = \alpha \cdot (\beta \cdot \gamma)$ (Assoziativgesetz für die Multiplikation)

3) $\alpha \cdot 1 = \alpha = 1 \cdot \alpha$ (Gesetz vom neutralen Element)

4) $\alpha \cdot \gamma = \beta \cdot \gamma \implies \alpha = \beta$ (Rechtseindeutigkeit der Multiplikation)

5) $\alpha \cdot (\beta + \gamma) = \alpha \cdot \beta + \alpha \cdot \gamma$ (Distributivgesetz)

Beweis

Wir gehen nur auf die Beweise von 1) bis 3) und auf den Beweis von 5) ein. 4) ist nur der Vollständigkeit halber aufgeführt, wird jedoch sinnvollerweise wie im Falle des entsprechenden Gesetzes der Peano–Arithmetik mit Hilfe der Kleiner–Relation bewiesen.

Seien $\alpha = |A|$, $\beta = |B|$ und $\gamma = |C|$. Die betreffenden Mengen seien jeweils disjunkt gewählt. Zum Beweis definieren wir jeweils nur die bijektiven Abbildungen; die einfachen *Nachweise* der Bijektivität überlassen wir dem Leser :

1) Es ist $\alpha \cdot \beta = |A \times B|$, $\beta \cdot \alpha = |B \times A|$

$f : A \times B \longrightarrow B \times A$ mit $f((x,y)) = (y,x)$ leistet das Verlangte.

2) Die verlangte bijektive Abbildung wird ähnlich wie bei 1) definiert. Wir setzen :

$$f : (A \times B) \times C \longrightarrow A \times (B \times C) \text{ mit } f(((x,y),z)) = (x,(y,z))$$

3) Sei $\alpha = |A|$. Dann leisten die Funktionen

$f : A \times \{\emptyset\} \longrightarrow A$, $g : A \longrightarrow \{\emptyset\} \times A$ mit $f((x,\emptyset)) = x$ und $g(x) = (\emptyset, x)$ das Gewünschte.

4)

5) Anders als bei den soeben bewiesenen Gesetzen ist das Distributivgesetz eine Folgerung aus logischen Äquivalenzen :

Seien $\alpha = |A|$, $\beta = |B|$ und $\gamma = |C|$ mit paarweise disjunkten Mengen A, B, C. Dann sind auch die Kreuzprodukte disjunkt, und es gilt :

$x \in A \times (B \cup C)$

$\Longleftrightarrow \exists a, b : (x = (a,b) \wedge (a \in A \wedge b \in B \cup C))$

$\Longleftrightarrow \exists a, b : (x = (a,b) \wedge [a \in A \wedge (b \in B \vee b \in C)])$

$\Longleftrightarrow \exists a, b : (x = (a,b) \wedge [(a \in A \wedge b \in B) \vee (a \in A \wedge b \in C)])$

$\Longleftrightarrow x \in A \times B \vee x \in A \times C$

$\Longleftrightarrow x \in A \times B \cup A \times C$

Damit gilt : $A \times (B \cup C) = A \times B \cup A \times C$.

Daraus folgt $|A \times (B \cup C)| = |A \times B \cup A \times C|$ und damit die Behauptung.

4.3.3 Kleiner–Relation, Subtraktion und Division

Mit den Ausführungen zur Addition und Multiplikation wurde ein Einblick in das „Rechnen" mit Kardinalzahlen gegeben. Es zeigte sich, daß die Gesetze für diese beiden Rechenarten in einigen Fällen unmittelbar auf logische Gesetzmäßigkeiten zurückgehen. In anderen Fällen war dagegen ein recht „technisch" wirkendes Vorgehen über bijektive Abbildungen erforderlich.

Erschwerend kommt hinzu, daß nicht alle Gesetze für die Grundrechenarten im Falle von *unendlichen* Kardinalzahlen gelten. In diesem Fall (Satz 17.4) sind komplizierte Überlegungen erforderlich, die sich explizit auf die Endlichkeit der betrachteten Mengen beziehen.

Damit konnten am Beispiel dieser beiden Rechenarten die Besonderheiten des Umgangs mit Kardinalzahlen aufgezeigt werden.

Auch wenn dies grundsätzlich möglich wäre, verzichten wir in diesem Buch auf eine Darstellung der Kleiner–Relation, der Subtraktion und der Division.

5 Primzahlen

5.1 Einführung

Beispiel

Will man zwei Brüche addieren, so müssen sie zunächst *gleichnamig* gemacht werden. Wir betrachten das Verfahren am Beispiel der Aufgabe $\frac{5}{108} + \frac{7}{90} =?$

Den Hauptnenner bestimmen wir bekanntlich wie folgt :

$$108 = 2 \cdot 54 = 2 \cdot 2 \cdot 27 = 2^2 \cdot 3^3 \qquad = 2^2 \cdot 3^3 \cdot 5^0$$
$$90 = 2 \cdot 45 = 2 \cdot 5 \cdot 9 \qquad\qquad\; = 2 \;\cdot 3^2 \cdot 5^1$$

Für den Hauptnenner werden die Faktoren 2, 3, 5 jeweils in ihrer höchsten Potenz berücksichtigt. Der Hauptnenner (HN) ist :

$$\text{HN} \quad = 2^2 \cdot 3^3 \cdot 5^1 = 540$$

Es ergibt sich :

$$\frac{5}{108} + \frac{7}{90} = \frac{5 \cdot 5}{108 \cdot 5} + \frac{7 \cdot 2 \cdot 3}{90 \cdot 2 \cdot 3} = \frac{25}{540} + \frac{42}{540} = \frac{67}{540}$$

Die vorgeführte Rechnung greift wesentlich auf die multiplikative Struktur der natürlichen Zahlen zurück: die beiden Nenner werden als Produkt von solchen Zahlen geschrieben, die sich nicht mehr nicht–trivial als Produkt kleinerer Zahlen schreiben lassen :

$$108 \quad = \quad 2 \cdot 2 \cdot 3 \cdot 3 \cdot 3$$
$$90 \quad = \quad 2 \cdot 3 \cdot 3 \cdot 5$$

werden in Potenzen von Zahlen (hier: 2, 3, 5) zerlegt, die sich selbst nicht mehr in nicht–triviale Produkte zerlegen lassen. Derartige Zahlen heißen Primzahlen :

Definition 16

Eine natürliche Zahl heißt **Primzahl**, wenn sie genau zwei Teiler hat.

Die oben gewissermaßen „naiv" vorgeführte Addition zweier Brüche macht implizit eine Reihe von Annahmen über die multiplikative Struktur der natürlichen Zahlen, bezogen auf die Zerlegung in Primzahlen.

Zunächst wird offensichtlich vorausgesetzt, daß jede natürliche Zahl $a > 1$ als Produkt von Primzahlen dargestellt werden kann.

Die Rechnung macht allerdings eine weitere wesentliche stillschweigende Annahme :

Wir benötigen, daß die Zerlegung von natürlichen Zahlen in Produkte von Primzahlen – in sogenannte *Primfaktorzerlegungen – eindeutig* ist. Nur dann können wir uns darauf verlassen, daß die vorgeführte Addition zweier Brüche in jedem Fall ein eindeutig bestimmtes Ergebnis hat.

Existenz und Eindeutigkeit der Primfaktorzerlegung für jede natürliche Zahl $a > 1$ sind Gegenstand des *Hauptsatzes der elementaren Zahlentheorie.*

5.2 Hauptsatz der elementaren Zahlentheorie

Wir zeigen zunächst :

Satz 19

Sei a eine von 1 verschiedene natürliche Zahl. Dann ist der kleinste von 1 verschiedene Teiler von a eine Primzahl.

Beweis

Sei $a \in \mathbb{N} \setminus \{1\}$ beliebig aber fest gewählt. Wir führen den Beweis indirekt. Sei t der kleinste Teiler von a mit $t \neq 1$. Wir nehmen an, daß t keine Primzahl ist.

Dann ist $t = p \cdot q$ mit $p, q \in \mathbb{N} \setminus \{1\}$. Ferner gilt $p, q < t$.
Insbesondere gilt damit : $p \mid t$.

Aus der Transitivität der Teilbarkeits–Relation folgt, daß p ebenfalls a teilt. Damit ist mit p ein Teiler von a gefunden, der kleiner als t ist, im Widerspruch zur Wahl von t als kleinstem Teiler von a.
Also war die Annahme falsch und $t \neq 1$ ist eine Primzahl.

Definition 17

Sei $a > 1$ eine natürliche Zahl. Dann heißt jedes Produkt $a = p_1 p_2 ... p_r$ mit Primzahlen $p_1, p_2, ..., p_r$ Primfaktorzerlegung von a.

Wir können jetzt die *Existenz* einer Primfaktorzerlegung zu jeder natürlichen
Zahl $a > 1$ folgern :

Satz 20

Sei $a > 1$ eine natürliche Zahl. Dann besitzt a (mindestens) eine Primfaktorzerlegung.

Der Beweis wurde bereits in Abschnitt 2.3 nach Padberg (1991, S. 22) zitiert.
Der dort erwähnte Satz 1 a ist unser Satz 19.
Damit bleibt nur noch die *Eindeutigkeit* für unsere Primfaktorzerlegungen zu
zeigen :

Satz 21 (Hauptsatz der elementaren Zahlentheorie)

Jede natürliche Zahl $a > 1$ besitzt bis auf die Reihenfolge der Faktoren genau
eine Primfaktorzerlegung.

Beweis

Wir führen den Beweis indirekt. Wir nehmen also an, es gebe natürliche Zahlen
mit zwei verschiedenen Primfaktorzerlegungen. Dann sei a die kleinste solche
Zahl. Damit gilt für a :

$$a = p_1 \cdot p_2 \cdot \ldots \cdot p_r = q_1 \cdot q_2 \cdot \ldots \cdot q_s$$

Wir gehen davon aus, daß die p_i und die q_i der Größe nach sortiert sind. Dann
ergibt sich, daß p_1 von q_1 verschieden sein muß: wäre dies nicht der Fall, wäre

$$a' = p_2 \cdot \ldots \cdot p_r = q_2 \cdot \ldots \cdot q_s$$

eine kleinere Zahl mit zwei wesentlich verschiedenen Primfaktorzerlegungen.
Entsprechend gilt, daß auch alle anderen p_i und q_i paarweise voneinander verschieden sein müssen.

Wir nehmen nun ohne Beschränkung der Allgemeinheit an, daß $p_1 > q_1$ gilt
und bilden eine Zahl $n < a$, die damit eine eindeutige Primfaktorzerlegung
besitzt :

$$n = (p_1 - q_1) \cdot p_2 \cdot p_3 \cdot \ldots \cdot p_r$$

q_1 ist ein Teiler von n, wie die folgende Gleichungskette zeigt :

$$n = (p_1 - q_1) \cdot p_2 \cdot p_3 \cdot \ldots \cdot p_r = p_1 \cdot p_2 \cdot \ldots \cdot p_r - q_1 \cdot p_2 \cdot p_3 \cdot \ldots \cdot p_r = a - q_1 \cdot p_2 \cdot p_3 \cdot \ldots \cdot p_r$$

$$= q_1 \cdot q_2 \cdot \ldots \cdot q_s - q_1 \cdot p_2 \cdot p_3 \cdot \ldots \cdot p_r = q_1 \cdot (q_2 \cdot \ldots \cdot q_s - p_2 \cdot p_3 \cdot \ldots \cdot p_r)$$

Da q_1 von den Primzahlen $p_1, p_2, \ldots, p_r$ verschieden ist, teilt q_1 die Zahl $p_1 - q_1$.
Daraus folgt, daß q_1 ein Teiler von p_1 ist. Da p_1 Primzahl ist, muß folglich q_1

gleich p_1 sein, im Widerspruch zu den weiter oben vorgenommenen Überlegungen.

Aufgaben

(19) Zeigen Sie, daß für jede Primzahl p und alle natürlichen Zahlen a, b gilt :

$$p \mid a \cdot b \implies p \mid a \vee p \mid b$$

(20) A sei ein Rechteck mit den Seitenlängen $a\ cm$ und $b\ cm$, wobei $a, b \in \mathbb{N}$ gelte.

t sei ein Teiler von $a \cdot b$.

Zeigen Sie, daß es ein Rechteck B mit der Fläche $t\ cm^2$ und den Seitenlängen $c\ cm$ sowie $d\ cm$ mit $c, d \in \mathbb{N}$ gibt, das in der folgenden Weise das Rechteck A mit einer „Standard–Parkettierung ausfüllt" :

B	B	$\cdots$		B
.		$\cdots$		.
.		$\cdots$		.
.		$\cdots$		.
B	B	$\cdots$		B
B	B	$\cdots$		B

(21) Beweisen Sie jetzt unter Zuhilfenahme der soeben formulierten Aussage den in Aufgabe 19 formulierten Satz auf anschaulichem Weg.

5.3 Bestimmung der Primzahlmenge

Der Hauptsatz der elementaren Zahlentheorie greift auf die Existenz von Primzahlen zurück. Für den Beweis des Satzes ist es allerdings unerheblich, ob es unendlich viele Primzahlen oder lediglich „sehr viele" Primzahlen in endlicher Anzahl gibt. Der Nachweis der *Unendlichkeit der Primzahlmenge* ist nicht schwierig und geht bereits auf *Euklid* zurück :

Satz 22 (Satz von Euklid)

Es gibt unendlich viele Primzahlen.

Beweis

Man beweist diese Aussage, indem angenommen wird, daß es nur endlich viele Primzahlen $p_1, p_2, ..., p_k$ gibt.

Wir betrachten nun die Zahl $n = p_1 \cdot p_2 \cdot ... \cdot p_k + 1$. Der kleinste Teiler $t \neq 1$

von n ist selbst wieder eine Primzahl.

Damit ist $t = p_i$ mit p_i aus der (vollständigen) Aufzählung $p_1, p_2, ..., p_k$.

$$\implies p_i \mid p_1 \cdot p_2 \cdot ... \cdot p_k + 1$$
$$\implies p_i \mid 1$$

Dies ist ein Widerspruch dazu, daß p_i eine Primzahl ist. Die Annahme, es gebe nur endlich viele Primzahlen, war demnach falsch.

Der vorgestellte Beweis zeigt eine Möglichkeit, aus einer gegebenen endlichen Menge $M = \{p_1, p_2, ..., p_k\}$ von Primzahlen eine neue Primzahl zu konstruieren: man bildet die Zahl $n = p_1 \cdot p_2 \cdot ... \cdot p_k + 1$. Diese Zahl ist entweder selbst eine Primzahl, oder ihr kleinster von 1 verschiedener Teiler t ist eine Primzahl, die nicht in M enthalten ist.

Dieses Verfahren hat den Nachteil, daß man damit nicht sicher *alle* Primzahlen findet. Das im folgenden vorgestellte *Sieb des Eratosthenes* leistet dies :

Wir schreiben alle natürlichen Zahlen in Folge auf :

    1   2   3   4   .....

Wir unterstreichen die 1, die sicher keine Primzahl ist. Die nächst größere Zahl 2 ist eine Primzahl.

    <u>1</u>   2   3   4   5   6   7   8   9   ...

Wir unterstreichen jetzt alle Vielfachen der 2, da diese keine Primzahlen sind. Die erste nicht unterstrichene Zahl ist wiederum eine Primzahl, die 3.

    <u>1</u>   2   3   <u>4</u>   5   <u>6</u>   7   <u>8</u>   9   ...

Wir unterstreichen jetzt alle Vielfachen dieser Primzahl, sofern sie nicht schon unterstrichen sind. Die erste nicht unterstrichene Zahl ist wieder eine Primzahl, nämlich die 5.

    <u>1</u>   2   3   <u>4</u>   5   <u>6</u>   7   <u>8</u>   <u>9</u>   <u>10</u>

   11   <u>12</u>   13   <u>14</u>   <u>15</u>   <u>16</u>   17   <u>18</u>   19   <u>20</u>

In der Folge werden alle Vielfachen der 5 unterstrichen, die 7 ist als erste nicht unterstrichene Zahl die nächste „gesicherte" Primzahl, und so fort.

Aufgaben

(22) Bestimmen Sie mit Hilfe der Siebmethode die Primzahlen zwischen 1 und 100.

(23) Zeigen Sie, daß es bei Aufgabe 22 genügt, die Siebmethode bis einschließlich der 7 durchzuführen.

II Bruchzahlen / Positive rationale Zahlen

Bislang haben wir die *natürlichen Zahlen* gründlich kennengelernt. Diese reichen allerdings schon zur Beschreibung vieler alltäglicher Sachverhalte *nicht* aus, wie wir im *ersten* Abschnitt dieses Kapitels an einigen Beispielen genauer verdeutlichen werden. Zur Lösung der *dort* genannten Probleme – längst aber nicht zur Lösung *aller* Probleme im Zusammenhang mit Zahlen! – sind die *Bruchzahlen*, d.h. die positiven rationalen Zahlen, gut geeignet. Wir definieren daher – ausgehend von unseren Vorerfahrungen – in den Abschnitten 2 bis 7 die Anordnung, Addition und Multiplikation sowie als Umkehroperationen die Subtraktion und Division von Bruchzahlen. Auf dieser Grundlage weisen wir nach, daß die Bruchzahlen *viele* Eigenschaften aufweisen, die auch die *natürlichen Zahlen* besitzen, und daß wir sie daher zu Recht als Bruch*zahlen* bezeichnen. Gleichzeitig beobachten wir aber bei den Bruchzahlen auch deutliche *Unterschiede* zu den natürlichen Zahlen – Unterschiede, auf denen zum Beispiel die größere *Leistungsfähigkeit* der Bruchzahlen bezüglich der Division beruht, aber auch Unterschiede gegenüber zentralen *Grundvorstellungen* der natürlichen Zahlen beispielsweise bei der Multiplikation und Division. Ein Vergleich der natürlichen Zahlen mit *speziellen* Bruchzahlen im achten Abschnitt zeigt eine völlige *Entsprechung* zwischen *diesen* Zahlen auf, legt daher eine *Identifizierung* nahe und ermöglicht so die Deutung der Bruchzahlen als eine *Erweiterung* des Zahlbereichs der natürlichen Zahlen. Im neunten Abschnitt stellen wir die wichtigsten *Unterschiede* und *Gemeinsamkeiten* von natürlichen Zahlen und Bruchzahlen zunächst in Form einer Zusammenstellung bisher gewonnener Ergebnisse, aber auch weiterführend (Dichtheit, Mächtigkeit von Bruchzahlen) zusammenfassend dar. Kernpunkt dieses Abschnittes ist jedoch – ganz im Sinne eines Spiralcurriculums – eine Analyse der vorher konkret durchgeführten Zahlbereichserweiterung von den natürlichen Zahlen zu den Bruchzahlen unter *strukturellen* Gesichtspunkten. Wir zeigen, daß wir bei einer *entsprechenden* Vorgehensweise *stets* eine gegebene Ausgangsmenge – sofern sie bestimmten Anforderungen genügt („kommutative, reguläre Halbgruppe") – zu einem Verknüpfungsgebilde („kommutative Gruppe") erweitern können, in dem neben der gegebenen Verknüpfung *stets* auch die *Umkehr*verknüpfung ohne Einschränkung durchführbar ist – so wie bei den Bruchzahlen neben der Multiplikation auch die *Division* ohne jede Einschränkung durchführbar ist. Die *Beweisökonomie* einer derartigen Vorgehensweise leuchtet unmittelbar ein. Als Nebenergebnis gewinnen wir die Erkenntnis, daß die Bruchzahlen unter der Multiplikation eine *minimale* Erweiterung von $(\mathbf{N}, \cdot)$ mit *uneingeschränkter* Division bilden.

Während wir uns in den bisherigen Abschnitten 1 bis 9 ausschließlich mit den Bruchzahlen in Form von (gemeinen) Brüchen beschäftigt haben, gehen wir im zehnten und letzten Abschnitt dieses Kapitels auf die *Dezimalbruch*darstellung von Bruchzahlen ein. Da nämlich sowohl die Darstellung der Bruchzahlen durch (gemeine) Brüche wie auch durch Dezimalbrüche jeweils spezielle *Vorteile* aufweisen, können wir auf *keine* dieser beiden Darstellungen verzichten. Nach einer knappen Beschreibung der jeweiligen Vorzüge *beider* Darstellungen behandeln wir gründlich den *Zusammenhang* zwischen gemeinen Brüchen und Dezimalbrüchen. Auf diese Art können wir die *Rechenoperationen* mit *endlichen* Dezimalbrüchen vollständig auf die Rechenoperationen mit gemeinen Brüchen zurückführen, während bei den *periodischen* Dezimalbrüchen ein Näherungsrechnen mit endlichen Dezimalbrüchen möglich ist.

Zum Schluß noch ein Hinweis zur *Abfolge* der Zahlbereiche in diesem Band: Während man in der *Hochschulmathematik* aus *strukturellen* Gründen vielfach die Abfolge von den natürlichen Zahlen über die ganzen Zahlen zu den rationalen Zahlen wählt, ist im *Schulunterricht* die Abfolge von den natürlichen Zahlen über die Bruchzahlen (positive rationale Zahlen) zu den rationalen Zahlen (einschließlich der ganzen Zahlen) aus guten Gründen üblich. Diese Abfolge im Unterricht der Schulen beruht nämlich auf der unterschiedlichen Bedeutsamkeit der verschiedenen Zahlbereiche für das *alltägliche Leben* und auf der *historischen Entwicklung*. Ferner sind die *Bruchzahlen* und die Rechenoperationen mit ihnen *vorstellungsmäßig* deutlich *leichter* als negative Zahlen mit den zugehörigen Rechenoperationen. Da *Lehrer*studenten die Zielgruppe dieses Bandes sind, wählen wir hier ebenfalls die Abfolge von den natürlichen Zahlen über die Bruchzahlen zu den rationalen Zahlen.

1 Einige Gründe zur Einführung der Bruchzahlen

Die natürlichen Zahlen sind vielseitig einsetzbar. Sie reichen allerdings zur knappen Beschreibung bzw. Lösung schon vieler elementarer Sachverhalte *nicht* aus, wir wir im folgenden an vier *Beispielen* verdeutlichen.

Beispiel 1 (Messen)

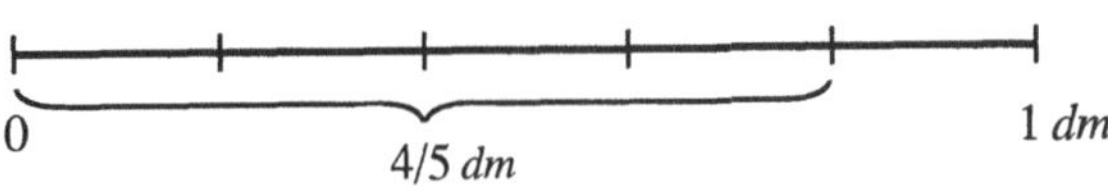

Auf Grund unserer Vorerfahrungen wissen wir, daß die vorstehende Strecke $\frac{4}{5}dm$ lang ist. Hierbei gibt der Nenner die Anzahl der Unterteilungen der Ausgangsstrecke in gleichlange Teilstrecken, der Zähler die Anzahl der ausgewählten Teilstrecken an. Eine Benennung der Länge dieser Strecke mit der Größeneinheit dm und einer natürlichen Zahl als Maßzahl ist offensichtlich *nicht* möglich. In diesem *speziellen* Fall können wir allerdings durch Übergang zu einer *kleineren* Maßeinheit (hier cm) die Streckenlänge dennoch allein mit Hilfe der *natürlichen* Zahlen benennen, nämlich durch 8 cm. Dies ist jedoch beispielsweise bei einer Strecke der Länge $\frac{2}{3}\,dm$ *nicht* möglich. Ferner erfordert der Übergang zu *kleineren* Maßeinheiten – wenn er möglichst häufig funktionieren soll – *viele* verschiedene Maßeinheiten und ist daher nur *schlecht* praktikabel. Viel *universeller* einsetzbar und praktikabler sind in dieser Hinsicht offenkundig die *Bruchzahlen*. Dies gilt nicht nur für Längenmessungen, sondern auch für die Bestimmung beispielsweise von Flächeninhalten, Volumina, Geldwerten, Zeitspannen und Gewichten, oder ganz allgemein für *Messungen von Größen*.

Beispiel 2 (Verteilen)

Verteilen wir beispielsweise vier gleichgroße Pizzas an zwei Kinder oder sechs glcichgroßc Pizzas gerecht an drei Kinder, so können wir das Ergebnis allein mit Hilfe der *natürlichen* Zahlen beschreiben. *Anders* ist dagegen die Situation, wenn wir drei Pizzas an vier Kinder oder zwei Pizzas gerecht an drei Kinder verteilen. Auch hier kann man zwar *theoretisch* das Ergebnis allein mit Hilfe der natürlichen Zahlen beschreiben. Dies ist allerdings sehr *umständlich*, während die Beschreibung des Ergebnisses mit *Bruchzahlen* viel prägnanter und kürzer ist. Dies gilt allgemein für beliebige *Verteilsituationen*.

Beispiel 3 (Dividieren)

Im Bereich der natürlichen Zahlen sind nur *wenige* Divisionsaufgaben lösbar. So ist eine Divisionsaufgabe in $\mathbb{N}$ nur genau dann lösbar, wenn der Dividend ein Vielfaches des Divisors ist. Daher ist eine so einfache Aufgabe wie 5 : 4 in $\mathbb{N}$ *nicht* lösbar. Erst nach Übergang zu den *Bruchzahlen* können wir uneingeschränkt dividieren und erhalten im obigen Beispiel $\frac{5}{4}$ als Ergebnis.

Beispiel 4 (Gleichungslehre)

Die Division $b : a$ ist in $\mathbb{N}$ genau dann durchführbar, wenn die lineare Gleichung $a \cdot x = b$ mit $a, b \in \mathbb{N}$ in $\mathbb{N}$ eindeutig lösbar ist. Dies ist genau dann der Fall, wenn b ein Vielfaches von a ist. So ist beispielsweise die Gleichung $4 \cdot x = 5$ in $\mathbb{N}$ *nicht* lösbar. Erst bei Übergang zu den *Bruchzahlen* sind diese besonders einfachen linearen Gleichungen der Form $a \cdot x = b$ stets eindeutig

64

lösbar, und wir erhalten im konkreten Beispiel $\frac{5}{4}$ als Lösung. Nicht nur bei diesen einfachen linearen Gleichungen, sondern erst recht beim *systematischen* Lösen von komplexeren *Gleichungen* und linearen *Gleichungssystemen* kommen wir sowohl bei den erforderlichen Äquivalenzumformungen als auch bei der Angabe der Lösungsmenge nur in Ausnahmefällen allein mit natürlichen Zahlen aus. Fast immer sind *Bruchzahlen* erforderlich.

Die vorstehenden Beispiele[1] belegen deutlich, daß die natürlichen Zahlen allein *nicht* ausreichen, und liefern ein starkes Motiv zur Einführung der *Bruchzahlen*.

2 Bruchzahlen

Anknüpfend an unsere Vorkenntnisse motivieren wir im folgenden an zwei Beispielen die Definition der Gleichwertigkeit von Brüchen und führen auf dieser Grundlage Bruchzahlen ein.

Beispiel 1

Unterteilen wir eine 1 *dm* lange Strecke in 5 gleichlange Teile und nehmen hiervon 4 Teile, so erhalten wir eine Strecke der Länge 4/5 *dm*.

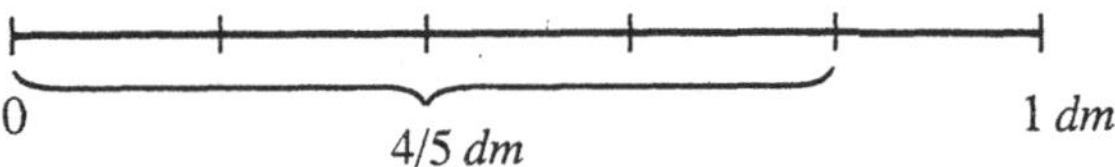

Unterteilen wir diese Strecke doppelt so stark, also in 10 gleichlange Teile, und nehmen wir dann doppelt so viele – also 8 – Teile hiervon, so erhalten wir eine Strecke der Länge 8/10 *dm*.

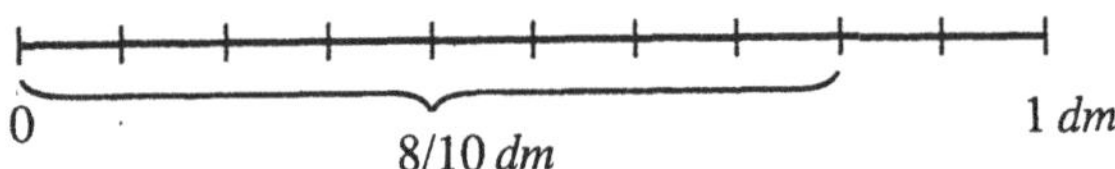

Während die *Unterteilung* der beiden so gewonnenen Teilstrecken deutlich *unterschiedlich* ist, sind die beiden Strecken jedoch *gleichlang* und daher in dieser Hinsicht *gleichwertig*. Die Beurteilung der Gleichwertigkeit auf dieser *zeichnerischen* Ebene ist recht aufwendig. Daher stellt sich die Frage, ob man es den beteiligten Brüchen 4/5 und 8/10 nicht schon direkt ansehen kann, daß sie in obigem Sinne beim Messen von Strecken gleichwertig sind. Bei *gleicher* Unterteilung (also bei gleichem Nenner der betreffenden Brüche) und *gleicher* Ausgangsgröße (z.B. 1 *dm*) sind zwei Strecken offenbar genau dann gleichlang, wenn die Anzahl der ausgewählten Teilstrecken übereinstimmt (und damit auch die Zähler der betreffenden Brüche gleich sind). Wir erhalten zu zwei

---

[1]Für weitere Beispiele vgl. F. Padberg: Didaktik der Bruchrechnung, Heidelberg[2] 1995

beliebigen Teilstrecken der Länge a/b dm bzw. c/d dm durch restlose Unterteilung der Ausgangsstrecke in $b \cdot d$ (Produkt der Nenner!) gleichlange Teile stets eine *gemeinsame* Unterteilung. Unterteilen wir jedoch die Strecke der Länge a/b dm in d–mal soviele gleichlange Teile und die Strecke der Länge c/d dm in b–mal soviele gleichlange Teile, so müssen wir auch d–mal bzw. b–mal soviele Teilstrecken dieser stärkeren Unterteilung nehmen, um jeweils zu einer gleichlangen Strecke zu gelangen.

Also sind Strecken der Länge a/b dm und $a \cdot d/b \cdot d$ dm sowie c/d dm und $c \cdot b/d \cdot b$ dm gleichwertig, und es gilt :

a/b dm ist gleichwertig zu c/d dm genau dann, wenn $a \cdot d/b \cdot d$ dm gleichwertig ist zu $c \cdot b/d \cdot b$ dm. Letzteres ist genau dann (wegen der Übereinstimmung der Nenner) der Fall, wenn gilt : $a \cdot d = c \cdot b$.
Verwenden wir zur Kennzeichnung der Gleichwertigkeit das Symbol „$\sim$" und lassen wir die Größeneinheit dm weg, so können wir also kurz formulieren :

$$a/b \sim c/d \iff a \cdot d/b \cdot d \sim c \cdot b/d \cdot b \iff a \cdot d = c \cdot b$$

Mittels des sogenannten „Über–Kreuz"produktes können wir also leicht entscheiden, ob beim Messen zwei Brüche gleichwertig sind.

Beispiel 2

In einer Pizzeria sitzen an einem Tisch 4 Kinder und teilen gerecht 3 Pizzas; an einem größeren Nachbartisch sitzen 8 Kinder und teilen gerecht 6 Pizzas. Die *Anzahl* der Kinder und der Pizzas ist an beiden Tischen völlig unterschiedlich; dennoch ist die *Menge* an Pizza, die jedes Kind bekommt, an beiden Tischen *gleichwertig*. Es stellt sich die Frage : Wie können wir – ohne jeweils effektiv Pizzas verteilen zu müssen – vorhersagen, ob die Pizzaportionen pro Kind in beiden Fällen gleichwertig sind. Stellen wir uns den Verteilungsvorgang so vor, daß zunächst die erste Pizza restlos und gleichmäßig an alle Kinder verteilt wird und dann entsprechend mit allen folgenden Pizzas verfahren wird, so erhält im ersten Fall jedes Kind $1/4$ P + $1/4$ P + $1/4$ P = $3/4$ P, im zweiten Fall jedes Kind $1/8$ P + $1/8$ P + $1/8$ P + $1/8$ P + $1/8$ P + $1/8$ P = $6/8$ P.
Verdoppeln wir bei doppelter Anzahl der Kinder die Anzahl der Pizzas – wie dies im vorstehenden Beispiel der Fall ist – so erhalten die Kinder offensichtlich jeweils gleichwertige (nicht gleiche!) Portionen. Wir können zwei derartige Verteilsituationen stets dadurch vergleichbar machen, indem wir sie auf eine *gleiche* Anzahl von Personen beziehen. Eine stets funktionierende – wenn auch häufig nicht die kürzeste – Vorgehensweise ist, das Produkt der jeweiligen Personenzahlen zu bilden. Völlig analog wie im Beispiel 1 können wir dann auch

hier bei der gleichmäßigen Verteilung von a Pizzas an b Personen und von c Pizzas an d Personen argumentieren und erhalten, wenn wir wiederum für „ist gleichwertig zu" das Symbol „$\sim$" verwenden und auch die Einheit P (für Pizza) fortlassen :

$$a/b \sim c/d \iff a \cdot d/b \cdot d \sim c \cdot b/d \cdot b \iff a \cdot d = c \cdot b$$

Die Ergebnisse in den Beispielen 1 und 2 beschreiben wir mit Hilfe zweier natürlicher Zahlen in fester Reihenfolge. In diesem Sinne definieren wir :

Definition 1

Unter einem *Bruch* a/b verstehen wir das geordnete Paar (a, b) mit $a, b \in \mathbb{N}$. Wir nennen a den *Zähler* und b den *Nenner* des Bruches.

Bemerkung

Wegen ihrer größeren Suggestivität bevorzugen wir die Schreibweise a/b gegenüber (a, b).

Nach Definition 1 sind zwei Brüche a/b und c/d genau dann gleich, wenn $a = c$ und $b = d$ gilt. In den Beispielen 1 und 2 haben wir gesehen, daß in anschaulichen Situationen unterschiedliche Brüche durchaus gleichwertige Sachverhalte beschreiben. Die dort gefundenen Beziehungen legen folgende Definition nahe :

Definition 2

Wir nennen zwei Brüche a/b und c/d genau dann *äquivalent* oder *gleichwertig* (in Zeichen : $a/b \sim c/d$), wenn gilt $a \cdot d = c \cdot b$.

Die Relation „$\sim$" ist reflexiv, symmetrisch und transitiv. Sie ist damit eine Äquivalenzrelation und zerlegt die Ausgangsmenge $\mathbb{N} \times \mathbb{N}$ in Klassen.

Satz 1

Die Relation „$\sim$" ist in $\mathbb{N} \times \mathbb{N}$ reflexiv, symmetrisch und transitiv, d.h. für alle Brüche a/b, c/d und e/f gilt :

(1) $a/b \sim a/b$ (reflexiv)

(2) Aus $a/b \sim c/d$ folgt $c/d \sim a/b$ (symmetrisch)

(3) Aus $a/b \sim c/d$ und $c/d \sim e/f$ folgt $a/b \sim e/f$ (transitiv)

Beweis

(1) Wegen $a \cdot b = a \cdot b$ gilt stets $a/b \sim a/b$.

(2) Aus $a/b \sim c/d$ folgt nach Definition 2 $a \cdot d = c \cdot b$, also auch $c \cdot b = a \cdot d$, und daher $c/d \sim a/b$.

(3) Aus $a/b \sim c/d$ und $c/d \sim e/f$ folgt nach Definition 2 $a \cdot d = c \cdot b$ und $c \cdot f = e \cdot d$. Hieraus folgt $a \cdot d \cdot f = c \cdot b \cdot f$, also wegen der Gültigkeit des Assoziativgesetzes und des Kommutativgesetzes in $\mathbb{N}$ sowie wegen $c \cdot f = e \cdot d$ auch $a \cdot f \cdot d = b \cdot e \cdot d$ und damit $a \cdot f = e \cdot b$. Also gilt stets $a/b \sim e/f$.

Die Relation „ist äquivalent zu" zerlegt also die Ausgangsmenge $\mathbb{N} \times \mathbb{N}$, und damit die Menge aller Brüche, in *Klassen* jeweils zueinander äquivalenter oder *gleichwertiger Brüche*. Diese Klassen nennen wir *Bruchzahlen*. Zur Unterscheidung von den Brüchen schreiben wir Bruchzahlen mit einem waagerechten Bruchstrich, also zum Beispiel $\frac{3}{4}$ oder $\frac{a}{b}$. Wir nennen diese Klassen Bruch*zahlen*, da man mit ihnen im wesentlichen so rechnen und sie so der Größe nach ordnen kann, wie wir es von den natürlichen Zahlen her gewohnt sind.

Definition 3

Die *Bruchzahl* $\frac{a}{b}$ ist die Klasse aller zu a/b äquivalenten Brüche a'/b'. In Kurzform :

$$\frac{a}{b} = \{a'/b' \mid a', b' \in \mathbb{N} \text{ und } a \cdot b' = a' \cdot b\}$$

Den Bruch a/b nennen wir einen *Repräsentanten* oder auch eine *Bruchdarstellung* der Bruchzahl $\frac{a}{b}$.

Die *Menge aller Bruchzahlen* bezeichnen wir mit $\mathbb{Q}^+$.

Bemerkungen

(1) Wir benutzen zur Bezeichnung der Bruchzahlen das Symbol $\mathbb{Q}^+$, da wir die Bruchzahlen später auch positive rationale Zahlen nennen werden.

(2) Die Kenntnis des *Unterschiedes* zwischen Bruch und Bruchzahl ist grundsätzlich wichtig. In der Alltagssprache wie auch im Mathematikunterricht werden diese beiden Begriffe oft jedoch *nicht* sauber auseinandergehalten. Dies hängt damit zusammen, daß eine exakte Unterscheidung häufig zu unnötig *schwerfälligen* Formulierungen führen würde. Wir unterscheiden im folgenden in der Regel zwischen Bruch und Bruchzahl. Sind jedoch Mißverständnisse nicht zu befürchten, so sprechen wir zur Vermeidung umständlicher Formulierungen durchaus auch dort von Brüchen, wo wir streng genommen von Bruchzahlen sprechen müßten.

Zwei *Brüche* sind genau dann gleich, wenn sie im Zähler und Nenner übereinstimmen. Zwei *Bruchzahlen* sind genau dann gleich, wenn ihre Klassen identisch sind. Da wir die Bruchzahlen durch Klasseneinteilung nach „ist äquivalent zu" aus der Menge der Brüche gewonnen haben, gilt auch : Zwei Bruchzahlen $\frac{a}{b}$ und $\frac{c}{d}$ sind genau dann gleich, wenn die Brüche a/b und c/d zueinander äquivalent sind, wenn also gilt : $a \cdot d = c \cdot b$.

In Kurzform :

$$\tfrac{a}{b} = \tfrac{c}{d} \iff a \cdot d = c \cdot b.$$

Multiplizieren wir Zähler und Nenner eines Bruches a/b mit derselben natürlichen Zahl n („*Erweitern*") oder dividieren wir sie durch denselben gemeinsamen Teiler [2] n („*Kürzen*"), so bleiben die Brüche stets gleichwertig, also Repräsentanten derselben Bruchzahl; denn wegen der Gültigkeit des Kommutativ- und Assoziativgesetzes in $\mathbf{N}$ gilt :

$$a \cdot (b \cdot n) = a \cdot (n \cdot b) = (a \cdot n) \cdot b, \quad \text{also} : \; a/b \sim a \cdot n/b \cdot n$$

Wir haben hiermit bewiesen :

Satz 2

Brüche, die durch Erweitern oder Kürzen aus einem gegebenen Bruch hervorgehen, sind gleichwertig und damit Repräsentanten derselben Bruchzahl.

Anmerkung

Während wir Brüche offensichtlich mit *jeder* natürlichen Zahl n erweitern können, können wir sie nur durch *gemeinsame Teiler* von Zähler und Nenner kürzen.

Beim Erweitern werden Zähler und Nenner mit derselben Zahl n *multipliziert*. Führt auch die *Addition* derselben Zahl n in Zähler und Nenner wieder zu gleichwertigen Brüchen ?

Es gilt $a/b \sim a + n/b + n$ genau dann, wenn $a \cdot (b + n) = (a + n) \cdot b$. Dies gilt wegen des Distributivgesetzes genau dann, wenn $a \cdot b + a \cdot n = a \cdot b + n \cdot b$, und damit genau dann, wenn $a = b$ gilt. Wir erhalten also nur genau in dem *Sonderfall*, daß *Zähler und Nenner* eines Bruches *gleich* sind, stets wieder gleichwertige Brüche.

Durch Erweitern können wir erreichen, daß zwei beliebige Brüche a/b und c/d stets denselben Nenner erhalten („*gleichnamig*" werden). Erweitern wir a/b mit d, also mit dem Nenner des zweiten Bruches, und c/d mit b, also mit dem Nenner des ersten Bruches, so sind die Brüche $a \cdot d/b \cdot d$ und $c \cdot b/d \cdot b$ wegen $b \cdot d = d \cdot b$ in $\mathbf{N}$ *gleichnamig*. Statt des Produktes können

---

[2]Wegen der hier und im folgenden benutzten Begriffe der Teilbarkeitslehre vgl. F. Padberg: Elementare Zahlentheorie, Mannheim 1991

wir auch das kleinste gemeinsame Vielfache der beiden Nenner bilden und so die Brüche gleichnamig machen.

Jeden Bruch können wir mit beliebigen natürlichen Zahlen erweitern. Daher besitzt jede Bruchzahl *unendlich viele verschiedene Repräsentanten*. So besitzt zum Beispiel die Bruchzahl $\frac{3}{4}$ die unendlich vielen Repräsentanten 3/4, 6/8, 9/12, 12/16, ... An dieser Stelle wird ein erster deutlicher *Unterschied* zu den *natürlichen Zahlen* sichtbar. Kürzen wir allerdings einen gegebenen Bruch solange, bis Zähler und Nenner *keine* gemeinsamen Teiler (> 1) mehr enthalten, so gelangen wir auch bei den Bruchzahlen jeweils zu einem ausgezeichneten Repräsentanten. Diesen bezeichnen wir als *Kernbruch* oder als *vollständig gekürzten Bruch*. Es gilt :

Satz 3

Zu jeder Bruchzahl gibt es genau einen Kernbruch.

Beweis

Ausgehend von einem beliebig ausgewählten Repräsentanten einer gegebenen Bruchzahl gelangen wir stets zu *einem* Kernbruch, indem wir Zähler und Nenner in ihre Primfaktoren zerlegen (vgl. I. 5.2 (Satz 21); Hauptsatz der elementaren Zahlentheorie) und dann solange kürzen, wie gemeinsame Primfaktoren vorhanden sind.

Es gibt sogar stets nur *genau einen* Kernbruch; denn seien c/d und e/f die Kernbrüche zweier beliebig ausgewählter Repräsentanten einer gegebenen Bruchzahl. Dann gilt – wie wir im folgenden zeigen werden – stets $c = e$ und $d = f$.

Laut Voraussetzung gilt nämlich $c/d \sim e/f$, also $c \cdot f = e \cdot d$. Wegen des Hauptsatzes der elementaren Zahlentheorie müssen die Primfaktorzerlegungen von $c \cdot f$ und $e \cdot d$ übereinstimmen. Da c/d und e/f Kernbrüche sind, besitzen die Primfaktorzerlegungen von c und d sowie von e und f jeweils *keine* gemeinsamen Primfaktoren. Hieraus folgt wegen $c \cdot f = e \cdot d$, daß alle Primfaktoren von c in der Primfaktorzerlegung von e und alle Primfaktoren von f in der Primfaktorzerlegung von d vorkommen müssen, daß also gilt $c \mid e$ und $f \mid d$.[3] Entsprechend folgt aus $e \cdot d = c \cdot f$ auch $e \mid c$ und $d \mid f$, also insgesamt $c = e$ und $d = f$; denn $c \mid e$ und $e \mid c$ bedeutet: Es gibt natürliche Zahlen n und m mit $n \cdot c = e$ und $m \cdot e = c$. Einsetzen ergibt $n \cdot m \cdot e = e$, also $n \cdot m = 1$, daher $n = m = 1$ und folglich $c = e$. Analog können wir zeigen, daß auch $d = f$ gilt.

---

[3] $c \mid e$, gelesen „c teilt e", bedeutet, daß es eine natürliche Zahl n gibt mit $n \cdot c = e$ (vgl. auch I. 3.3.9).

Konsequenz aus Satz 3

Durch Erweitern *des* Kernbruches einer gegebenen Bruchzahl erhalten wir schon *alle* Repräsentanten dieser Bruchzahl. Also gilt zum Beispiel :

$\frac{3}{4} = \{3/4,\ 2\cdot3/2\cdot4,\ 3\cdot3/3\cdot4,\ 4\cdot3/4\cdot4,\ 5\cdot3/5\cdot4,\ ...\}$ oder allgemein – sofern a/b ein Kernbruch ist – $\frac{a}{b} = \{a/b,\ 2a/2b,\ 3a/3b,\ 4a/4b,\ 5a/5b,\ ...\}$

Zum Abschluß dieses Abschnittes halten wir noch einige vorher eingeführte Begriffe in folgender Definition knapp fest :

Definition 4

Multiplizieren wir Zähler und Nenner eines Bruches mit derselben natürlichen Zahl, so nennen wir dieses *Erweitern*, dividieren wir sie durch denselben gemeinsamen Teiler, so nennen wir dieses *Kürzen*. Wir nennen zwei Brüche *gleichnamig*, wenn ihre Nenner übereinstimmen. Wir nennen einen Bruch *Kernbruch* oder *vollständig gekürzten Bruch*, wenn Zähler und Nenner teilerfremd sind, also keinen gemeinsamen Teiler (> 1) besitzen.

3 Anordnung

Auf Grund unserer *Vorerfahrungen* können wir zwei Strecken beispielsweise der Länge $1/2\ m$ und $3/4\ m$ der Größe nach vergleichen. Durch direktes Nebeneinanderlegen (der ausgeschnittenen Strecken) erhalten wir, daß die Strecke mit der Länge $1/2\ m$ kürzer ist als die Strecke mit der Länge $3/4\ m$. Hierfür schreiben wir $1/2\ m < 3/4\ m$.

Durch Gleichnamigmachen der betreffenden Brüche können wir sogar schon unmittelbar auf der *rechnerischen* Ebene entscheiden, daß $1/2\ m < 3/4\ m$; denn es gilt $2/4\ m < 3/4\ m$, weil $2 < 3$ ist. Für die Begründung benötigen wir bei gleicher Maßeinheit (zum Beispiel m) nur eine anschauliche Grundvorstellung, wie man Strecken der Länge $2/4\ m$ und $3/4\ m$ herstellen kann, nämlich : Teile eine Strecke der Länge $1\ m$ restlos in 4 gleichlange Teile, und nimm hiervon 2 beziehungsweise 3 Teile. So können wir anschaulich ableiten, daß allgemein $a/n\ m < b/n\ m$ genau dann gilt, wenn $a < b$. Offensichtlich können wir genauso bei anderen Längeneinheiten und auch bei anderen Größeneinheiten argumentieren.

Diese anschaulichen Vorerfahrungen liefern das Motiv, analog bei Brüchen im Sinne von Definition 1 eine Kleinerrelation zu *definieren* durch :

$$(1) \qquad a/n\ <\ b/n : \Longleftrightarrow\ a\ <\ b$$

Da wir zwei beliebige Brüche stets *gleichnamig* machen können, reicht es aus, die Festsetzung in (1) für gleichnamige Brüche zu formulieren. Eine Kleinerrelation zwischen Brüchen ist jedoch nur dann sinnvoll definiert, wenn sie bei Übergang zu *gleichwertigen* Brüchen erhalten bleibt, wenn sie also jeweils nicht nur für Brüche, sondern für Klassen gleichwertiger Brüche, also für *Bruchzahlen*, gilt. Um dies zu überprüfen, müssen wir nachweisen :   Sind neben a/n und b/n auch a'/m und b'/m beliebige, gleichnamig gemachte Repräsentanten der Bruchzahlen $\frac{a}{n}$ und $\frac{b}{n}$, dann gilt :

$$a/n \; < \; b/n \quad \longleftrightarrow \quad a'/m \; < \; b'/m$$

Da nach (1) gilt :

$$a/n \; < \; b/n \quad \Longleftrightarrow \quad a < b \qquad \text{und}$$
$$a'/m \; < \; b'/m \quad \Longleftrightarrow \quad a' < b'$$

müssen wir also zeigen :

$$a < b \; \Longleftrightarrow \; a' < b'$$

Wegen der Gültigkeit des Monotoniegesetzes der Multiplikation in **N** gilt :

$$a < b \quad \Longleftrightarrow \quad a \cdot m < b \cdot m \qquad \text{und}$$
$$a' < b' \quad \Longleftrightarrow \quad a' \cdot n < b' \cdot n$$

Wegen $a/n \sim a'/m$ und $b/n \sim b'/m$ gilt nach Definition 2

$$a \cdot m = a' \cdot n \quad \text{und} \quad b \cdot m = b' \cdot n$$

und daher $\quad a < b \; \Longleftrightarrow \; a' < b'$

Wir können daher für *Bruchzahlen* definieren :

Definition 5   (Kleinerrelation bei Bruchzahlen)

Die Bruchzahl $\frac{a}{n}$ ist *kleiner* als die Bruchzahl $\frac{b}{n}$
genau dann, wenn gilt $a < b$.

Kurz : $\quad \frac{a}{n} < \frac{b}{n} : \Longleftrightarrow \; a < b$

Bemerkungen

(1) Wenn wir zwei Bruchzahlen $\frac{a}{n}$ und $\frac{b}{m}$ der Größe nach vergleichen wollen, reicht es aus, zwei beliebige *Brüche* jeweils als Repräsentanten herauszugreifen, diese gleichnamig zu machen und dann der Größe nach zu vergleichen.

(2) Völlig analog können wir auch die Relation „*ist größer als*" (Symbol $>$) zwischen Bruchzahlen definieren. (Wir benutzen sie im folgenden gelegentlich.)

Noch leichter erfolgt der Größenvergleich zweier beliebiger Bruchzahlen auf Grund des folgenden Satzes, der sich als leichte Folgerung aus Definition 5 (vgl. Aufgabe 1) ergibt :

Satz 4

Für alle Bruchzahlen $\frac{a}{b}$ und $\frac{c}{d}$ gilt :

$$\frac{a}{b} < \frac{c}{d} \iff a \cdot d < c \cdot b$$

Die für Bruchzahlen definierte Kleinerrelation weist u.a. folgende – von den natürlichen Zahlen her vertraute – Eigenschaften (1) und (2) sowie eine von N abweichende Eigenschaft (3) auf :

Satz 5

Für alle Bruchzahlen $\frac{a}{b}$, $\frac{c}{d}$ und $\frac{e}{f}$ gilt :

(1) Aus $\frac{a}{b} < \frac{c}{d}$ und $\frac{c}{d} < \frac{e}{f}$ folgt $\frac{a}{b} < \frac{e}{f}$ („Transitivität")

(2) Es gilt stets entweder

$$\frac{a}{b} < \frac{c}{d} \quad \text{oder} \quad \frac{c}{d} < \frac{a}{b} \quad \text{oder} \quad \frac{a}{b} = \frac{c}{d} \qquad \text{(„Trichotomie")}$$

(3) Es gibt keine kleinste Bruchzahl $\frac{a}{b}$.

Beweis

(1) Sei m ein gemeinsamer Nenner und es gelte

$$\frac{a}{b} = \frac{a'}{m}, \quad \frac{c}{d} = \frac{c'}{m} \quad \text{und} \quad \frac{e}{f} = \frac{e'}{m}.$$

Dann gilt wegen Definiton 5 :

$$\frac{a'}{m} < \frac{c'}{m} \iff a' < c'$$
$$\frac{c'}{m} < \frac{e'}{m} \iff c' < e'$$

Wegen der Transitivität der Kleinerrelation in N gilt

$$a' < e' \quad \text{und damit} \quad \frac{a'}{m} < \frac{e'}{m} \quad \text{und daher} \quad \frac{a}{b} < \frac{e}{f}.$$

(2) Der Beweis verläuft entsprechend (vgl. Aufgabe 2).

(3) Zu jeder Bruchzahl $\frac{a}{b}$ finden wir noch eine *kleinere* Bruchzahl, nämlich beispielsweise $\frac{a}{b+1}$.

Wir können Bruchzahlen ebenso wie natürliche Zahlen an einem *Zahlenstrahl veranschaulichen*. Kennzeichnen wir den Anfangspunkt des Zahlenstrahls mit 0 und den Endpunkt der von hier abgetragenen (beliebig gewählten) Einheitsstrecke mit 1, so können wir *jedem* Bruch a/b jeweils folgendermaßen *genau einen* Punkt zuordnen : Wir unterteilen die Einheitsstrecke in b gleichlange Teile und nehmen hiervon, bei 0 beginnend, a Teile. Dem Bruch a/b ordnen wir den Endpunkt dieser Strecke zu. So erhalten wir beispielsweise :

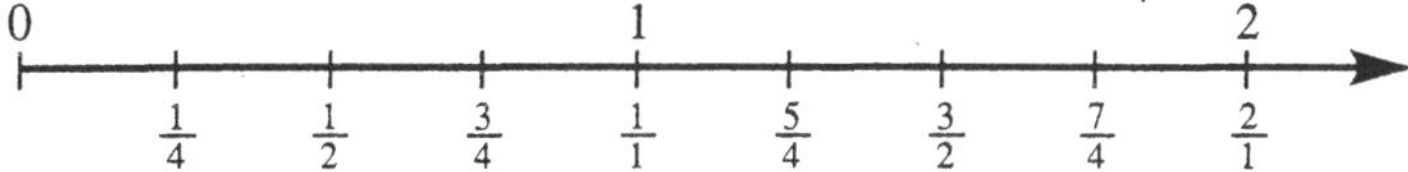

Wie die vorstehende Zeichnung verdeutlicht, wird bei dieser Veranschaulichung zwar jedem Bruch genau ein Punkt zugeordnet, verschiedenen Brüchen kann aber durchaus derselbe Punkt zugeordnet werden. Man sieht leicht ein, daß allen *gleichwertigen* Brüchen *derselbe* Punkt zugeordnet wird (Aufgabe 3) und daß allen *nicht* gleichwertigen Brüchen auch verschiedene Punkte zugeordnet werden. Wir können daher mit diesem Zahlenstrahl nicht nur Brüche, sondern auch *Bruchzahlen* veranschaulichen. Greifen wir auf Kernbrüche zurück, so vereinfacht dies die vorstehende Zeichnung deutlich :

Entsprechend wie bei den natürlichen Zahlen läßt sich auch bei den Bruchzahlen die Kleinerrelation durch die Beziehung „*liegt links von*" gut am Zahlenstrahl veranschaulichen. Ein Vergleich dieses Zahlenstrahls für Bruchzahlen mit dem Zahlenstrahl für natürliche Zahlen verdeutlicht schon *Zusammenhänge* zwischen den natürlichen Zahlen und den Bruchzahlen; wir gehen hierauf im 8. Abschnitt genauer ein.

Aufgaben

(1) Beweisen Sie Satz 4.

(2) Beweisen Sie Satz 5 (2).

(3) Begründen Sie ausführlich, daß allen gleichwertigen Brüchen derselbe Punkt eines Zahlenstrahles zugeordnet wird.

4 Addition

Auf Grund unserer Vorerfahrungen können wir nicht nur zwei Strecken bezüglich ihrer Länge vergleichen, sondern können auch zu zwei Strecken zum Beispiel der Länge 1/5 m und 2/5 m eine dritte Strecke bestimmen, die so lang ist wie die beiden Strecken *zusammen*. Wir müssen hierzu einfach nur die (ausgeschnittenen) Strecken geeignet hintereinanderlegen. Wir können die Länge

74

der dritten Strecke *rein rechnerisch* bestimmen, indem wir die Gesamtzahl der Teilstrecken (von je 1/5 m Länge) bestimmen, indem wir also 1 und 2, d.h. die Zähler der Brüche 1/5 m und 2/5 m, addieren. Die Länge der dritten Strecke beträgt daher $(1 + 2)/5$ m, also 3/5 m. Diese Rechnung notieren wir in der Form 1/5 m + 2/5 m = $(1 + 2)/5$ m = 3/5 m. Entsprechend können wir offensichtlich auch bei anderen Längeneinheiten und anderen Größeneinheiten eine „Addition" einführen, sofern die entsprechenden Brüche gleichnamig sind.

Unsere Vorerfahrungen legen die folgende Definition für die Addition gleichnamiger Brüche (im Sinne der Def. 1) nahe:

$$(1) \qquad a/b + c/b := (a + c)/b$$

Bei der Definition können wir uns auf *gleichnamige* Brüche beschränken, da wir zwei beliebige Brüche stets gleichnamig machen können. Die obige Definition der Addition von Brüchen ist jedoch nur dann sinnvoll, wenn beim Übergang von den gegebenen Brüchen zu *gleichwertigen* Brüchen wir als *Summe* jeweils *gleichwertige* Brüche erhalten, d.h. wenn die Klasse der Summe nur von der Klasse der Summanden und nicht von irgendwelchen Repräsentanten dieser Klassen abhängig ist. Dieses ist bei obiger Festsetzung (1) gewährleistet; denn seien neben a/b und c/b auch a'/n und c'/n beliebige, gleichnamig gemachte, zu a/b bzw. c/b gleichwertige Brüche, dann gilt stets

$$(a + c)/b \sim (a' + c')/n.$$

Wegen $a/b \sim a'/n$ und $c/b \sim c'/n$ gilt nämlich

$$a \cdot n = a' \cdot b \quad \text{und} \quad c \cdot n = c' \cdot b,$$

daher $\qquad (a + c) \cdot n = a \cdot n + c \cdot n = a' \cdot b + c' \cdot b = (a' + c') \cdot b$

und folglich $\qquad (a + c)/b \sim (a' + c')/n.$

Wir können infolgedessen für *Bruchzahlen* definieren :

Definition 6 (Addition von Bruchzahlen)

$$\frac{a}{b} + \frac{c}{b} : = \frac{a+c}{b}$$

Auf Grund der Vorüberlegungen kann man die Addition von Bruchzahlen also stets folgendermaßen durchführen :

Aus den *Klassen* der Summanden greift man jeweils einen *beliebigen Bruch* heraus (zum Beispiel a/b und c/b), *addiert* die beiden Brüche und geht von ihrer Summe aus über zur zugehörigen *Klasse*. Diese ist dann die *Summe* der beiden gegebenen *Bruchzahlen*.

Für beliebige Bruchzahlen $\frac{a}{b}$ und $\frac{c}{d}$ gilt :

$$(2) \qquad \frac{a}{b} + \frac{c}{d} = \frac{a \cdot d}{b \cdot d} + \frac{c \cdot b}{d \cdot b} = \frac{a \cdot d + c \cdot b}{b \cdot d}$$

Beim Rechnen mit konkret gegebenen Bruchzahlen wird i.a. statt $b \cdot d$ das in vielen Fällen *kleinere* kleinste gemeinsame Vielfache (*kgV*) von b und d als gemeinsamer Nenner benutzt. Diesen Nenner bezeichnet man als *Hauptnenner*.

Die Additionsregel (2) ist relativ kompliziert. In Anlehnung an die Multiplikationsregel wird daher oft von Schülern

$$(3) \qquad \frac{a}{b} + \frac{c}{d} = \frac{a+c}{b+d}$$

gerechnet (vgl. Padberg (1995)).

(3) ist jedoch für eine Definition der Addition von Bruchzahlen *nicht geeignet*, wie schon folgendes Beispiel belegt :

Nach (3) würde gelten :

$$\frac{2}{3} + \frac{4}{5} = \frac{6}{8}, \quad \text{aber zugleich auch}$$

$$\frac{4}{6} + \frac{4}{5} = \frac{8}{11}.$$

Es ist aber $\qquad \frac{6}{8} \neq \frac{8}{11}.$

Bei einer Definition im Sinne von (3) wäre also das Ergebnis der Addition zweier Bruchzahlen *abhängig* von den benutzten Repräsentanten.

Die Bruchzahlen weisen bezüglich der Addition folgende – uns von den natürlichen Zahlen her vertraute – Eigenschaften auf :

Satz 6

Für alle Bruchzahlen $\frac{a}{b}$, $\frac{c}{d}$, $\frac{e}{f}$ gilt :

(1)　　Die Summe zweier Bruchzahlen $\frac{a}{b}$, $\frac{c}{d}$ ist stets wieder genau eine Bruchzahl („*Abgeschlossenheit*" bezüglich der Addition)

(2)　　$\frac{a}{b} + \frac{c}{d} = \frac{c}{d} + \frac{a}{b}$　　　　　　(Kommutativgesetz)

(3)　　$\left(\frac{a}{b} + \frac{c}{d}\right) + \frac{e}{f} = \frac{a}{b} + \left(\frac{c}{d} + \frac{e}{f}\right)$　　(Assoziativgesetz)

Beweis

(1)　　ergibt sich direkt aus Definition 6.

(2)　　Sei $\frac{a}{b} = \frac{a'}{n}$ und $\frac{c}{d} = \frac{c'}{n}$.

　　　　Durch Anwendung des Kommutativgesetzes in $\mathbf{N}$ auf die Zähler ergibt sich :

$$\frac{a}{b} + \frac{c}{d} = \frac{a'}{n} + \frac{c'}{n} = \frac{a'+c'}{n} = \frac{c'+a'}{n} = \frac{c'}{n} + \frac{a'}{n} = \frac{c}{d} + \frac{a}{b}$$

(3)   analog wie (2) durch Rückgriff auf das Assoziativgesetz in $\mathbb{N}$ (Aufgabe 4).

Zwischen der Anordnung und der Addition von Bruchzahlen bestehen folgende – uns von den natürlichen Zahlen her vertraute – Zusammenhänge:

Satz 7

Für alle Bruchzahlen $\frac{a}{b}$, $\frac{c}{d}$, $\frac{e}{f}$ und $\frac{g}{h}$ gilt :

(1) $\frac{a}{b} < \frac{c}{d}$ gilt genau dann, wenn $\frac{a}{b} + \frac{e}{f} < \frac{c}{d} + \frac{e}{f}$
       (Monotoniegesetz der Addition)

(2)   Aus $\frac{a}{b} < \frac{c}{d}$ und $\frac{e}{f} < \frac{g}{h}$ folgt $\frac{a}{b} + \frac{e}{f} < \frac{c}{d} + \frac{g}{h}$

(3) $\frac{a}{b} < \frac{a}{b} + \frac{c}{d}$

Beweis

(1)   Es sei $\frac{a}{b} = \frac{a'}{n}$, $\frac{c}{d} = \frac{c'}{n}$, $\frac{e}{f} = \frac{e'}{n}$

       Nach Definition 5 gilt :

$$\frac{a'}{n} < \frac{c'}{n} \iff a' < c'$$

       Wegen des Monotoniegesetzes in $\mathbb{N}$ gilt :

$$a' < c' \iff a' + e' < c' + e'$$

       Nach Definition 5 und 6 gilt :

$$a' + e' < c' + e' \iff \frac{a'}{n} + \frac{e'}{n} < \frac{c'}{n} + \frac{e'}{n}$$

       Also gilt insgesamt :

$$\frac{a'}{n} < \frac{c'}{n} \iff \frac{a'}{n} + \frac{e'}{n} < \frac{c'}{n} + \frac{e'}{n}$$

       und damit :

$$\frac{a}{b} < \frac{c}{d} \iff \frac{a}{b} + \frac{e}{f} < \frac{c}{d} + \frac{e}{f}$$

(2)   Nach (1) folgt aus

       $\frac{a}{b} < \frac{c}{d}$ stets $\frac{a}{b} + \frac{e}{f} < \frac{c}{d} + \frac{e}{f}$ sowie aus

       $\frac{e}{f} < \frac{g}{h}$ stets $\frac{e}{f} + \frac{c}{d} < \frac{g}{h} + \frac{c}{d}$

       und damit wegen der Kommutativität der Addition und der Transitivität der Kleinerrelation insgesamt

$$\frac{a}{b} + \frac{e}{f} < \frac{c}{d} + \frac{g}{h}.$$

(3)   Vergleiche Aufgabe 5.

Anmerkungen

(1)   Die Sätze 6 und 7 gelten entsprechend auch im Bereich der natürlichen Zahlen und zeigen somit *Gemeinsamkeiten* zwischen natürlichen Zahlen und Bruchzahlen auf.

(2)   Die Aussagen von Satz 7 (1) und (2) bilden eine wichtige
Grundlage für das *Rechnen mit Ungleichungen.* Wegen (2) ist es
erlaubt, zwei Ungleichungen mit Bruchzahlen *seitenweise zu addie-*
ren.

Aufgaben

(4) Beweisen Sie Satz 6 (3).

(5) Beweisen Sie Satz 7 (3).

(6) Beweisen Sie :   Aus $\frac{a}{b} < \frac{c}{d}$ folgt $\frac{a}{b} < \frac{a+c}{b+d} < \frac{c}{d}$.

5   Subtraktion

In $\mathbb{N}$ kann man die Subtraktion mit Hilfe der Gleichung $a + x = b$ als
Umkehroperation der Addition einführen (vgl. I. 3.3.6). Diese Gleichung ist in
$\mathbb{N}$ genau dann lösbar – und zwar sogar eindeutig –, wenn gilt $a < b$. Die
Lösung der Gleichung wird mit $b - a$ bezeichnet und $b - a$ die *Differenz* der
Zahlen b und a genannt. In $\mathbb{N}$ gilt also : $b - a = c \iff a + c = b$. So
ist in $\mathbb{N}$ beispielsweise $5 - 2$ die Lösung der Gleichung $2 + x = 5$. Durch
Rückgriff auf die Addition in $\mathbb{N}$ erhalten wir $2 + 3 = 5$, also $5 - 2 = 3$.

Entsprechend definieren wir im folgenden die Subtraktion von *Bruchzahlen*
durch Rückgriff auf die Addition. Gehen wir ohne Einschränkung der Allgemeinheit – wie bei der Addition – von einer Darstellung der Bruchzahlen mit
gleichen Nennern aus, so beweisen wir zunächst :

Satz 8

Für alle Bruchzahlen $\frac{a}{n}$, $\frac{b}{n}$ gilt :
Die Gleichung $\frac{a}{n} + x = \frac{b}{n}$ besitzt genau dann eine Lösung in der Menge $\mathbb{Q}^+$
aller Bruchzahlen, wenn $\frac{a}{n} < \frac{b}{n}$ ist. In diesem Fall ist die Lösung eindeutig.

Beweis

(1)   Wir zeigen zunächst :
Die Gleichung $\frac{a}{n} + x = \frac{b}{n}$ besitzt *höchstens dann* eine Lösung in
$\mathbb{Q}^+$, wenn $\frac{a}{n} < \frac{b}{n}$ gilt. Wegen der Trichotomie der Bruchzahlen
(Satz 5 (2)) gilt stets entweder $\frac{a}{n} < \frac{b}{n}$ oder $\frac{a}{n} = \frac{b}{n}$ oder

$\frac{b}{n} < \frac{a}{n}$. Ist $\frac{a}{n} = \frac{b}{n}$ bzw. $\frac{b}{n} < \frac{a}{n}$, so besitzt $\frac{a}{n} + x = \frac{b}{n}$ wegen Satz 7 (3) *keine* Lösung in $\mathbb{Q}^+$.

(2) Als nächstes zeigen wir :

Im Fall $\frac{a}{n} < \frac{b}{n}$ besitzt die Gleichung $\frac{a}{n} + x = \frac{b}{n}$ *höchstens eine* Lösung in $\mathbb{Q}^+$. Seien x_1, $x_2 \in \mathbb{Q}^+$ Lösungen, so gilt :

$\frac{a}{n} + x_1 = \frac{b}{n}$ und $\frac{a}{n} + x_2 = \frac{b}{n}$ und damit $\frac{a}{n} + x_1 = \frac{a}{n} + x_2$. Hieraus folgt $x_1 = x_2$. Wir beweisen diesen letzten Schluß mittels der logisch gleichwertigen *Kontraposition*, indem wir zeigen :

Aus $x_1 \neq x_2$ folgt $\frac{a}{n} + x_1 \neq \frac{a}{n} + x_2$. Aus $x_1 \neq x_2$ folgt wegen der Trichotomie entweder $x_1 < x_2$ oder $x_2 < x_1$ und daher nach dem Monotoniegesetz (Satz 7) und dem Kommutativgesetz der Addition entweder $\frac{a}{n} + x_1 < \frac{a}{n} + x_2$ oder $\frac{a}{n} + x_2 < \frac{a}{n} + x_1$, also insgesamt $\frac{a}{n} + x_1 \neq \frac{a}{n} + x_2$.

Daher besitzt die obige Gleichung *höchstens eine* Lösung.

(3) Als letzten Schritt beweisen wir :

Im Fall $\frac{a}{n} < \frac{b}{n}$ besitzt die Gleichung $\frac{a}{n} + x = \frac{b}{n}$ in $\mathbb{Q}^+$ *mindestens eine* Lösung.

Nach Definition 5 gilt $\frac{a}{n} < \frac{b}{n}$ genau dann, wenn $a < b$. Genau dann gibt es ein $c \in \mathbb{N}$ mit $a + c = b$. Dann ist $\frac{c}{n}$ eine Lösung der obigen Gleichung; denn es gilt : $\frac{a}{n} + \frac{c}{n} = \frac{a+c}{n} = \frac{b}{n}$.

Wir haben hiermit gezeigt :

Im Fall $\frac{a}{n} < \frac{b}{n}$ besitzt die Gleichung $\frac{a}{n} + x = \frac{b}{n}$ nach (3) *mindestens eine*, nach (2) *höchstens eine*, also insgesamt *genau eine* Lösung in $\mathbb{Q}^+$.

Satz 8 bildet die Grundlage für folgende Definition :

Definition 7 (Subtraktion von Bruchzahlen)

Die für alle Bruchzahlen $\frac{a}{n}$, $\frac{b}{n}$ mit $\frac{a}{n} < \frac{b}{n}$ in $\mathbb{Q}^+$ eindeutig bestimmte Lösung der Gleichung $\frac{a}{n} + x = \frac{b}{n}$ nennen wir die *Differenz* der Bruchzahlen $\frac{b}{n}$ und $\frac{a}{n}$ und schreiben hierfür kurz $\frac{b}{n} - \frac{a}{n}$. Wir nennen $\frac{b}{n}$ *Minuend* und $\frac{a}{n}$ *Subtrahend*.

Auch für Bruchzahlen gilt also :

(1) $\quad \frac{b}{n} - \frac{a}{n} = \frac{c}{n} \iff \frac{a}{n} + \frac{c}{n} = \frac{b}{n}$

Außerdem gilt für beliebige Bruchzahlen x_1, x_2
(vergleiche den Beweis in Teil (2) von Satz 8) :

(2) $\quad \frac{a}{n} + x_1 = \frac{a}{n} + x_2 \implies x_1 = x_2$

Als leichte Folgerung ergibt sich :

Satz 9

Für alle Bruchzahlen $\frac{a}{n}$, $\frac{b}{n}$ mit $\frac{a}{n} < \frac{b}{n}$ und $\frac{a}{b}$, $\frac{c}{d}$ mit $\frac{a}{b} < \frac{c}{d}$ gilt :

(1) $\quad \frac{b}{n} - \frac{a}{n} = \frac{b-a}{n}$

(2) $\quad \frac{c}{d} - \frac{a}{b} = \frac{bc-ad}{bd}$

Beweis

Wegen Satz 8 reicht es aus, bei (1) durch Einsetzen nachzuweisen, daß $\frac{b-a}{n}$ eine Lösung der Gleichung $\frac{a}{n} + x = \frac{b}{n}$ ist. Es gilt : $\frac{a}{n} + \frac{b-a}{n} = \frac{a+b-a}{n} = \frac{b}{n}$. Entsprechend beweisen wir (2) (vgl. Aufgabe 7).

Genauso wie bei den natürlichen Zahlen $\mathbb{N}$ ist also auch die Subtraktion bei den Bruchzahlen nur genau dann durchführbar, wenn der Subtrahend kleiner ist als der Minuend. Auch $\mathbb{Q}^+$ ist also *nicht* abgeschlossen gegenüber der Subtraktion. Genau wie bei den natürlichen Zahlen ist ferner die Subtraktion bei den Bruchzahlen weder kommutativ noch assoziativ, wie man leicht durch Beispiele belegen kann (vgl. Aufgabe 8).

Aufgaben

(7) Beweisen Sie Satz 9 (2).

(8) Begründen Sie mittels Beispielen, daß bei der Subtraktion von Bruchzahlen weder das Assoziativ- noch das Kommutativgesetz gilt.

6 Multiplikation

Den Flächeninhalt F eines Rechtecks mit der Länge $a\,m$ und der Breite $b\,m$ (mit $a, b \in \mathbb{N}$) können wir mit Hilfe des Produktes $a \cdot b$ bestimmen. Bekanntlich gilt $F = a \cdot b\ m^2$. Soll diese Flächeninhaltsformel auch für Rechtecke mit *Bruchzahlen* als Maßzahlen gültig bleiben, so hat dies Konsequenzen für die Produktdefinition bei Bruchzahlen, wie wir am Beispiel $2/3 \cdot 4/5$ verdeutlichen.

- Auf Grund der *Zeichnung* können wir den Flächeninhalt folgendermaßen bestimmen.

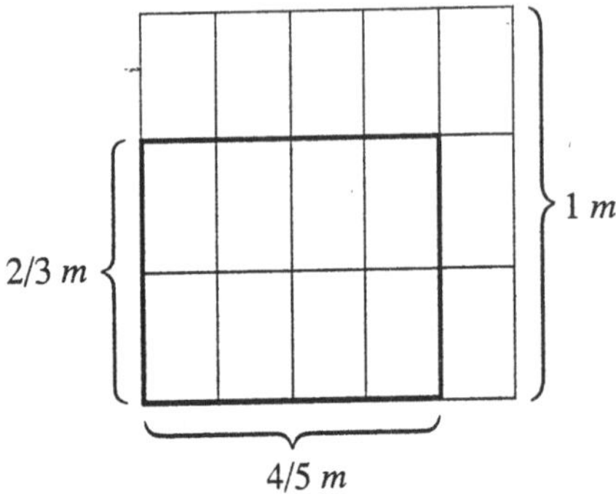

Wir unterteilen das Einheitsquadrat in $3 \cdot 5 = 15$ flächeninhaltsgleiche Rechtecke (dies entspricht dem Produkt der Nenner), also hat jedes Teilrechteck den Flächeninhalt $1/15 \; m^2$. Hiervon nehmen wir $2 \cdot 4 = 8$ Rechtecke (dies entspricht dem Produkt der Zähler), also gilt :

$$F = 8/15 \; m^2 = 2 \cdot 4/3 \cdot 5 \; m^2.$$

– Soll die *Flächeninhaltsformel* auch für Rechtecke mit Bruchzahlen als Maßzahlen gültig bleiben, so bedeutet dies für den Flächeninhalt F :

$$F = 2/3 \cdot 4/5 \; m^2$$

Insgesamt muß also zwangsläufig gelten[4] : $2/3 \cdot 4/5 = 2 \cdot 4/3 \cdot 5$.

Die vorstehende Ableitung $2/3 \cdot 4/5 = 2 \cdot 4/3 \cdot 5$ legt folgende Definition für die Multiplikation von Brüchen (im Sinne der Definition 1) nahe :

$$(1) \quad a/b \cdot c/d := a \cdot c/b \cdot d$$

Diese Definition ist nur dann sinnvoll, wenn wir beim Übergang zu *gleichwertigen* Brüchen auch als Produkt jeweils *gleichwertige* Brüche erhalten, d.h. wenn die Klasse des Produktes nur von den Klassen der Faktoren abhängig ist und nicht von den ausgewählten Repräsentanten. Dieses leistet jedoch (1); denn sind a'/b' und c'/d' beliebige, zu a/b bzw. c/d gleichwertige Brüche, dann gilt nämlich wegen $a/b \sim a'/b'$ und $c/d \sim c'/d'$ stets $a \cdot b' = a' \cdot b$ und $c \cdot d' = c' \cdot d$, damit $a \cdot b' \cdot c \cdot d' = a' \cdot b \cdot c' \cdot d$, folglich $a \cdot c \cdot b' \cdot d' = a' \cdot c' \cdot b \cdot d$ und daher $a \cdot c/b \cdot d \sim a' \cdot c'/b' \cdot d'$.

Infolgedessen können wir definieren :

---

[4] Neben dem vorgestellten Ansatz über die Flächeninhaltsformel gibt es *weitere* Möglichkeiten, die Definition der Multiplikation von Bruchzahlen zu motivieren, so insbesondere den *von*-Ansatz. Wegen genauerer Details – auch bezüglich der Grenzen des Flächeninhalt-Ansatzes – verweisen wir an dieser Stelle auf Padberg (1995).

Definition 8 (Multiplikation von Bruchzahlen)

$$\frac{a}{b} \cdot \frac{c}{d} := \frac{a \cdot c}{b \cdot d}$$

Auf Grund unserer Vorüberlegungen kann man bei der Multiplikation von Bruchzahlen jeweils auf beliebige Repräsentanten zurückgreifen. Beim Rechnen mit konkret gegebenen Bruchzahlen *kürzt* man i.a. vor dem Ausmultiplizieren die Faktoren im Zähler und Nenner, um so Fehler zu vermeiden.

Sind Bruchzahlen speziell in *gleichnamiger* Darstellung gegeben, so rechnen Schüler häufig $\frac{a}{n} \cdot \frac{b}{n} = \frac{a \cdot b}{n}$ (vgl. Padberg (1995)), wenden hier also eine Regel an, die analog ist zu der ihnen vertrauten Additions– und Subtraktionsregel. Diese Regel ist jedoch allein schon deshalb nicht brauchbar und führt zu *fehlerhaften* Ergebnissen, weil das Ergebnis hier *nicht* unabhängig ist von der Auswahl der Repräsentanten, wie folgendes Beispiel zeigt :

Nach obiger Regel würde gelten :

$$\frac{2}{5} \cdot \frac{3}{5} = \frac{6}{5}, \quad \text{aber zugleich auch}$$

$$\frac{4}{10} \cdot \frac{6}{10} = \frac{24}{10} = \frac{12}{5} \ .$$

Es ist aber $\quad \frac{12}{5} \neq \frac{6}{5} \ .$

Als direkte Folge von Definition 8 läßt sich jede Bruchzahl $\frac{a}{b}$ als Produkt zweier spezieller Bruchzahlen darstellen :

$$(2) \quad \frac{a}{b} = \frac{a \cdot 1}{1 \cdot b} = \frac{a}{1} \cdot \frac{1}{b}$$

Brüche $1/b$ mit dem Zähler 1 bezeichnet man speziell als *Stammbrüche*. Die Bruchzahlen $\frac{a}{1}$ spielen beim Herstellen des Zusammenhanges zwischen natürlichen Zahlen und Bruchzahlen im 8. Abschnitt eine zentrale Rolle. Speziell für $a = 1$ besteht die Bruchzahl $\frac{1}{1}$ aus genau den Brüchen, bei denen Zähler und Nenner übereinstimmen; denn es gilt :

$$a/b \sim 1/1 \iff a \cdot 1 = 1 \cdot b \iff a = b$$

Der folgende Satz zeigt einige *gemeinsame* Eigenschaften von natürlichen Zahlen und Bruchzahlen auf, daneben in (5) und (6) einen wichtigen *Unterschied*, auf dem die größere Leistungsfähigkeit der Bruchzahlen bezüglich der Division beruht, wie wir im folgenden 7. Abschnitt genauer sehen werden.

Satz 10

Für alle Bruchzahlen $\frac{a}{b}$, $\frac{c}{d}$, $\frac{e}{f}$ gilt :

(1) Das Produkt zweier Bruchzahlen $\frac{a}{b}$, $\frac{c}{d}$ ist stets wieder genau eine Bruchzahl (Abgeschlossenheit bezüglich der Multiplikation).

(2) $\quad \frac{a}{b} \cdot \frac{c}{d} = \frac{c}{d} \cdot \frac{a}{b}$ $\qquad$ (Kommutativgesetz)

(3) $\quad \left(\frac{a}{b} \cdot \frac{c}{d}\right) \cdot \frac{e}{f} = \frac{a}{b} \cdot \left(\frac{c}{d} \cdot \frac{e}{f}\right)$ $\qquad$ (Assoziativgesetz)

(4) $\quad$ Bei der Multiplikation mit $\frac{1}{1}$ bleibt jede Bruchzahl unverändert :
$$\frac{a}{b} \cdot \frac{1}{1} = \frac{a}{b}.$$

(5) $\quad$ Die Gleichung $\quad \frac{a}{b} \cdot x = \frac{1}{1}$ $\quad$ ist in $\mathbb{Q}^+$ stets eindeutig lösbar, und zwar durch $\frac{b}{a}$.

(6) $\quad$ Die Gleichung $\quad \frac{a}{b} \cdot x = \frac{c}{d}$ $\quad$ ist in $\mathbb{Q}^+$ stets eindeutig lösbar, und zwar durch $\frac{b \cdot c}{a \cdot d}$.

Beweis

(1) und (4) ergeben sich unmittelbar aus der Definition 8, (2) und (3) analog zu den entsprechenden Aussagen zur Addition durch Rückgriff auf das Kommutativ- bzw. Assoziativgesetz der Multiplikation in $\mathbb{N}$ (vgl. Aufgabe 9). (5) ist ein Spezialfall von (6). Wir müssen bei (5) bzw. (6) zeigen, daß die dortige Gleichung stets *mindestens eine* und *höchstens eine*, also *genau eine* Lösung in $\mathbb{Q}^+$ besitzt.

Wir beginnen mit dem Beweis von Aussage (5):

$\frac{a}{b} \cdot x = \frac{1}{1}$ besitzt mit $\frac{b}{a}$ stets *mindestens eine* Lösung. Sind x_1 und x_2 Lösungen von $\frac{a}{b} \cdot x = \frac{1}{1}$, dann gilt $\frac{a}{b} \cdot x_1 = \frac{1}{1}$ und $\frac{a}{b} \cdot x_2 = \frac{1}{1}$; wegen (2), (3) und (4) folgt $x_1 = x_1 \cdot \frac{1}{1} = x_1 \cdot \left(\frac{a}{b} \cdot x_2\right) = \left(x_1 \cdot \frac{a}{b}\right) \cdot x_2 = \left(\frac{a}{b} \cdot x_1\right) \cdot x_2 = \frac{1}{1} \cdot x_2 = x_2$, also $x_1 = x_2$.

Daher besitzt $\frac{a}{b} \cdot x = \frac{1}{1}$ *höchstens eine*, und damit insgesamt *genau eine* Lösung.

Der Beweis von (6) läuft weithin analog zu (5):

Da $\frac{b}{a}$ eine Lösung von $\frac{a}{b} \cdot x = 1$ ist, ist $\frac{b \cdot c}{a \cdot d}$ $\left(= \frac{b}{a} \cdot \frac{c}{d}\right)$ eine Lösung von $\frac{a}{b} \cdot x = \frac{c}{d}$, wie wir durch Einsetzen unmittelbar überprüfen können (vgl. Aufgabe 10). Obige Gleichung besitzt daher mit $\frac{b \cdot c}{a \cdot d}$ *mindestens eine* Lösung. Diese ist aber auch schon die *einzige* Lösung; denn sind x_1 und x_2 Lösungen von $\frac{a}{b} \cdot x = \frac{c}{d}$, dann gilt $\frac{a}{b} \cdot x_1 = \frac{c}{d}$, $\frac{a}{b} \cdot x_2 = \frac{c}{d}$ und damit $\frac{a}{b} \cdot x_1 = \frac{a}{b} \cdot x_2$ und folglich wegen (2), (3), (4) und (5):
$x_1 = \frac{1}{1} \cdot x_1 = \left(\frac{b}{a} \cdot \frac{a}{b}\right) \cdot x_1 = \frac{b}{a} \cdot \left(\frac{a}{b} \cdot x_1\right) = \frac{b}{a} \cdot \left(\frac{a}{b} \cdot x_2\right) = \left(\frac{b}{a} \cdot \frac{a}{b}\right) \cdot x_2 = \frac{1}{1} \cdot x_2 = x_2$,
also $x_1 = x_2$. Daher besitzt die Gleichung $\frac{a}{b} \cdot x = \frac{c}{d}$ *genau eine* Lösung in $\mathbb{Q}^+$, nämlich $\frac{b \cdot c}{a \cdot d}$. Hiermit ist (6) vollständig bewiesen.

Nennen wir eine Bruchzahl *neutrales Element* bezüglich der Multiplikation, wenn sie bei der Multiplikation jede Bruchzahl unverändert läßt, so ist nach Satz 10 (4) offenbar $\frac{1}{1}$ *ein* neutrales Element bezüglich der Multiplikation. $\frac{1}{1}$ ist sogar das *einzige* neutrale Element bezüglich der Multiplikation in $\mathbb{Q}^+$;

denn ist $\frac{x}{y}$ eine Bruchzahl mit der Eigenschaft $\frac{a}{b} \cdot \frac{x}{y} = \frac{a}{b}$ für alle $\frac{a}{b} \in \mathbb{Q}^+$, so gilt :

$$\frac{a}{b} \cdot \frac{x}{y} = \frac{a}{b} \iff \frac{a \cdot x}{b \cdot y} = \frac{a}{b} \iff a \cdot x \cdot b = a \cdot b \cdot y \iff x = y \iff \frac{x}{y} = \frac{1}{1}.$$

Bezeichnen wir die Lösung von $\frac{a}{b} \cdot x = \frac{1}{1}$ als multiplikativ *inverse Bruchzahl* zu $\frac{a}{b}$, so gilt wegen Satz 10 (5) : Zu *jeder* Bruchzahl $\frac{a}{b}$ existiert *genau eine* multiplikativ inverse Bruchzahl, nämlich $\frac{b}{a}$. Beim Beweis von (6) haben wir gezeigt, daß für alle Bruchzahlen $\frac{a}{b}$, x_1, $x_2 \in \mathbb{Q}^+$ gilt :

Aus $\frac{a}{b} \cdot x_1 = \frac{a}{b} \cdot x_2$ folgt $x_1 = x_2$. Wir halten diese drei Aussagen fest als :

Satz 11

Für alle Bruchzahlen $\frac{a}{b}$, $\frac{c}{d}$, $\frac{e}{f}$ gilt :

(1)　　Aus $\frac{a}{b} \cdot \frac{c}{d} = \frac{a}{b} \cdot \frac{e}{f}$ folgt $\frac{c}{d} = \frac{e}{f}$
　　　　(Streichungsregel oder Regularität der Multiplikation)

(2)　　In $\mathbb{Q}^+$ existiert genau ein *neutrales* Element bezüglich der Multiplikation, nämlich $\frac{1}{1}$.

(3)　　Zu jeder Bruchzahl $\frac{a}{b}$ existiert genau eine *multiplikativ inverse* Bruchzahl, nämlich $\frac{b}{a}$.

Im Bereich der natürlichen Zahlen bestehen zwischen *Addition und Multiplikation* Zusammenhänge. So kann man die Multiplikation als *wiederholte* Addition deuten (Beispiel: $3 \cdot 4 = 4 + 4 + 4$). Ferner hängen beide Rechenoperationen über das *Distributivgesetz* eng miteinander zusammen. Auch für die Bruchzahlen gelten entsprechende Zusammenhänge, allerdings im ersten Fall (wiederholte Addition) nur für spezielle Bruchzahlen. Genau wie bei den natürlichen Zahlen vereinbaren wir ferner auch hier die Regel, daß Punktrechnung (Multiplikation, Division) vor Strichrechnung (Addition, Subtraktion) geht, um so die Anzahl der Klammern zu reduzieren. Es gilt :

Satz 12

Für alle Bruchzahlen $\frac{a}{1}$, $\frac{a}{b}$, $\frac{c}{d}$ und $\frac{e}{f}$ gilt :

(1)　　$\frac{a}{1} \cdot \frac{c}{d} = \frac{c}{d} + \frac{c}{d} + \ldots + \frac{c}{d}$　　　(a Summanden),

(2)　　$\frac{a}{b} \cdot \left(\frac{c}{d} + \frac{e}{f} \right) = \frac{a}{b} \cdot \frac{c}{d} + \frac{a}{b} \cdot \frac{e}{f}$　　(Distributivgesetz).

Beweis

(1)　　$\frac{a}{1} \cdot \frac{c}{d} = \frac{a \cdot c}{d} = \frac{c + c + \ldots + c}{d} = \frac{c}{d} + \frac{c}{d} + \ldots + \frac{c}{d}$　　(a Summanden),

(2)　　ergibt sich durch Rückgriff auf die Definition der Addition und Multiplikation von Bruchzahlen sowie auf das Distributivgesetz in $\mathbb{N}$ (vgl. Aufgabe 11).

Bemerkung

Wir können bei den Bruchzahlen nicht nur spezielle Produkte auf eine wiederholte Addition zurückführen, sondern es gilt sogar für *jede* Bruchzahl $\frac{a}{b}$:

$$\frac{a}{b} = \frac{a \cdot 1}{b} = \frac{1+1+\ldots+1}{b} = \frac{1}{b} + \frac{1}{b} + \ldots + \frac{1}{b} \quad \text{(a Summanden)}.$$

Neben den Zusammenhängen zwischen Addition und Multiplikation bestehen bei den *natürlichen* Zahlen auch Zusammenhänge zwischen der *Kleinerrelation und der Multiplikation*. Ferner kann man in N Ungleichungen *seitenweise* multiplizieren. Völlig entsprechende Aussagen gelten auch für die *Bruchzahlen* :

Satz 13

Für alle Bruchzahlen $\frac{a}{b}$, $\frac{c}{d}$, $\frac{e}{f}$ und $\frac{g}{h}$ gilt :

(1) $\quad \frac{a}{b} < \frac{c}{d} \iff \frac{a}{b} \cdot \frac{e}{f} < \frac{c}{d} \cdot \frac{e}{f}$ (Monotoniegesetz der Multiplikation).

(2) $\quad$ Aus $\frac{a}{b} < \frac{c}{d}$ und $\frac{e}{f} < \frac{g}{h}$ folgt $\frac{a}{b} \cdot \frac{e}{f} < \frac{c}{d} \cdot \frac{g}{h}$.

Beweis

(1) $\quad$ Durch Rückgriff auf Satz 4 und das Monotoniegesetz der Multiplikation in N ergibt sich :

$$\frac{a}{b} < \frac{c}{d} \iff a \cdot d < c \cdot b \iff a \cdot d \cdot e \cdot f < c \cdot b \cdot e \cdot f \iff \frac{a}{b} \cdot \frac{e}{f} < \frac{c}{d} \cdot \frac{e}{f}$$

(2) $\quad$ Der Beweis verläuft analog zum Beweisgang von Satz 7 (2) (vgl. Aufgabe 12).

Während die vorstehenden Sätze viele *Gemeinsamkeiten* bezüglich der Multiplikation zwischen natürlichen Zahlen und Bruchzahlen aufzeigen, gibt es – neben den beispielsweise in den Sätzen 10 (5), 10 (6) und 11 (3) ausformulierten Unterschieden – noch zumindestens einen weiteren gravierenden *Unterschied* zwischen N und $\mathbb{Q}^+$: Während Multiplizieren in N mit Ausnahme der Multiplikation mit 1 stets ein *Vergrößern* bedeutet, trifft diese grundlegende Eigenschaft der Multiplikation für Bruchzahlen *nicht* mehr uneingeschränkt zu. Das Produkt zweier Bruchzahlen kann sogar *kleiner* als *jeder* der beiden Faktoren sein, wie beispielsweise das Produkt $\frac{2}{3} \cdot \frac{3}{4} = \frac{1}{2}$ deutlich belegt (vgl. Aufgabe 13).

Aufgaben

(9) Beweisen Sie Satz 10, (2) und (3).

(10) Überprüfen Sie durch Einsetzen : $\frac{b \cdot c}{a \cdot d}$ ist eine Lösung von $\frac{a}{b} \cdot x = \frac{c}{d}$.

(11) Beweisen Sie Satz 12 (2).

(12) Beweisen Sie Satz 13 (2).

(13) Geben Sie jeweils ein Beispiel für ein Produkt von zwei Bruchzahlen an,
bei dem das Ergebnis (1) kleiner ist als beide Faktoren,
(2) kleiner ist als der erste Faktor und größer ist als der zweite Faktor,
(3) kleiner ist als der zweite Faktor und größer ist als der erste Faktor,
(4) größer ist als beide Faktoren.

7 Division

In **N** kann man die Division als Umkehroperation der Multiplikation mit Hilfe
der Gleichung $a \cdot x = b$ einführen. Diese Gleichung ist in **N** genau dann
lösbar – und zwar sogar *eindeutig* – wenn b ein Vielfaches von a ist. Die
Lösung der Gleichung wird mit $b : a$ bezeichnet und $b : a$ *Quotient* der
Zahlen b und a genannt. Hierbei nennen wir b *Dividend* und a *Divisor*.
In **N** gilt also : $b : a = c \iff a \cdot c = b$.

Entsprechend definieren wir im folgenden die Division von *Bruchzahlen* durch
Rückgriff auf die Multiplikation, also mit Hilfe der Gleichung $\frac{a}{b} \cdot x = \frac{c}{d}$.
Nach Satz 10 (6) ist diese Gleichung in $\mathbb{Q}^+$ stets eindeutig lösbar, und zwar
durch $\frac{b \cdot c}{a \cdot d}$. Wir definieren daher :

Definition 9 (Division von Bruchzahlen)
Die für alle Bruchzahlen in $\mathbb{Q}^+$ eindeutig bestimmte Lösung der Gleichung
$\frac{a}{b} \cdot x = \frac{c}{d}$ nennen wir den *Quotienten* der Bruchzahlen $\frac{c}{d}$ und $\frac{a}{b}$ und schreiben
hierfür kurz $\frac{c}{d} : \frac{a}{b}$. Wir nennen $\frac{c}{d}$ den *Dividend* und $\frac{a}{b}$ den *Divisor*.

Es gilt also auch für Bruchzahlen : $\frac{c}{d} : \frac{a}{b} = \frac{e}{f} \iff \frac{a}{b} \cdot \frac{e}{f} = \frac{c}{d}$.

Als leichte Folgerung ergibt sich :

Satz 14
Für alle Bruchzahlen $\frac{a}{b}$, $\frac{c}{d}$ gilt : $\frac{c}{d} : \frac{a}{b} = \frac{c}{d} \cdot \frac{b}{a}$

Bemerkung

Der Quotient zweier Bruchzahlen ist also *stets* wieder eine *Bruchzahl*. Man
erhält den Quotienten, indem man den Dividenden mit der zum Divisor
inversen Bruchzahl multipliziert.

Dividieren wir speziell die Bruchzahlen $\frac{a}{1}$ und $\frac{b}{1}$ durcheinander, so erhalten
wir : $\frac{a}{1} : \frac{b}{1} = \frac{a}{1} \cdot \frac{1}{b} = \frac{a}{b}$

Wir können also jede Bruchzahl $\frac{a}{b}$ nicht nur *additiv* ($\frac{a}{b} = \frac{1}{b} + \frac{1}{b} + \ldots + \frac{1}{b}$, a Summanden) und *multiplikativ* ($\frac{a}{b} = \frac{a}{1} \cdot \frac{1}{b}$), sondern auch mittels der *Division spezieller Bruchzahlen* darstellen, nämlich: $\frac{a}{b} = \frac{a}{1} : \frac{b}{1}$.

Satz 14 zeigt einen deutlichen *Unterschied* zwischen den natürlichen Zahlen und den Bruchzahlen auf: Während die Division in $\mathbb{N}$ nur in relativ wenigen Sonderfällen durchführbar ist, nämlich falls der Dividend ein Vielfaches des Divisors ist, ist sie in der Menge der Bruchzahlen *stets* ohne jede Einschränkung durchführbar. In dieser Hinsicht sind also die Bruchzahlen den natürlichen Zahlen überlegen. Damit können in $\mathbb{Q}^+$ *drei* Rechenoperationen, nämlich die Addition, Multiplikation und Division, problemlos ohne jede Einschränkung durchgeführt werden, und es sind nur noch bei der Subtraktion Einschränkungen zu beachten.

Wie schon bei der Multiplikation, so gilt auch bei der Division in der Menge der Bruchzahlen eine grundlegende Vorstellung, die wir mit der Division (von natürlichen Zahlen) verbinden, *nicht* mehr uneingeschränkt; es ergibt sich also auch in dieser Hinsicht ein weiterer *gravierender Unterschied* zu den natürlichen Zahlen: Während wir es nämlich von den natürlichen Zahlen her gewohnt sind, daß die Division – mit Ausnahme der Division durch 1 – stets *verkleinert*, kann die Division im Bereich der Bruchzahlen durchaus auch *vergrößern*, wie das Beispiel $\frac{5}{2} : \frac{1}{10} = 25$ belegt. Genauer gilt: Ist der Divisor kleiner als $\frac{1}{1}$, so ist das Ergebnis stets *größer*, ist der Divisor größer als $\frac{1}{1}$, so ist das Ergebnis stets *kleiner* als der Dividend. Diese Zerstörung der bisher mit der Division in $\mathbb{N}$ verbundenen Grundvorstellung hat Auswirkungen bei der Lösung von Sachaufgaben und ist auch für typische Schülerfehler verantwortlich.

Wie schon bei der Division in $\mathbb{N}$ gilt schließlich auch bei der Division von Bruchzahlen offenkundig weder das Kommutativ- noch das Assoziativgesetz (Aufgabe 14).

Aufgaben

(14) Begründen Sie mittels Beispielen, daß bei der Division von Bruchzahlen weder das Kommutativ- noch das Assoziativgesetz gilt.

(15) Berechnen Sie:

$$(1) \quad \frac{1}{1} : \frac{a}{b}, \qquad (2) \quad \frac{a}{b} : \frac{1}{1}, \qquad (3) \quad \frac{1}{1} : \frac{a}{1}.$$

8 Natürliche Zahlen und Bruchzahlen

Die Veranschaulichung der Bruchzahlen am Zahlenstrahl (vgl. II. 3) zeigt *Zusammenhänge* zwischen den *natürlichen Zahlen* und den *Bruchzahlen* auf. So wird offensichtlich der speziellen Bruchzahl $\frac{a}{1}$ und der natürlichen Zahl a jeweils *derselbe Punkt* auf dem Zahlenstrahl zugeordnet. Bezeichnen wir die Teilmenge dieser speziellen Bruchzahlen mit $\widehat{\mathbb{Q}}^+$, also $\widehat{\mathbb{Q}}^+ := \{\frac{a}{1} \mid a \in \mathbb{N}\}$, so ist wegen $\frac{a}{1} + \frac{b}{1} = \frac{a+b}{1}$ und $\frac{a}{1} \cdot \frac{b}{1} = \frac{a \cdot b}{1}$ die Summe bzw. das Produkt zweier Bruchzahlen aus $\widehat{\mathbb{Q}}^+$ wiederum eine Bruchzahl aus $\widehat{\mathbb{Q}}^+$. Diese speziellen Bruchzahlen sind also – genauso wie auch die natürlichen Zahlen – *abgeschlossen* bezüglich der Addition und Multiplikation. Ferner besteht zwischen der Addition, der Multiplikation und der Anordnung in $\mathbb{N}$ bzw. $\widehat{\mathbb{Q}}^+$ eine *völlige Entsprechung*, wie die folgende Übersicht verdeutlicht :

$$\begin{array}{ll} \mathbb{N} & \widehat{\mathbb{Q}}^+ \\[4pt] a + b = c & \frac{a}{1} + \frac{b}{1} = \frac{a+b}{1} = \frac{c}{1} \\[4pt] a \cdot b = d & \frac{a}{1} \cdot \frac{b}{1} = \frac{a \cdot b}{1} = \frac{d}{1} \\[4pt] a < b & \frac{a}{1} < \frac{b}{1} \end{array}$$

Wegen der Definition der Subtraktion bzw. Division über die Addition bzw. Multiplikation gilt diese Entsprechung auch für diese beiden Umkehroperationen, soweit sie in $\mathbb{N}$ durchführbar sind.

Diese völlige Entsprechung hat zur Folge, daß wir die *Summe* zweier beliebiger Bruchzahlen aus $\widehat{\mathbb{Q}}^+$ allein schon mit Hilfe von Rechnungen in $\mathbb{N}$ bestimmen können. Statt $\frac{a}{1} + \frac{b}{1}$ in $\widehat{\mathbb{Q}}^+$ zu berechnen, bestimmen wir nur die Summe c von $a + b$ in $\mathbb{N}$. Die zugeordnete Bruchzahl $\frac{c}{1}$ ist die Summe von $\frac{a}{1} + \frac{b}{1}$. Aber auch sämtliche *Multiplikationen* in $\widehat{\mathbb{Q}}^+$ können wir mit Rechnungen *ausschließlich in* $\mathbb{N}$ unter Kenntnis der entsprechenden Zuordnung lösen : Statt $\frac{a}{1} \cdot \frac{b}{1}$ in $\widehat{\mathbb{Q}}^+$ zu berechnen, berechnen wir das Produkt $a \cdot b = d$ in $\mathbb{N}$. Die zugeordnete Bruchzahl $\frac{d}{1}$ ist das Produkt von $\frac{a}{1} \cdot \frac{b}{1}$. Offenbar können wir aber auch *umgekehrt* sämtliche Additionen und Multiplikationen in $\mathbb{N}$ mit den entsprechenden Rechnungen *ausschließlich in* $\widehat{\mathbb{Q}}^+$ unter Ausnutzung der Zuordnung zwischen $\mathbb{N}$ und $\widehat{\mathbb{Q}}^+$ durchführen. Noch einfacher verhält es sich offensichtlich mit der Anordnung. Die *speziellen Bruchzahlen* $\frac{a}{1}$ und die *natürlichen Zahlen* a unterscheiden sich also in dieser Hinsicht nur *unwesentlich*, nämlich in der Schreibweise. Diese vollständige Entsprechung können wir exakter mit dem Begriff der *Isomorphie* beschreiben. Hierzu zeigen wir, daß die Menge $\mathbb{N}$ unter der Addition, Multiplikation und Kleinerrelation – hierfür schreiben wir im folgenden kurz $(\mathbb{N}, +, \cdot, <)$ – *isomorph* ist zu der Menge $\widehat{\mathbb{Q}}^+$ unter der dort definierten Addition, Multiplikation und Kleinerrelation, also zu $(\widehat{\mathbb{Q}}^+, +, \cdot, <)$:

Satz 15

$(\mathbb{N}, +, \cdot, <)$ ist isomorph zu $(\widehat{\mathbb{Q}}^+, +, \cdot, <)$.

Beweis

Wir zeigen hierzu, daß die Abbildung $f : \mathbb{N} \to \widehat{\mathbb{Q}}^+$ mit $a \longmapsto \frac{a}{1}$ bijektiv ist und zusätzlich folgende Eigenschaften aufweist :

(1) $\quad f(a + b) = f(a) + f(b)$ $\qquad$ (verknüpfungstreu bzgl. +)

(2) $\quad f(a \cdot b) = f(a) \cdot f(b)$ $\qquad$ (verknüpfungstreu bzgl. „·")

(3) $\quad a < b \iff f(a) < f(b)$ $\qquad$ (relationstreu bzgl. <)

Bijektiv bedeutet, daß die Abbildung f surjektiv und injektiv ist. Die Abbildung f ist *surjektiv*, denn zu jedem $\frac{a}{1} \in \widehat{\mathbb{Q}}^+$ können wir nach Definition von $\widehat{\mathbb{Q}}^+$ eine natürliche Zahl, nämlich a, angeben mit $f(a) = \frac{a}{1}$.

Wegen $f(a) = f(b) \iff \frac{a}{1} = \frac{b}{1} \iff a = b$ ist f auch *injektiv*. Ferner sind die Eigenschaften (1), (2) und (3) erfüllt; denn es gilt :

$$f(a + b) = \frac{a+b}{1} = \frac{a}{1} + \frac{b}{1} = f(a) + f(b),$$

$$f(a \cdot b) = \frac{a \cdot b}{1} = \frac{a}{1} \cdot \frac{b}{1} = f(a) \cdot f(b)$$

$$f(a) < f(b) \iff \frac{a}{1} < \frac{b}{1} \iff a < b$$

Wegen dieser völligen Entsprechung von $\mathbb{N}$ und $\widehat{\mathbb{Q}}^+$ bezüglich dieser Rechenoperationen und der Kleinerrelation *identifizieren* wir die natürlichen Zahlen a mit den entsprechenden Bruchzahlen $\frac{a}{1}$. In diesem Sinn bilden die natürlichen Zahlen eine echte *Teilmenge* der Menge der Bruchzahlen bzw. die Bruchzahlen eine echte *Erweiterung* der Menge der natürlichen Zahlen. Verbreiteter hierfür ist jedoch die Sprechweise, daß durch den Isomorphismus eine *Einbettung* der natürlichen Zahlen in die Menge der Bruchzahlen erfolgt. Trotz dieser Identifizierung bleiben dennoch natürliche Zahlen und die speziellen Bruchzahlen $\frac{a}{1}$ unverändert *unterschiedlich*. So ist beispielsweise die Bruchzahl $\frac{2}{1}$ unverändert die Klasse aller zu 2/1 äquivalenten Brüche, während die natürliche Zahl 2 der eindeutig bestimmte Nachfolger der natürlichen Zahl 1 ist.

Als Folge der Identifizierung der natürlichen Zahlen mit den Bruchzahlen $\widehat{\mathbb{Q}}^+$ ist jetzt auch jede Division mit Zahlen aus $\mathbb{N}$ in $\widehat{\mathbb{Q}}^+$ (beziehungsweise $\mathbb{Q}^+$) durchführbar; denn es gilt für alle $a, b \in \mathbb{N}$: $a : b = \frac{a}{1} : \frac{b}{1} = \frac{a}{1} \cdot \frac{1}{b} = \frac{a}{b}$, also :

(1) $\quad a : b = \frac{a}{b}$

Zum Abschluß dieses Abschnittes formulieren wir noch eine wichtige Aussage über die Verteilung der natürlichen Zahlen in $\mathbb{Q}^+$:

Satz 16

Die Bruchzahlen sind *archimedisch angeordnet*, d.h. zu jeder Bruchzahl $\frac{a}{b}$ existiert eine natürliche Zahl c mit $\frac{a}{b} < c$.

Beweis

Die natürliche Zahl $c = a + 1$ besitzt stets die geforderte Eigenschaft (vgl. Aufgabe 16).

Aufgabe

(16) Beweisen Sie ausführlich Satz 16.

9 Rückblick und Ausblick

9.1 Wichtige Gemeinsamkeiten und Unterschiede von $\mathbb{N}$ und $\mathbb{Q}^+$

9.1.1 Einige bisher behandelte Gemeinsamkeiten und Unterschiede

Natürliche Zahlen und Bruchzahlen weisen insbesondere folgende *Gemeinsamkeiten* auf :

In beiden Bereichen können wir eine *Kleinerrelation* einführen, für welche die Trichotomie und Transitivität gilt und die sich am Zahlenstrahl durch die Beziehung „liegt links von" veranschaulichen läßt. Natürliche Zahlen wie Bruchzahlen sind abgeschlossen bezüglich der *Addition* und *Multiplikation*, es gelten bei ihnen jeweils das Kommutativ- und Assoziativgesetz sowie Monotoniegesetze bezüglich der Addition und Multiplikation. Das Distributivgesetz stellt jeweils eine Verbindung zwischen Addition und Multiplikation her. Für den Teilbereich $(\widehat{\mathbb{Q}}^+, +, \cdot, <)$ und die natürlichen Zahlen $(\mathbb{N}, +, \cdot <)$ liegt sogar eine so weitgehende Entsprechung vor, daß wir diese beiden Zahlenmengen identifizieren. Die *Subtraktion* und *Division* können wir sowohl bei den Bruchzahlen wie bei den natürlichen Zahlen auf die Addition bzw. Multiplikation zurückführen. Beide Rechenoperationen sind jeweils weder kommutativ noch assoziativ. Die Subtraktion ist schließlich in beiden Bereichen genau dann durchführbar, wenn der Subtrahend kleiner ist als der Minuend.

In folgenden Punkten *unterscheiden* sich Bruchzahlen und natürliche Zahlen : Jede Bruchzahl besitzt *unendlich viele* Repräsentanten, während die Darstellung der natürlichen Zahlen im wesentlichen eindeutig ist. Es gibt eine kleinste natürliche Zahl, aber *keine kleinste* Bruchzahl.

Entscheidende Unterschiede zu den natürlichen Zahlen gibt es im Bereich der Multiplikation und insbesondere der Division: Zunächst einmal verliert im Bereich der Bruchzahlen die grundlegende Vorstellung aus $\mathbb{N}$, daß mit Ausnahme der Zahl eins *Multiplizieren* stets *vergrößert* und *Dividieren* stets *verkleinert*, ihre Gültigkeit. Ferner ist die Division im Bereich der Bruchzahlen wesentlich *leistungsfähiger* als im Bereich der natürlichen Zahlen : So ist die Division in $\mathbb{Q}^+$ *ohne jede Einschränkung* durchführbar, während im Bereich der natürlichen Zahlen nur in *den* Sonderfällen dividiert werden kann, in denen der Dividend ein Vielfaches des Divisors ist.

9.1.2 Dichtheit der Bruchzahlen

Zwischen den *natürlichen* Zahlen 1 und 2 liegt *keine natürliche* Zahl a mit $1 < a < 2$. Kann man im Bereich der *Bruchzahlen* auch (dicht beieinanderliegende) Zahlen finden, zwischen denen *keine* Bruchzahl liegt? Auf den ersten Blick könnten $\frac{1}{3}$ und $\frac{2}{3}$ von der gesuchten Art sein. Erweitern wir jedoch z.B. mit 100, so sehen wir sofort ein, daß zwischen $\frac{100}{300}$ und $\frac{200}{300}$ auf jeden Fall mindestens 99 Bruchzahlen liegen, durch die Möglichkeit des Erweiterns mit beliebig großen Zahlen sehen wir ein, daß zwischen $\frac{1}{3}$ und $\frac{2}{3}$ sogar *unendlich* viele Bruchzahlen liegen. Dies gilt allgemein :

Satz 17

Zwischen je zwei verschiedenen Bruchzahlen liegen unendlich viele Bruchzahlen.

Anmerkung

Veranschaulichen wir die Bruchzahlen am Zahlenstrahl, so legt Satz 17 folgende Sprechweise nahe : Die Bruchzahlen liegen *dicht*.

Beweis

Wir zeigen hierzu, daß zwischen je zwei verschiedenen Bruchzahlen immer noch *eine weitere* Bruchzahl liegt. Seien $\frac{a}{b}$ und $\frac{c}{d}$ zwei beliebige Bruchzahlen mit $\frac{a}{b} < \frac{c}{d}$, seien $\frac{a'}{n}$ und $\frac{c'}{n}$ Darstellungen dieser Bruchzahlen mit gleichem Nenner, dann gilt wegen $\frac{a'}{n} < \frac{c'}{n}$ auch $a' < c'$ und damit auch $\frac{a'}{2n} < \frac{c'}{2n}$. Zweimalige Anwendung des Monotoniegesetzes bezüglich der Addition ergibt :

$$\frac{a'}{2n} + \frac{a'}{2n} < \frac{c'}{2n} + \frac{a'}{2n} \quad \text{und} \quad \frac{c'}{2n} + \frac{a'}{2n} < \frac{c'}{2n} + \frac{c'}{2n}$$

Wegen der Transitivität gilt also :

$$\frac{2a'}{2n} < \frac{c'+a'}{2n} < \frac{2c'}{2n} \quad \text{und damit} \quad \frac{a'}{n} < \frac{c'+a'}{2n} < \frac{c'}{n}$$

Folglich liegt zwischen zwei beliebigen Bruchzahlen $\frac{a}{b}$ und $\frac{c}{d}$ stets die Bruchzahl $\frac{c'+a'}{2n}$.

Aus Satz 17 ergeben sich direkt folgende *Unterschiede* zwischen $\mathbb{N}$ und $\mathbb{Q}^+$:

- Während in $\mathbb{N}$ zwischen zwei beliebigen, verschiedenen natürlichen Zahlen entweder keine Zahl (falls die beiden Zahlen unmittelbar benachbart sind) oder sonst *endlich* viele Zahlen liegen, liegen in $\mathbb{Q}^+$ zwischen zwei beliebigen, verschiedenen Bruchzahlen stets *unendlich* viele Bruchzahlen.

- In $\mathbb{N}$ hat *jede* Zahl einen unmittelbaren Nachfolger und – bis auf die Zahl 1 – auch einen unmittelbaren Vorgänger. Dagegen hat in $\mathbb{Q}^+$ *keine* Bruchzahl einen unmittelbaren Vorgänger oder unmittelbaren Nachfolger.

Anmerkung

Bezeichnen wir – wie üblich – die aus den Zahlen a und b gewonnene Zahl $(a + b) : 2$ als *arithmetisches Mittel* dieser beiden Zahlen, so haben wir im vorstehenden Beweis gezeigt : Zwischen zwei Bruchzahlen liegt stets ihr arithmetisches Mittel.

Die Bruchzahlen liegen *dicht*. Daher ist es sehr überraschend, daß es auf dem Zahlenstrahl – wie wir im IV. Kapitel genauer sehen werden – dennoch Punkte gibt, denen bei unserer in II. 3 beschriebenen Zuordnung keine Bruchzahlen zugeordnet werden können, daß es also in diesem Sinne *mehr* Punkte auf dem Zahlenstrahl als Bruchzahlen gibt.

9.1.3 Mächtigkeit der Bruchzahlen

Stellen wir uns die Frage, ob es „*mehr*" Bruchzahlen als *natürliche Zahlen* gibt, so scheint die Antwort hierauf z.B. wegen der Dichtheit der Bruchzahlen völlig eindeutig zu sein. Im Unterschied zu Mengen mit *endlich* vielen Elementen können wir den Vergleich bei den beiden *unendlichen* Mengen $\mathbb{N}$ und $\mathbb{Q}^+$ jedoch nicht einfach durch vollständiges Auszählen durchführen, da wir so nie zu einem Ende gelangen.

Stattdessen müssen wir die Frage stellen, ob die beiden Mengen *gleichmächtig* sind, d.h. ob es eine bijektive Abbildung zwischen ihnen gibt. Dies wäre zum Beispiel dann der Fall, wenn wir die Bruchzahlen genauso wie die natürlichen Zahlen durchnumerieren könnten. Eine derartige Durchnumerierung der Bruchzahlen scheint jedoch wegen ihrer Dichtheit unmöglich zu sein. Um so überraschender ist es, daß wir dies dennoch durch folgendes, einfaches Verfahren („Cantorsches Diagonalverfahren") erreichen können.

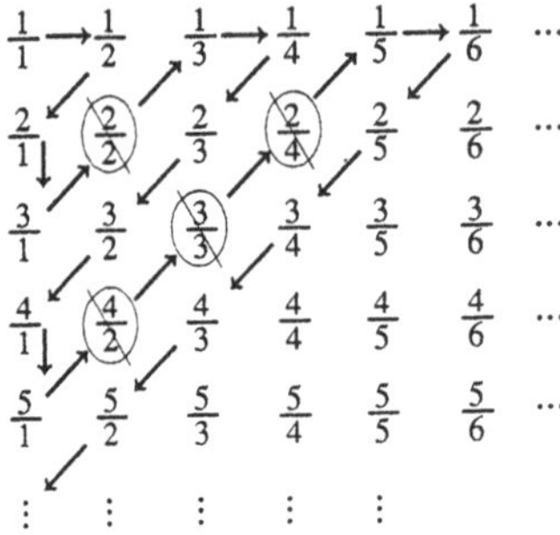

Streichen wir alle Bruchzahlen, die mehrfach vorkommen, vom zweiten Auftreten an, so erhalten wir folgende Durchnumerierung :

Nummer der Bruchzahl	1	2	3	4	5	6	7	8	9	10	$\cdots$
Bruchzahl	$\frac{1}{1}$	$\frac{1}{2}$	$\frac{2}{1}$	$\frac{3}{1}$	$\frac{1}{3}$	$\frac{1}{4}$	$\frac{2}{3}$	$\frac{3}{2}$	$\frac{4}{1}$	$\frac{5}{1}$	$\cdots$

Folglich unterscheiden sich – trotz des völlig anderen ersten Anscheins – natürliche Zahlen und Bruchzahlen *nicht* hinsichtlich ihrer *Mächtigkeit*. Ein deutlicher *Unterschied* zwischen *endlichen* und *unendlichen* Mengen wird an dieser Stelle jedoch gut sichtbar. Bei unendlichen Mengen kann eine *echte* Teilmenge gleichmächtig zu der umfassenden Menge sein.

9.2 Die Zahlbereichserweiterung von $(\mathbb{N}, \cdot)$ nach $(\mathbb{Q}^+, \cdot)$ – eine Analyse unter strukturellen Gesichtspunkten

Im Bereich der natürlichen Zahlen können wir ohne jede Einschränkung addieren und multiplizieren, während dort Subtraktion und Division nur stark eingeschränkt möglich sind. Im Bereich $\mathbb{Q}^+$ der Bruchzahlen ist zusätzlich die Division uneingeschränkt durchführbar, dagegen gelten dort für die Subtraktion unverändert dieselben Einschränkungen wie in $\mathbb{N}$. Wir wollen im folgenden genauer abklären, auf welchen Eigenschaften von $\mathbb{Q}^+$ es beruht, daß dort die *Division* uneingeschränkt durchführbar ist; dabei ergeben sich gleichzeitig auch Hinweise darauf, wie Zahlbereichserweiterungen in·*anderen* Zahlbereichen oder auch bezüglich der *Addition* (statt der Multiplikation) als Verknüpfung erfolgreich durchgeführt werden können.

Wir haben die Subtraktion wie die Division in $\mathbb{Q}^+$ beide mit Hilfe der Addition bzw. Multiplikation als Umkehroperation eingeführt, also mit Hilfe der Gleichung $a + x = b$ bzw. $a \cdot x = b$ für $a, b \in \mathbb{Q}^+$. Hierbei ist die Gleichung $a + x = b$ in $\mathbb{Q}^+$ genau dann eindeutig lösbar, wenn $a < b$ gilt, und damit ist die Subtraktion *nur genau* in diesem Fall in $\mathbb{Q}^+$ möglich. Dagegen ist die Gleichung $a \cdot x = b$ in $\mathbb{Q}^+$ *stets* eindeutig lösbar, und daher die Division *uneingeschränkt* durchführbar.

Beim Nachweis der entsprechenden Aussage für $a \cdot x = b$ im Satz 10 (6) greifen wir auf folgende Eigenschaften von $(\mathbb{Q}^+, \cdot)$ zurück :

- Das Produkt zweier Bruchzahlen ist stets wieder genau eine Bruchzahl.

- Es gilt das Kommutativgesetz.

- Es gilt das Assoziativgesetz.

- $\mathbb{Q}^+$ besitzt ein Element $\frac{1}{1}$ mit der Eigenschaft $\frac{a}{b} \cdot \frac{1}{1} = \frac{a}{b}$ für alle $\frac{a}{b} \in \mathbb{Q}^+$.

- In $\mathbb{Q}^+$ ist die Gleichung $\frac{a}{b} \cdot x = \frac{1}{1}$ stets eindeutig lösbar, und zwar durch $\frac{b}{a}$. Diese Aussage können wir gleichwertig umformulieren in die Form: Zu jeder Bruchzahl $\frac{a}{b}$ gibt es genau eine Bruchzahl $\frac{b}{a}$ mit der Eigenschaft $\frac{a}{b} \cdot \frac{b}{a} = \frac{1}{1}$.

Bezüglich der *Addition* von Bruchzahlen gilt dagegen offensichtlich *kein* Analogon zu den letzten beiden Eigenschaften der Multiplikation.

Wir zeigen im folgenden, daß in jeder (nichtleeren) Menge $\mathbb{M}$, in der die vorstehenden *fünf* – bei der Multiplikation in $\mathbb{Q}^+$ gültigen – Eigenschaften bezüglich einer Verknüpfung $\circ$ erfüllt sind, jede Gleichung $a \circ x = b$ für $a, b \in \mathbb{M}$ in $\mathbb{M}$ eindeutig lösbar ist und damit dort auch die *Umkehrverknüpfung uneingeschränkt* durchgeführt werden kann. Zur Verkürzung der Sprechweise definieren wir :

Definition 10 (Kommutative Gruppe)

Eine nichtleere Menge $\mathbb{G}$ mit einer Zuordnungsvorschrift $\circ$ nennen wir eine *kommutative Gruppe* [5], wenn gilt :

(1) $(\mathbb{G}, \circ)$ ist ein Verknüpfungsgebilde, d.h. für alle $a, b \in \mathbb{G}$ gilt $a \circ b \in \mathbb{G}$, und $a \circ b$ ist eindeutig bestimmt.

---

[5]Wird die Kommutativität in der Definition *nicht* gefordert, so bezeichnet man ein derartiges Verknüpfungsgebilde als *Gruppe*. In diesem Fall fordert man in (4 a) bzw. (4 b), daß für alle $a \in \mathbb{G}$ $\ a \circ e = e \circ a = a$ und $a \circ a^* = a^* \circ a = e$ gilt.

(2) $(\mathbb{G}, \circ)$ ist assoziativ, d.h. für alle $a, b, c \in \mathbb{G}$ gilt $(a \circ b) \circ c = a \circ (b \circ c)$.

(3) $(\mathbb{G}, \circ)$ ist kommutativ, d.h. für alle $a, b \in \mathbb{G}$ gilt $a \circ b = b \circ a$.

(4) $(\mathbb{G}, \circ)$ besitzt ein Element $e \in \mathbb{G}$ mit folgenden Eigenschaften :

    (4 a)   Für alle $a \in \mathbb{G}$ gilt $a \circ e = a$, d.h. $(\mathbb{G}, \circ)$ besitzt ein *neutrales* Element.

    (4 b)   Für alle $a \in \mathbb{G}$ gibt es ein $a^* \in \mathbb{G}$ mit $a \circ a^* = e$, d.h. $(\mathbb{G}, \circ)$ besitzt zu jedem Element ein *Inverses*.

Bemerkung

(1) $(\mathbb{Q}^+, \cdot)$ ist eine kommutative Gruppe mit $\frac{1}{1}$ als *neutralem* Element und $\frac{b}{a}$ als zu $\frac{a}{b}$ *inversem* Element.

(2) In der Definition einer kommutativen Gruppe kann auch gleichwertig gefordert werden, daß es jeweils *genau ein* neutrales und zu jedem $a \in \mathbb{G}$ *genau ein* Inverses a^* gibt (vgl. Aufgabe 17).

Wir zeigen jetzt :

Satz 18

In einer kommutativen Gruppe $(\mathbb{G}, \circ)$ ist *jede* Gleichung $a \circ x = b$ mit $a, b \in \mathbb{G}$ *eindeutig* lösbar.

Beweis

In einer kommutativen Gruppe existiert zu jedem Element $a \in \mathbb{G}$ das Inverse $a^* \in \mathbb{G}$. Daher ist mit $a, b \in \mathbb{G}$ auch $a^* \circ b \in \mathbb{G}$, und $a^* \circ b$ ist *eine* Lösung der Gleichung $a \circ x = b$, wie wir durch Einsetzen bestätigen :

$$a \circ (a^* \circ b) = (a \circ a^*) \circ b = e \circ b = b \circ e = b$$

$a^* \circ b$ ist sogar die *einzige* Lösung von $a \circ x = b$; denn angenommen $a \circ x = b$ besitzt die beiden Lösungen x_1 und x_2, dann gilt :

$$a \circ x_1 = b \quad \text{und} \quad a \circ x_2 = b, \quad \text{also} \quad a \circ x_1 = a \circ x_2,$$

und daher auch $a^* \circ (a \circ x_1) = a^* \circ (a \circ x_2)$, also wegen des Kommutativ- und Assoziativgesetzes $(a \circ a^*) \circ x_1 = (a \circ a^*) \circ x_2$, daher $e \circ x_1 = e \circ x_2$ und folglich $x_1 = x_2$.

Daher ist in einer kommutativen Gruppe $(\mathbb{G}, \circ)$ *jede* Gleichung $a \circ x = b$ mit $a, b \in \mathbb{G}$ *eindeutig* lösbar.

Folgerung

In einer kommutativen Gruppe $(\mathbb{G}, \circ)$ können wir also mit Hilfe der Gleichung $a \circ x = b$ zu der gegebenen Verknüpfung $\circ$ stets eine *Umkehrverknüpfung* definieren, die *ohne* jede Einschränkung durchführbar ist. Auf der Tatsache, daß $(\mathbb{Q}^+, \cdot)$ eine *kommutative Gruppe* ist, beruht es also, daß in $\mathbb{Q}^+$ neben der Multiplikation auch die Division ohne jede Einschränkung durchgeführt werden kann. Hierbei kann der von uns durchgeführte Übergang von $(\mathbb{N}, \cdot)$ zu $(\mathbb{Q}^+, \cdot)$ sogar als *Modell* dazu dienen, wie Zahlbereichserweiterungen auch in *anderen* Zahlbereichen oder auch bezüglich der *Addition* statt der Multiplikation durchgeführt werden können, wie wir im folgenden noch genauer sehen werden. Durch Übergang vom konkreten Beispiel zum abstrakten Gruppenbegriff kann ferner bewirkt werden, daß in verschiedenen Zahlbereichen oder bezüglich verschiedener Verknüpfungen nicht jeweils analog lautende Beweise erneut durchgeführt werden müssen, sondern daß *ein einziger* Beweis für *kommutative Gruppen* eine Aussage für *sämtliche* konkreten Verknüpfungsgebilde beweist, die kommutative Gruppen sind. Mit dieser Vorgehensweise kann also eine starke Beweisreduzierung – und damit eine *Beweisökonomie* – erreicht werden.

Ausgangspunkt unserer konkret durchgeführten Zahlbereichserweiterung ist die Menge $(\mathbb{N}, \cdot)$. Sie kann *keine* kommutative Gruppe sein, da sonst auch hier die Division uneingeschränkt durchführbar sein müßte. Von den in Definition 10 geforderten Eigenschaften erfüllt $(\mathbb{N}, \cdot)$ die ersten vier Eigenschaften, nur die 5. Eigenschaft (4 b) wird nicht erfüllt; denn es gibt nur zur Zahl 1 ein inverses Element. Welche *Anforderungen* müssen wir nun an eine *beliebige Ausgangsmenge* stellen, die wir – entsprechend wie beim Übergang von $(\mathbb{N}, \cdot)$ nach $(\mathbb{Q}^+, \cdot)$ – zu einer kommutativen Gruppe erweitern wollen?
Ganz sicher muß die Ausgangsmenge – wie auch $(\mathbb{N}, \cdot)$ – *kommutativ* und *assoziativ* bezüglich der gegebenen Verknüpfung sein. In einer Gruppe gelten nämlich diese Aussagen für *alle* Elemente der Gruppe, also müssen sie entsprechend auch in jeder (nichtleeren) *Teilmenge* erfüllt sein. Für eine kommutative Gruppe gilt ferner die *Regularität* :

Satz 19

Jede kommutative Gruppe $(\mathbb{G}, \circ)$ ist *regulär*, d.h. für alle $a, b, c \in \mathbb{G}$ folgt aus $a \circ b = a \circ c$ stets $b = c$.

Beweis

Zu $a \in \mathbb{G}$ existiert stets das Inverse $a^* \in \mathbb{G}$.
Damit folgt $a^* \circ (a \circ b) = a^* \circ (a \circ c)$, also $(a^* \circ a) \circ b = (a^* \circ a) \circ c$ und daher $b = c$.

Wir können also *höchstens dann* ein Verknüpfungsgebilde $(M, \circ)$ zu einer kommutativen Gruppe erweitern, wenn $(M, \circ)$ kommutativ, assoziativ und regulär, also eine *kommutative, reguläre Halbgruppe* ist. Diese Anforderungen *reichen* sogar schon *aus*, wie wir im folgenden allgemein beweisen werden. Hierbei können wir stets *völlig analog* wie bei der uns bekannten Erweiterung von $(N, \cdot)$ nach $(Q^+, \cdot)$ vorgehen. Einen Überblick über diese Vorgehensweise im bereits behandelten konkreten Spezialfall sowie im allgemeinen Fall vermittelt die folgende Übersicht :

	Spezialfall	allgemeiner Fall
Gegeben	$(N, \cdot)$	kommutative, reguläre Halbgruppe $(M, \circ)$
1. Schritt	Definition einer Relation $\sim$ in $N \times N$ durch $a/b \sim c/d :\Leftrightarrow a \cdot d = c \cdot b$	Definition einer Relation $\sim$ in $M \times M$ durch $(a, b) \sim (c, d) :\Leftrightarrow a \circ d = c \circ b$
2. Schritt	Nachweis, daß die Relation $\sim$ eine Äquivalenzrelation ist.	Nachweis, daß die Relation $\sim$ eine Äquivalenzrelation ist.
3. Schritt	Bildung der Menge Q^+ aller Äquivalenzklassen $\frac{a}{b} := \{a'/b' \mid a', b' \in N \text{ und } a'/b' \sim a/b\}$	Bildung der Menge G aller Äquivalenzklassen $\overline{(a, b)} := \{(a', b') \mid a', b' \in M \text{ und } (a', b') \sim (a, b)\}$
4. Schritt	Definition einer Verknüpfung „$\cdot$" in Q^+ durch $\frac{a}{b} \cdot \frac{c}{d} := \frac{a \cdot c}{b \cdot d}$	Definition einer Verknüpfung $*$ in G durch $\overline{(a, b)} * \overline{(c, d)} := \overline{(a \circ c, b \circ d)}$
5. Schritt	Nachweis, daß $(Q^+, \cdot)$ eine kommutative Gruppe ist.	Nachweis, daß $(G, *)$ eine kommutative Gruppe ist.
6. Schritt	Nachweis, daß $(N, \cdot)$ und das Untergebilde $(\hat{Q}^+, \cdot)$ von $(Q^+, \cdot)$ isomorph sind.	Nachweis, daß $(M, \circ)$ und das Untergebilde $(G', *)$ von $(G, *)$ isomorph sind.
7. Schritt	Identifizierung der Elemente $a \in N$ mit ihren Bildern in Q^+	Identifizierung der Elemente $a \in M$ mit ihren Bildern in G

Wir führen jetzt den Beweis für den allgemeinen Fall :

1. Schritt

Wir definieren in $M \times M$ eine Relation $\sim$ durch :

$$(a, b) \sim (c, d) :\Longleftrightarrow a \circ d = c \circ b$$

2. Schritt

Die Relation $\sim$ in $\mathbb{M} \times \mathbb{M}$ ist reflexiv, symmetrisch und transitiv, also eine Äquivalenzrelation. Die Beweise verlaufen völlig analog wie bei Satz 1 (vgl. Aufgabe 18).

3. Schritt

Wir bilden die Menge $\mathbb{G}$ aller Äquivalenzklassen

$$\overline{(a,b)} := \{(a',b') \mid a',b' \in \mathbb{M} \ \text{ und } \ (a',b') \sim (a,b)\}$$

Also gilt: $\quad \overline{(a,b)} = \overline{(a',b')} \iff (a,b) \sim (a',b')$

4. Schritt

Wir definieren eine Verknüpfung $*$ in $\mathbb{G}$ durch:

$$\overline{(a,b)} * \overline{(c,d)} := \overline{(a \circ c, b \circ d)}$$

Die Definition ist – genau wie bei der Multiplikation von Bruchzahlen – nur dann sinnvoll, wenn die Klasse des Ergebnisses unabhängig ist von den ausgewählten Repräsentanten aus den Klassen $\overline{(a,b)}$ und $\overline{(c,d)}$, wenn also die Verknüpfung $*$ repräsentantenunabhängig ist. Wir müssen also zeigen, daß für beliebige (a',b') aus der Klasse $\overline{(a,b)}$ und (c',d') aus der Klasse $\overline{(c,d)}$ stets gilt $\overline{(a' \circ c', b' \circ d')} = \overline{(a \circ c, b \circ d)}$. Der Beweis verläuft völlig analog wie die Vorüberlegungen vor der Definition 8 (vgl. Aufgabe 19).

5. Schritt

$(\mathbb{G}, *)$ bildet stets eine kommutative Gruppe; denn nach der Definition von $*$ bildet $(\mathbb{G}, *)$ ein *Verknüpfungsgebilde*. $(\mathbb{G}, *)$ ist *kommutativ*; denn für alle $\overline{(a,b)}, \overline{(c,d)} \in \mathbb{G}$ gilt wegen der Gültigkeit des Kommutativgesetzes in $\mathbb{M}$ $\overline{(a,b)} * \overline{(c,d)} = \overline{(a \circ c, b \circ d)} = \overline{(c \circ a, d \circ b)} = \overline{(c,d)} * \overline{(a,b)}$. Der Beweis für die *Assoziativität* verläuft entsprechend durch Rückgriff auf das Assoziativgesetz in $\mathbb{M}$ (vgl. Aufgabe 20).

Für beliebige $c, d \in \mathbb{M}$ gilt $(c,c) \sim (d,d)$. Also bilden sämtliche geordneten Paare, bei denen die erste und die zweite Komponente übereinstimmen, *eine* Klasse. Diese Klasse ist *neutrales Element* in $\mathbb{G}$; denn für $\overline{(c,c)}$ mit $c \in \mathbb{M}$, c beliebig und für alle $\overline{(a,b)} \in \mathbb{G}$ gilt: $\overline{(a,b)} * \overline{(c,c)} = \overline{(a \circ c, b \circ c)} = \overline{(a,b)}$ wegen der Definition von $*$ sowie der Gültigkeit von $(a \circ c) \circ b = a \circ (b \circ c)$ für alle $a, b, c \in \mathbb{M}$. Zu jedem Element $\overline{(a,b)}$ existiert ferner mit $\overline{(b,a)}$ ein *Inverses*; denn $\overline{(a,b)} * \overline{(b,a)} = \overline{(a \circ b, b \circ a)} = \overline{(a \circ b, a \circ b)} = \overline{(c,c)}$89.

6. Schritt

Wir weisen nach, daß $(\mathbb{M}, \circ)$ und ein bestimmtes Untergebilde von $(\mathbb{G}, *)$ stets *isomorph* sind.

98

Für alle $a, c, d \in M$ gilt $(a \circ c, c) \sim (a \circ d, d)$, also $\overline{(a \circ c, c)} = \overline{(a \circ d, d)}$. Daher können wir eine Abbildung von M in G definieren durch:

$$f : M \longrightarrow G \text{ mit } a \longmapsto \overline{(a \circ c, c)} \text{ mit } c \in M, c \text{ beliebig.}$$

Die Menge aller Bilder $f(a)$ mit $a \in M$ nennen wir G'. Dann ist die Abbildung $f : M \longrightarrow G'$ mit $a \longmapsto \overline{(a \circ c, c)}$ nach Definition von G' *surjektiv*. Die Abbildung ist *injektiv*; denn aus $f(a) = f(b)$, also aus $\overline{(a \circ c, c)} = \overline{(b \circ c, c)}$, folgt $(a \circ c, c) \sim (b \circ c, c)$, also $a \circ c \circ c = b \circ c \circ c$, und damit wegen der Regularität und Kommutativität von M $a \circ c = b \circ c$ und schließlich $a = b$. Also ist die Abbildung f von M in G' *bijektiv*. Die Abbildung ist auch *verknüpfungstreu*; denn es gilt:

$$f(a \circ b) = \overline{((a \circ b) \circ c, c)} = \overline{(a \circ b \circ c \circ c,\ c \circ c)} = \overline{(a \circ c \circ b \circ c,\ c \circ c)}$$
$$= \overline{(a \circ c, c)} * \overline{(b \circ c, c)} = f(a) * f(b).$$

Also sind $(M, \circ)$ und das Untergebilde $(G', *)$ von $(G, *)$ *isomorph*.

Anmerkung

Besitzt M *ein neutrales Element* e, so kann wegen $a \circ e = a$ für alle $a \in M$ die Abbildung f kürzer beschrieben werden durch:

$$f : M \longrightarrow G \text{ mit } a \longmapsto \overline{(a, e)}.$$

Da $(N, \cdot)$ mit 1 ein neutrales Element besitzt, können wir dort die Abbildung von N in $\hat{Q}^+$ speziell durch $a \longmapsto \frac{a}{1}$ beschreiben.

7. Schritt

Wegen der Isomorphie von $(M, \circ)$ und $(G', *)$ können wir die Elemente $a \in M$ mit ihren Bildern $\overline{(a \circ c, c)}$ in G *identifizieren*, da sich beide Verknüpfungsgebilde auf Grund der Isomorphie unter strukturellen Gesichtspunkten nicht unterscheiden. So wie wir in $(Q^+, \cdot)$ jede Bruchzahl $\frac{a}{b}$ als $\frac{a}{1} \cdot \frac{1}{b}$ darstellen können, wobei $\frac{1}{b}$ das Inverse von $\frac{b}{1}$ ist, können wir ähnlich [6] auch im allgemeinen Fall jedes Element der Gruppe $(G, *)$ darstellen in der Form

$$(1) \qquad \overline{(a, b)} = \overline{(a \circ c, c)} * \overline{(d, b \circ d)} \text{ mit } c, d \in M,\ c, d \text{ beliebig}$$

wobei $\overline{(d, b \circ d)}$ das Inverse von $\overline{(b \circ d, d)}$ ist, wie man durch Ausrechnen sofort überprüft (vgl. Aufgabe 21). Schreiben wir wegen der Identifizierung kurz

---

[6] Es gibt im allgemeinen Fall keine *völlige* Entsprechung zum Spezialfall $(Q^+, \cdot)$, da im Gegensatz zu $(N, \cdot)$ in der Ausgangsmenge $(M, \circ)$ *kein neutrales Element* vorhanden sein muß.

a für $\overline{(a \circ c, c)}$, b für $\overline{(b \circ d, d)}$ b^* für $\overline{(d, b \circ d)}$ und aus Zweckmäßigkeits-
gründen auch $\circ$ statt $*$, so können wir *jedes* Element $\overline{(a, b)}$ aus $\mathbb{G}$ in der
Form $a \circ b^*$ mit $a, b \in \mathbb{M}$ schreiben. Hierdurch wird zugleich deutlich, daß $\mathbb{G}$
keine unnötigen Elemente enthält, daß die Erweiterung also *minimal* ist; denn
jede Gruppe, die $(\mathbb{M}, \circ)$ als Untergebilde enthält, muß mit $a, b \in \mathbb{M}$ stets
auch b^* und damit auch $a \circ b^*$ enthalten. Die in den vorstehenden sieben
Schritten beschriebene *Einbettung* bzw. *Erweiterung* hat also eine (bis auf Isomorphie) wohlbestimmte, minimale kommutative Gruppe [7] hervorgebracht,
in der neben der ursprünglichen Verknüpfung auch die Umkehrverknüpfung
ohne jede Einschränkung durchgeführt werden kann. Diese Gruppe bezeichnet
man wegen der Art der Darstellung ihrer Elemente als *Quotientengruppe*. Wir
haben also insgesamt gezeigt :

Satz 20

Jede reguläre kommutative Halbgruppe $(\mathbb{M}, \circ)$ läßt sich nach dem in den
Schritten 1 bis 7 beschriebenen Verfahren in eine *minimale kommutative Grup-*
pe (Quotientengruppe) einbetten, in der nach entsprechender Identifizierung
neben der ursprünglichen Verknüpfung auch die Umkehrverknüpfung *uneinge-*
schränkt durchführbar ist; dabei läßt sich jedes Element der Quotientengruppe
allein mit Hilfe von Elementen $a, b \in \mathbb{M}$ in der Form $a \circ b^*$ darstellen.

Da wir die Bezeichnung *Erweiterung* für diese Einbettung und nachfolgende
Identifizierung für plastischer halten, formulieren wir Satz 20 entsprechend
um :

Satz 20 a

Jede reguläre kommutative Halbgruppe $(\mathbb{M}, \circ)$ läßt sich nach dem in den
Schritten 1 bis 7 beschriebenen Verfahren zu einer *minimalen kommutativen*
Gruppe (Quotientengruppe) erweitern, in der neben der ursprünglichen Verknüpfung auch die *Umkehrverknüpfung uneingeschränkt* durchführbar ist; dabei läßt sich jedes Element der Quotientengruppe allein mit Hilfe von Elementen $a, b \in \mathbb{M}$ in der Form $a \circ b^*$ darstellen.

Bemerkung

Hiernach ist insbesondere auch die kommutative Gruppe $(\mathbb{Q}^+, \cdot)$ eine *minima-*
le Erweiterung von $(\mathbb{N}, \cdot)$, in der die *Division uneingeschränkt* durchführbar
ist.

---

[7]Wegen der Frage der Eindeutigkeit dieser „Erweiterungsgruppe" vergleiche man gegebenenfalls A. Oberschelp (1968).

Aufgaben

(17) Beweisen Sie :

(1) Jedes kommutative Verknüpfungsgebilde $(M, \circ)$ besitzt höchstens ein neutrales Element.

(2) Jedes kommutative, assoziative Verknüpfungsgebilde $(M, \circ)$ besitzt zu jedem Element a höchstens ein Inverses a^*.

(18) Beweisen Sie, daß die Relation $\sim$ in $M \times M$ reflexiv, symmetrisch und transitiv ist.

(19) Beweisen Sie, daß die durch $\overline{(a, b)} * \overline{(c, d)} := \overline{(a \circ c, b \circ d)}$ in G definierte Verknüpfung $*$ repräsentantenunabhängig ist.

(20) Beweisen Sie, daß in $(G, *)$ das Assoziativgesetz gilt.

(21) Beweisen Sie, daß in der Gruppe $(G, *)$ stets gilt

(1) $\quad \overline{(a, b)} = \overline{(a \circ c, c)} * \overline{(d, b \circ d)}$

(2) $\quad \overline{(d, b \circ d)}$ ist das Inverse von $\overline{(b \circ d, d)}$

10 Zur Dezimalbruchdarstellung von Bruchzahlen

Von den natürlichen Zahlen sind wir es gewohnt, daß sich jede Zahl mit Hilfe des dezimalen Stellenwertsystems *eindeutig* darstellen läßt. Ganz anders ist hingegen bislang die Situation bei den Bruchzahlen. Jede Bruchzahl besitzt unendlich viele verschiedene Brüche als Repräsentanten – die Darstellung ist also *keineswegs* eindeutig. Wir wollen daher in diesem Abschnitt systematisch auf die Darstellung der Bruchzahlen mit *Dezimalbrüchen*[8] eingehen; denn diese Darstellung bietet einige deutliche *Vorteile*[9] gegenüber der bislang ausschließlich behandelten Bruchdarstellung :

- Die Darstellung der Bruchzahlen mit Dezimalbrüchen ist (im wesentlichen) *eindeutig*.

- Bei praktischen *Anwendungen* werden fast ausschließlich Dezimalbrüche benutzt.

---

[8]Da keinerlei Mißverständnisse zu befürchten sind, sprechen wir im folgenden – wie üblich – meist kürzer von „Dezimalbrüchen" statt von „Dezimalbruchdarstellungen von Bruchzahlen" bzw. „Bruchzahlen in Dezimalbruchschreibweise". Analog sprechen wir auch häufiger einfach von „Brüchen" oder „gemeinen Brüchen" statt von „Bruchdarstellungen von Bruchzahlen" bzw. „Bruchzahlen in Bruchdarstellung".

[9]Für eine gründliche Diskussion vgl. Padberg (1995).

– Die Dezimalbruchschreibweise stellt eine natürliche *Erweiterung* der *Stellenwertschreibweise* für natürliche Zahlen dar.

– Der Größenvergleich sowie die vier Rechenoperationen bei Dezimalbrüchen lassen sich in enger *Anlehnung* an die entsprechenden Operationen in $\mathbb{N}$ behandeln.

In folgenden Punkten sind jedoch die gemeinen *Brüche* den Dezimalbrüchen eindeutig *überlegen* :

– Gemeine Brüche lassen sich im allgemeinen wesentlich besser *veranschaulichen* als Dezimalbrüche (mit ihren zwangsläufig großen Nennern).

– Jeder Bruch kann durch *endlich viele* Ziffern dargestellt werden. Es gibt hier nicht – wie bei den periodischen Dezimalbrüchen – die Problematik nicht abbrechender Darstellungen.

– Die *Rechenoperationen* können – beispielsweise im Schulunterricht – sofort problemlos für die Menge $\mathbb{Q}^+$ *aller* Bruchzahlen eingeführt werden.

– Das Rechnen erfolgt stets mit *exakten Werten* und nicht mit Näherungswerten.

Die vorstehenden Argumente belegen, daß *beide* Darstellungen der Bruchzahlen Vorzüge aufweisen und darum beide von uns beherrscht werden sollten. Wir führen daher im folgenden zunächst die Dezimalbrüche ein und gehen anschließend genauer auf den Zusammenhang zwischen den gemeinen Brüchen und den Dezimalbrüchen ein.

10.1 Definition

Auf Grund unserer Vorerfahrungen wissen wir, daß es endliche Dezimalbrüche (Beispiel: 0,125), reinperiodische (Beispiel: $0,\overline{3}$) und gemisch periodische (Beispiel: $0,1\overline{6}$) gibt. [10] Hierbei bestimmt man die Dezimalbruchentwicklung durch folgendes Divisionsverfahren, das eine Erweiterung des von den natürlichen Zahlen her vertrauten Divisionsverfahrens darstellt.

---

[10]Hierbei ist $0,\overline{3}$ eine Kurzschreibweise für $0,3333...$, $0,1\overline{6}$ für $0,16666....$

102

Beispiel 1 : $\quad\frac{19}{8}$

$$19 : 8 = 2,375 \qquad\qquad \text{also :}\quad \frac{19}{8} = 2,375$$

$$\underline{16}$$
$$30$$
$$\underline{24}$$
$$60$$
$$\underline{56}$$
$$40$$
$$\underline{40}$$
$$0$$

Dieses Schema läßt sich offenkundig auch folgendermaßen äquivalent aufschreiben :

$$
\begin{aligned}
19 &= \boxed{2} \cdot 8 + 3 \\
10 \cdot 3 &= \boxed{3} \cdot 8 + 6 \\
10 \cdot 6 &= \boxed{7} \cdot 8 + 4 \\
10 \cdot 4 &= \boxed{5} \cdot 8 + 0
\end{aligned}
$$

Das Verfahren *bricht* wegen des Restes 0 bei der Division von 40 durch 8 an dieser Stelle *ab*. In der umrandeten Spalte läßt sich die Dezimalbruchentwicklung von $\frac{19}{8}$ ablesen : $\quad \frac{19}{8} = 2,375$

Beispiel 2 : $\quad\frac{4}{7}$

$$4 : 7 = 0,\overline{571428} \qquad\qquad \text{also :}\quad \frac{4}{7} = 0,\overline{571428}$$

$$40$$
$$\underline{35}$$
$$50$$
$$\underline{49}$$
$$10$$
$$\underline{7}$$
$$30$$
$$\underline{28}$$
$$20$$
$$\underline{14}$$
$$60$$
$$\underline{56}$$
$$40$$
$$\vdots$$

Dieses Schema schreiben wir äquivalent um :

$$
\begin{aligned}
4 &= \boxed{0} \cdot 7 + 4 \\
10 \cdot 4 &= \boxed{5} \cdot 7 + 5 \\
10 \cdot 5 &= \boxed{7} \cdot 7 + 1 \\
10 \cdot 1 &= \boxed{1} \cdot 7 + 3 \\
10 \cdot 3 &= \boxed{4} \cdot 7 + 2 \\
10 \cdot 2 &= \boxed{2} \cdot 7 + 6 \\
10 \cdot 6 &= \boxed{8} \cdot 7 + 4
\end{aligned}
$$

Da sich der *Rest* 4 in der letzten Zeile wiederholt, wiederholen sich von dieser Stelle an in gleicher Abfolge offensichtlich auch *alle Ziffern* der Dezimalbruchentwicklung. Diese ist also *periodisch*, und es gilt : $\frac{4}{7} = 0,\overline{571428}$

Wir haben in den Beispielen 1 und 2 zwar Aussagen über die Dezimalbruchentwicklungen der *Bruchzahlen* $\frac{19}{8}$ und $\frac{4}{7}$ formuliert. In Wirklichkeit haben wir jedoch durch obige Rechnungen nur für die *Brüche* 19/8 und 4/7 die entsprechenden Dezimalbruchentwicklungen bestimmt. Für diese Brüche ist die Dezimalbruchentwicklung *eindeutig*; denn nach dem Satz von der Division mit Rest[11] ist in *jeder* Gleichung der beiden Gleichungsketten jeweils sowohl der *Quotient*, also der Faktor vor 8 im Beispiel 1 sowie vor 7 im Beispiel 2, als auch der *Rest* r mit $0 \leq r < 8$ bzw. $0 \leq r < 7$ *eindeutig* festgelegt. Aber auch beim Übergang von 4/7 bzw. 19/8 zu einem *anderen* *Repräsentanten* der Bruchzahlen $\frac{4}{7}$ bzw. $\frac{19}{8}$ erhalten wir jeweils *dieselbe* Dezimalbruchentwicklung, wie wir sofort allgemein zeigen :
Seien c/d und e/f zwei beliebige Repräsentanten der Bruchzahl $\frac{a}{b}$. Dann gilt $c/d \sim e/f$, also $c \cdot f = e \cdot d$. Erweitern des ersten Bruches c/d mit f ergibt $c \cdot f / d \cdot f$. Da $c : d$ und $(c \cdot f) : (d \cdot f)$ bei einer fortgesetzten Division wie in den Beispielen 1 und 2 offensichtlich stets dieselben Quotientenziffern (und die f–fachen Reste) haben, besitzen sie *dieselbe* Dezimalbruchentwicklung (vgl. Aufgabe 22). Erweitern wir den zweiten Bruch e/f mit d, so besitzen wegen $c \cdot f = e \cdot d$ die Brüche $e \cdot d / f \cdot d$ und $c \cdot f / d \cdot f$ – und damit auch die Brüche e/f und c/d – *dieselbe* Dezimalbruchentwicklung. Also

---

[11]Vergleiche: F. Padberg, Elementare Zahlentheorie, Mannheim 1991. Nach dem Satz von der *Division mit Rest* wird $a, b \in \mathbb{N}$ bei der Division $a : b$ genau ein Quotient q und genau ein Rest r mit $0 \leq r < b$ und $q, r \in \mathbb{N}_0$ zugeordnet. In multiplikativer Sprechweise formuliert gibt es also genau ein Paar $q, r \in \mathbb{N}_0$, sodaß gilt $a = q \cdot b + r$ mit $0 \leq r < b$. Vgl. auch I. 3.3.8 (Satz 11).

wird jeder *Bruchzahl* $\frac{a}{b}$ durch das Divisionsverfahren *eindeutig* eine Dezimalbruchentwicklung zugeordnet, ist also die in den Beispielen 1 und 2 benutzte Schreibweise korrekt.

Im folgenden schreiben wir das Divisionsverfahren *allgemein* für eine beliebige Bruchzahl $\frac{a}{b}$ auf, um auf dieser Grundlage genauer die Beziehung zwischen Bruch und zugehöriger Dezimalbruchentwicklung ableiten zu können. Wegen II. 8 gilt für alle Bruchzahlen $\frac{a}{b}$ die Beziehung $\frac{a}{b} = a : b$. Gehen wir bei der Division genauso vor wie in den beiden konkreten Beispielen und benennen wir die Quotienten der Reihe nach mit q_0, q_1, q_2, ... und die Reste mit r_0, r_1, r_2, ..., so erhalten wir :

$$
\begin{aligned}
a &= \boxed{q_0} \cdot b + r_0 \quad &\textit{mit} \quad 0 \le r_0 < b \\
10 \cdot r_0 &= \boxed{q_1} \cdot b + r_1 \quad &\textit{mit} \quad 0 \le r_1 < b \\
10 \cdot r_1 &= \boxed{q_2} \cdot b + r_2 \quad &\textit{mit} \quad 0 \le r_2 < b \\
(D) \quad 10 \cdot r_2 &= \boxed{q_3} \cdot b + r_3 \quad &\textit{mit} \quad 0 \le r_3 < b \\
& \;\cdot \\
& \;\cdot \\
& \;\cdot \\
10 \cdot r_{n-1} &= \boxed{q_n} \cdot b + r_n \quad &\textit{mit} \quad 0 \le r_n < b \\
& \;\cdot \\
& \;\cdot \\
& \;\cdot
\end{aligned}
$$

Hierbei kann die Entwicklung *abbrechen*, nämlich genau dann, wenn einer der Reste in der Gleichungskette 0 wird (wie im Beispiel 1; *abbrechender* oder *endlicher Dezimalbruch*), oder sie kann ad infinitum weitergehen, falls nämlich in der Gleichungskette (D) *kein* Rest 0 wird (wie im Beispiel 2; *nichtabbrechender Dezimalbruch*).

Wir definieren daher :

Definition 11 (Dezimalbruch)

Die durch die Gleichungskette (D) der Bruchzahl $\frac{a}{b}$ eindeutig zugeordnete Folge q_0, q_1, q_2, q_3, ... mit $q_0 \in \mathbb{N}_0$ und $0 \le q_i \le 9$ für $i \in \mathbb{N}$ nennen wir *Dezimalbruch*. Wir bezeichnen sie auch als *Dezimalbruchdarstellung* oder *Dezimalbruchentwicklung* von $\frac{a}{b}$ und notieren sie in der Form $\frac{a}{b} = q_0, q_1 q_2 q_3 \ldots$. Wird speziell ein Rest in (D) *Null* (z.B. $r_n = 0$), so sagen wir „$\frac{a}{b}$ hat eine *abbrechende* oder *endliche* Dezimalbruchdarstellung" und schreiben hierfür $\frac{a}{b} = q_0, q_1 q_2 \ldots q_n$. *Andernfalls* sprechen wir von einer *nichtabbrechenden* Dezimalbruchdarstellung bzw. von einem *nichtabbrechenden* Dezimalbruch.

Dezimalbrüche können wir auch stets mit Hilfe von Brüchen mit *Zehnerpotenzen* beschreiben. Setzen wir nämlich obige Gleichungen (D) der Reihe nach ineinander ein, so erhalten wir :

$$a = q_0 \cdot b + r_0$$
$$= q_0 \cdot b + \frac{q_1}{10} \cdot b + \frac{r_1}{10}$$
$$= q_0 \cdot b + \frac{q_1}{10} \cdot b + \frac{q_2}{10^2} \cdot b + \frac{r_2}{10^2}$$
$$= q_0 \cdot b + \frac{q_1}{10} \cdot b + \frac{q_2}{10^2} \cdot b + \frac{q_3}{10^3} \cdot b + \frac{r_3}{10^3}$$
$$\vdots$$
$$= q_0 \cdot b + \frac{q_1}{10} \cdot b + \frac{q_2}{10^2} \cdot b + \frac{q_3}{10^3} \cdot b + ... + \frac{q_n}{10^n} \cdot b + \frac{r_n}{10^n}$$

also : $\quad \frac{a}{b} = q_0 + \frac{q_1}{10} + \frac{q_2}{10^2} + \frac{q_3}{10^3} + ... + \frac{q_n}{10^n} + \frac{r_n}{b \cdot 10^n}$

Im Falle einer *abbrechenden (oder endlichen)* Dezimalbruchentwicklung gilt also insbesondere :

$$\frac{a}{b} = q_0, q_1 q_2 \, ... \, q_n \; = \; q_0 + \frac{q_1}{10} + \frac{q_2}{10^2} + ... + \frac{q_n}{10^n}$$

Wir fassen die vorstehenden Aussagen zusammen als :

Satz 21

Jede Bruchzahl $\frac{a}{b}$ läßt sich eindeutig darstellen in der Form

$$\frac{a}{b} = q_0 + \frac{q_1}{10} + \frac{q_2}{10^2} + ... + \frac{q_n}{10^n} + \frac{r_n}{b \cdot 10^n} \quad \text{mit} \; 0 \leq r_n < b$$

$$\text{und} \; q_0 \in \mathbb{N}_0 \; \text{und} \; 0 \leq q_i \leq 9 \; \text{für} \; i \in \mathbb{N}$$

Im Falle einer *endlichen* Dezimalbruchdarstellung gilt speziell :

(E) $\qquad \frac{a}{b} = q_0, q_1 q_2 \, ... \, q_n = q_0 + \frac{q_1}{10} + \frac{q_2}{10^2} + ... + \frac{q_n}{10^n}$

10.2 Endliche Dezimalbrüche

Die *endlichen* Dezimalbrüche sind besonders einfach. Wir stellen uns daher die Frage: Kann man bei Vorgabe eines *Bruches* direkt schon entscheiden, ob die Dezimalbruchdarstellung *endlich* ist? Untersuchen wir beispielsweise $\frac{1}{2}, \frac{1}{3}, ..., \frac{1}{10}$ unter diesem Gesichtspunkt, so haben genau $\frac{1}{2}, \frac{1}{4}, \frac{1}{5}, \frac{1}{8}$ und $\frac{1}{10}$ eine endliche Entwicklung. All diesen Brüchen ist gemeinsam, daß sie im Nenner nur 2 oder 5 (oder beide) als Primfaktoren enthalten, daß also die Nenner Teiler von 10 oder einer höheren Zehnerpotenz sind.

Wir vermuten :

Satz 22

Der vollständig gekürzte (echte) Bruch $\frac{a}{b}$ besitzt genau dann eine *endliche* Dezimalbruchdarstellung, wenn der Nenner b zehn oder eine höhere Zehnerpotenz teilt.

Bemerkung

Wir beschränken uns hier und im folgenden Abschnitt beim Beweis auf Brüche $\frac{a}{b} < 1$ (*echte Brüche*), für die also $a < b$ gilt. Dies bedeutet *keine* Einschränkung; denn wir können jeden Bruch $\frac{a}{b} > 1$ zerlegen in eine natürliche Zahl (q_0) und gegebenenfalls einen echten Bruch.

Beweis

(1) $\frac{a}{b}$ besitze eine endliche Dezimalbruchdarstellung, es gelte etwa :

$$\frac{a}{b} = 0, \; q_1 \, q_2 \, ... \, q_s = \frac{q_1}{10} + \frac{q_2}{10^2} + ... + \frac{q_s}{10^s}$$

Multiplikation zunächst mit 10^s und dann mit b ergibt zunächst :

$$\frac{a}{b} \cdot 10^s = q_1 \cdot 10^{s-1} + q_2 \cdot 10^{s-2} + ... + q_s$$

und schließlich :

$$a \cdot 10^s = b \cdot (q_1 \cdot 10^{s-1} + q_2 \cdot 10^{s-2} + ... + q_s)$$

Hieraus folgt, da der Bruch $\frac{a}{b}$ vollständig gekürzt ist und da daher a und b *keine* gemeinsamen Teiler enthalten, $b \mid 10^s$ mit $s \in \mathbf{N}$.

(2)   Teilt umgekehrt der Nenner b zehn oder eine höhere Zehnerpotenz, gilt also $b \mid 10^s$ mit $s \in \mathbf{N}$, so existiert ein $c \in \mathbf{N}$ mit $c \cdot b = 10^s$. Durch Erweitern mit diesem c erhalten wir :

$$\frac{a}{b} = \frac{a \cdot c}{b \cdot c} = \frac{a \cdot c}{10^s} = 0, \; q_1 \, q_2 \, ... \, q_s \quad \text{mit} \quad 0 \leq q_i \leq 9$$
für $i = 1, 2, ... s,$

also ist die Dezimalbruchdarstellung endlich (vgl. Aufgabe 23).

Da wegen der Eindeutigkeit der Primfaktorzerlegung (I. 5.2 (Satz 21)) $b \mid 10^s$ für ein $s \in \mathbf{N}$ genau dann gilt, wenn b ausschließlich die Primfaktoren 2 oder 5 enthält, können wir Satz 22 folgendermaßen umformulieren :

Satz 22 a

Der vollständig gekürzte (echte) Bruch $\frac{a}{b}$ besitzt genau dann eine *endliche* Dezimalbruchdarstellung, wenn der Nenner b ausschließlich die Primfaktoren 2 oder 5 (und keine anderen) enthält.

Hierbei ist die Forderung in Satz 22/22 a, daß $\frac{a}{b}$ *vollständig* gekürzt sein soll, eine wichtige Voraussetzung, wie folgendes Beispiel zeigt :

$\frac{3}{6}$ besitzt bekanntlich die *endliche* Dezimalbruchentwicklung 0,5, obwohl der Nenner neben 2 noch den Primfaktor 3 enthält beziehungsweise obwohl der Nenner 6 weder 10 noch eine höhere Zehnerpotenz teilt. Um also Satz 22/22 a auf eine gegebene Bruchzahl $\frac{a}{b}$ anwenden zu können, müssen wir zunächst vollständig kürzen, also zum *Kernbruch* übergehen. Im Satz 22/22 a wird *nur* auf den Nenner – und überhaupt *nicht* auf den *Zähler* – Bezug genommen. Man kann leicht zeigen, daß mit $\frac{1}{b}$ auch *sämtliche* Brüche $\frac{a}{b}$ jeweils eine *endliche* Dezimalbruchdarstellung besitzen (vgl. Padberg (1991)).

10.3   Periodische Dezimalbrüche

Wir haben in 10.1 gesehen, daß bei der Dezimalbruchentwicklung eines Bruches $\frac{a}{b}$ genau *zwei* verschiedene Fälle auftreten können :

Fall 1

Ein Rest in der Gleichungskette wird *Null*. Die Dezimalbruchentwicklung endet an dieser Stelle, und wir erhalten einen *endlichen* Dezimalbruch.

Fall 2

Kein Rest in der Gleichungskette wird Null. Die Dezimalbruchentwicklung bricht nicht ab, wir erhalten einen *nichtabbrechenden* Dezimalbruch.

Betrachten wir zwei Beispiele zum zweiten Fall :

$$\frac{5}{13} = 0,\overline{384615} \qquad\qquad \frac{9}{28} = 0,32\overline{142857}$$

$$
\begin{array}{rclcl}
5 & = & \boxed{0} & \cdot 13 + 5 \\
10 \cdot 5 & = & \boxed{3} & \cdot 13 + 11 \\
10 \cdot 11 & = & \boxed{8} & \cdot 13 + 6 \\
10 \cdot 6 & = & \boxed{4} & \cdot 13 + 8 \\
10 \cdot 8 & = & \boxed{6} & \cdot 13 + 2 \\
10 \cdot 2 & = & \boxed{1} & \cdot 13 + 7 \\
10 \cdot 7 & = & \boxed{5} & \cdot 13 + 5 \\
\end{array}
\qquad
\begin{array}{rclcl}
9 & = & \boxed{0} & \cdot 28 + 9 \\
10 \cdot 9 & = & \boxed{3} & \cdot 28 + 6 \\
10 \cdot 6 & = & \boxed{2} & \cdot 28 + 4 \\
10 \cdot 4 & = & \boxed{1} & \cdot 28 + 12 \\
10 \cdot 12 & = & \boxed{4} & \cdot 28 + 8 \\
10 \cdot 8 & = & \boxed{2} & \cdot 28 + 24 \\
10 \cdot 24 & = & \boxed{8} & \cdot 28 + 16 \\
10 \cdot 16 & = & \boxed{5} & \cdot 28 + 20 \\
10 \cdot 20 & = & \boxed{7} & \cdot 28 + 4 \\
\end{array}
$$

In beiden Beispielen fällt auf, daß die Dezimalbruchentwicklung *nicht* völlig regellos ist, sondern daß sich die Ziffern *periodisch* wiederholen. *Muß dies zwangsläufig so sein, oder ist dies nur Zufall?* Bei $\frac{5}{13}$ können bei der Dezimalbruchentwicklung überhaupt nur *höchstens* 12 – von Null verschiedene – unterschiedliche Reste auftreten, nämlich 1, 2, ..., 12. Faktisch treten hier sogar *nur* 6 verschiedene Reste auf, nämlich 2, 5, 6, 7, 8 und 11. Bei $\frac{9}{28}$ können maximal 27 verschiedene Reste (ungleich Null) auftreten. Spätestens nach 27 Schritten muß sich also ein Rest *wiederholen* – faktisch geschieht das hier schon nach den 8 Resten 4, 6, 8, 9, 12, 16, 20, 24. Hierbei fällt ein deutlicher *Unterschied* zu $\frac{5}{13}$ auf. Während dort nämlich schon der *allererste* Rest, nämlich 5, als erster Rest *doppelt* vorkommt und sich damit dort die Ziffern schon beginnend mit der *ersten* Ziffer nach dem Komma periodisch wiederholen (*reinperiodische Entwicklung*), beginnt die Wiederholung der Reste bei $\frac{9}{28}$ erst mit dem *dritten* Rest, nämlich mit 4, und wiederholen sich daher dort die Ziffern in der Dezimalbruchentwicklung erst von der *dritten* Stelle nach dem Komma an (*gemischtperiodische Entwicklung*). Für den Beginn der periodischen Wiederholung der Ziffern ist ausschlaggebend, daß sich ein *Rest, nicht* daß sich eine *Ziffer* in der Dezimalbruchentwicklung wiederholt, wie auch das Beispiel $\frac{1}{17} = 0,\overline{0588235294117647}$ deutlich belegt. Hier wiederholen sich schon sehr rasch z.B. die Ziffern 5 oder 8, während die *periodische* Wiederholung der Ziffern erst nach 16 Stellen erfolgt. Es leuchtet ein, daß hier – und ebenso bei vielen anderen Dezimalbrüchen – vorzeitig Ziffern innerhalb der periodischen Wiederholung (*Periode*) mehrfach auftreten müssen, da hier z.B. 16 verschiedene Reste vorkommen, wir aber nur *zehn* verschiedene Ziffern zur Verfügung haben.

Entsprechend wie bei den beiden Beispielen können auch bei einem beliebigen Bruch $\frac{a}{b}$ *höchstens* $b-1$ von Null verschiedene Reste vorkommen, können also – sofern nicht die Dezimalbruchentwicklung wegen eines Restes Null endlich ist – nur die folgenden beiden Fälle auftreten :

Fall 1

Bei dem Divisionsverfahren (D) wiederholt sich schon der *erste* Rest. Die Periode beginnt also direkt hinter dem Komma. Wir erhalten eine *reinperiodische* Dezimalbruchentwicklung.

Fall 2

Bei dem Divisionsverfahren (D) wiederholt sich erst ein *späterer* Rest. Vor Beginn der Periode sind eine oder mehrere Ziffern vorgeschaltet (*Vorperiode*), erst dann beginnt die Periode. Wir erhalten eine *gemischtperiodische* Entwicklung.

Bei der Dezimalbruchentwicklung eines Bruches $\frac{a}{b}$ kann es also *nicht* vorkommen, daß wir einen Dezimalbruch erhalten, der *unendlich viele* Ziffern enthält, *ohne* daß hierbei eine Periode auftritt. Derartige Dezimalbrüche werden wir erst im Kapitel IV (Reelle Zahlen) kennenlernen. Bei der Dezimalbruchentwicklung eines Bruches $\frac{a}{b}$ können also nur folgende Fälle auftreten :

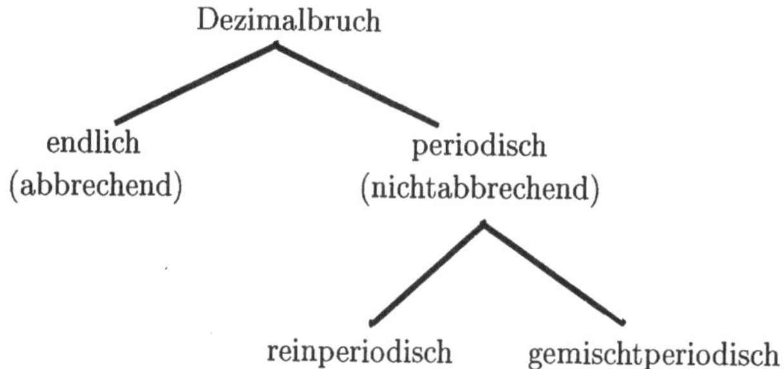

Fassen wir die Fälle rein– bzw. gemischtperiodisch unter dem Oberbegriff *periodisch* zusammen, so haben wir also insgesamt gezeigt :

Satz 23

Jeder Bruchzahl $\frac{a}{b}$ wird durch das Divisionsverfahren (D) eindeutig ein endlicher oder ein periodischer Dezimalbruch zugeordnet.

Können wir die Brüche mit *periodischer* Dezimalbruchentwicklung ähnlich leicht vollständig überblicken, wie wir es in 10.2 für die Brüche mit *endlicher* Dezimalbruchentwicklung kennengelernt haben? Zunächst ist wegen Satz 22/22 a klar, daß der Nenner b des vollständig gekürzten Bruches $\frac{a}{b}$ nicht ausschließlich die Primfaktoren 2 oder 5 enthalten darf.

Um zu einem genaueren Kriterium zu gelangen, betrachten wir etwa die Stammbrüche zwischen $\frac{1}{2}$ und $\frac{1}{15}$, die eine *periodische* Dezimalbruchentwicklung haben :

$$\frac{1}{3} = 0,\overline{3}, \qquad \frac{1}{6} = 0,1\overline{6}, \qquad \frac{1}{7} = 0,\overline{142857}$$

$$\frac{1}{9} = 0,\overline{1}, \qquad \frac{1}{11} = 0,\overline{09}, \qquad \frac{1}{12} = 0,08\overline{3}$$

$$\frac{1}{13} = 0,\overline{076923}, \qquad\qquad \frac{1}{14} = 0,0\overline{714285}$$

$$\frac{1}{15} = 0,0\overline{6}$$

110

Den Brüchen, die eine *reinperiodische* Entwicklung aufweisen ($\frac{1}{3}$, $\frac{1}{7}$, $\frac{1}{9}$, $\frac{1}{11}$, $\frac{1}{13}$), ist – im Unterschied zu den restlichen Brüchen – gemeinsam, daß in ihrem Nenner *weder* die Primfaktoren 2 *noch* die Primfaktoren 5 vorkommen. Wir vermuten daher :

Satz 24

Der vollständig gekürzte (echte) Bruch $\frac{a}{b}$ besitzt genau dann eine *reinperiodische* Dezimalbruchentwicklung, wenn der Nenner b *weder* den Primfaktor 2 *noch* den Primfaktor 5 enthält.

Beweis

Wir beweisen an dieser Stelle nur *eine* Richtung des Satzes[12]. $\frac{a}{b}$ besitze eine reinperiodische Dezimalbruchentwicklung $0,\overline{q_1\,q_2\,\ldots\,q_s}$. Also muß sich bei dem Divisionsverfahren (D) bei der Division von a durch b nach s Schritten der Rest $r_s = a$ wiederholen :

$$
\begin{aligned}
(a &= 0 \cdot b + a) \\
10 \cdot a &= q_1 \cdot b + r_1 \\
10 \cdot r_1 &= q_2 \cdot b + r_2 \\
10 \cdot r_2 &= q_3 \cdot b + r_3 \\
&\;\;\vdots \\
10 \cdot r_{s-2} &= q_{s-1} \cdot b + r_{s-1} \\
10 \cdot r_{s-1} &= q_s \cdot b + a
\end{aligned}
$$

Wir multiplizieren die erste Gleichung mit 10^{s-1}, die zweite mit 10^{s-2} usw. und schließlich die letzte mit $10^{s-s} = 1$ und erhalten :

$$
\begin{aligned}
10^s \cdot a &= q_1 \cdot b \cdot 10^{s-1} + \underline{r_1 \cdot 10^{s-1}} \\
\underline{10^{s-1} \cdot r_1} &= q_2 \cdot b \cdot 10^{s-2} + \underline{r_2 \cdot 10^{s-2}} \\
\underline{10^{s-2} \cdot r_2} &= q_3 \cdot b \cdot 10^{s-3} + \underline{r_3 \cdot 10^{s-3}} \\
&\;\;\vdots \\
\underline{10^2 \cdot r_{s-2}} &= q_{s-1} \cdot b \cdot 10 + \underline{r_{s-1} \cdot 10} \\
\underline{10 \cdot r_{s-1}} &= q_s \cdot b \quad\;\; + a
\end{aligned}
$$

---

[12]Für die andere Beweisrichtung vgl. Padberg (1991)

Bei den Gleichungen fällt auf, daß sämtliche Zahlen der *letzten* Spalte (mit Ausnahme von a) jeweils in der *ersten* Spalte (in der nächstfolgenden Gleichung) vorkommen. Diese *gemeinsam* vorkommenden Zahlen haben wir hier durch *Unterstreichung* kenntlich gemacht. Addieren wir diese s Gleichungen und lassen hierbei die auf *beiden* Seiten vorkommenden Zahlen unberücksichtigt (bzw. subtrahieren sie auf beiden Seiten nach erfolgter Addition), so erhalten wir :

$$10^s \cdot a = q_1 \cdot b \cdot 10^{s-1} + q_2 \cdot b \cdot 10^{s-2} + q_3 \cdot b \cdot 10^{s-3} + \dots + q_{s-1} \cdot b \cdot 10 + q_s \cdot b + a$$

Wir klammern auf der rechten Seite b aus und bezeichnen die Summe $q_1 \cdot 10^{s-1} + q_2 \cdot 10^{s-2} + q_3 \cdot 10^{s-3} + \dots + q_{s-1} \cdot 10 + q_s$ kurz mit P (P ist gerade die als natürliche Zahl aufgefaßte *Periode*;

Beispiel $\frac{1}{7} = 0,\overline{142857}$, $142857 = P$). Dann gilt :

$$10^s \cdot a = b \cdot P + a, \qquad \text{also auch} \ :$$

$$a \cdot (10^s - 1) = b \cdot P \qquad \text{und damit} :$$

$$\frac{a}{b} = \frac{P}{10^s - 1}$$

$\frac{P}{10^s - 1}$ unterscheidet sich also höchstens um einen Erweiterungsfaktor von dem vollständig gekürzten Bruch $\frac{a}{b}$. Da $10^s - 1 = 99\dots9$ (mit s Ziffern) gilt, enthält $10^s - 1$ *weder* den Primfaktor 2 (sonst müßte die Endziffer gerade sein) *noch* den Primfaktor 5 (sonst müßte die Endziffer 0 oder 5 sein). Entsprechendes gilt dann *erst recht* für b. Wir haben hiermit insgesamt gezeigt : Besitzt der vollständig gekürzte (echte) Bruch $\frac{a}{b}$ eine reinperiodische Dezimalbruchentwicklung, so enthält sein Nenner weder den Primfaktor 2 noch den Primfaktor 5.

Der Beweis gibt uns gleichzeitig einen Hinweis, wie wir zu einem *reinperiodischen* Dezimalbruch jeweils den *zugehörigen gemeinen* Bruch bestimmen können. Es gilt nämlich :

$$(P) \qquad 0,\overline{q_1 \, q_2 \dots q_s} = \frac{P}{10^s - 1} \qquad \text{mit} \qquad P = q_1 \cdot 10^{s-1} + \dots + q_s$$

Beispiele

$$0,\overline{1} = \frac{1}{10^1 - 1} = \frac{1}{9}$$

$$0,\overline{3} = \frac{3}{10^1 - 1} = \frac{3}{9} = \frac{1}{3}$$

$$0,\overline{09} = \frac{9}{10^2 - 1} = \frac{9}{99} = \frac{1}{11}$$

$$0,\overline{076923} = \frac{76923}{10^6 - 1} = \frac{76923}{999999} = \frac{1}{13}$$

Interessant ist in diesem Zusammenhang auch die Frage nach der *Länge der Periode* von $\frac{a}{b}$. Auf Grund unserer Ableitung ist klar, daß die Periodenlänge jedenfalls maximal $b-1$ sein kann (vgl. auch I. 2.3). Die Periodenlänge läßt sich noch wesentlich genauer abgrenzen (vgl. Padberg (1991)).

Bislang haben wir vollständig gekürzte Brüche betrachtet, deren Nenner *entweder* ausschließlich die Primfaktoren 2 oder 5 enthalten (endliche Dezimalbruchentwicklung) *oder* weder den Primfaktor 2 noch den Primfaktor 5 enthalten (reinperiodische Dezimalbruchentwicklung). Für die weiter vorne betrachteten Stammbrüche mit gemischtperiodischer Dezimalbruchentwicklung ($\frac{1}{6}$, $\frac{1}{12}$, $\frac{1}{14}$, $\frac{1}{15}$) ist dagegen typisch, daß ihre Nenner *sowohl* die Primfaktoren 2 oder 5 enthalten *als auch* zusätzlich noch mindestens einen weiteren, hiervon verschiedenen Primfaktor. Es gilt :

Satz 25

Der vollständig gekürzte (echte) Bruch $\frac{a}{b}$ besitzt genau dann eine *gemischtperiodische* Dezimalbruchentwicklung, wenn der Nenner b *sowohl* die Primfaktoren 2 oder 5 enthält *als auch* zusätzlich noch mindestens einen weiteren, hiervon verschiedenen Primfaktor.

Im Zusammenhang mit dem Beweis von Satz 25 lassen sich auch leicht Aussagen über die *Länge der Vorperiode* und die *Länge der Periode* von $\frac{a}{b}$ ableiten (vgl. Padberg (1991)).

10.4 Zur Zuordnung von gemeinen Brüchen und Dezimalbrüchen

Jeder Bruchzahl $\frac{a}{b}$ wird nach Satz 23 durch das Divisionsverfahren (D) *eindeutig* entweder ein endlicher oder ein periodischer Dezimalbruch zugeordnet. Auf diese Weise erhalten wir sogar – wie wir im folgenden sehen werden – *sämtliche* endlichen oder periodischen Dezimalbrüche mit nur *einer* Ausnahme.

Bei dem Divisionsverfahren (D) kann es *nicht* vorkommen, daß der erhaltene Dezimalbruch von der Form $q_0, q_1 q_2 \dots q_s \, 999 \dots$ ist, daß also von einer bestimmten Stelle an *ausschließlich* die Ziffer 9 auftritt und damit der Dezimalbruch ein *Neunerende*[13] hat. Erhalten wir nämlich bei dem Divisionsverfahren (D) an einer Stelle 9 als Ziffer, so folgt wegen $10 r_i = 9\,b + r_{i+1}$ sofort $r_{i+1} < r_i$; denn aus der Annahme $r_{i+1} \geq r_i$ ergibt sich wegen

$$9\,b + r_{i+1} \geq 9\,b + r_i > 9\,r_i + r_i = 10\,r_i$$

---

[13]Wegen einer gründlichen Diskussion der Neunerendenproblematik vgl. W. Blum/ G. Törner: Didaktik der Analysis, Göttingen 1983.

ein Widerspruch zu $9\,b + r_{i+1} = 10\,r_i$. Tritt ein *Neunerende* auf, so folgt aus $r_i > r_{i+1}$ aber $r_i > r_{i+1} > r_{i+2} > \dots$, die aufeinanderfolgenden Reste werden also immer *kleiner*. Dies ist jedoch in N_0 *nicht* unbegrenzt möglich. Also kann beim Divisionsverfahren (D) ein Neunerende *nicht* auftreten.

Umgekehrt können wir aber auch jedem endlichen oder periodischen Dezimalbruch (ohne Neunerende) eindeutig eine Bruchzahl $\frac{a}{b}$ zuordnen. Wir unterscheiden 3 Fälle :

Fall 1

Der Dezimalbruch ist *endlich*.
Nach Satz 21 gilt wegen (E) :

$$q_0,\, q_1\, q_2 \dots q_n = q_0 + \frac{q_1}{10} + \frac{q_2}{10^2} + \dots + \frac{q_n}{10^n}$$

Die Addition der Summanden auf der rechten Seite liefert eine Bruchzahl $\frac{a}{b}$. Wir können also jedem endlichen Dezimalbruch eindeutig eine Bruchzahl $\frac{a}{b}$ zuordnen.

Fall 2

Der Dezimalbruch ist *reinperiodisch*.
Wie wir beim Beweis von Satz 24 gezeigt haben, können wir wegen (P) jedem reinperiodischen Dezimalbruch $0,\overline{q_1\, q_2 \dots q_s}$ eindeutig die Bruchzahl $\frac{P}{10^s-1}$ zuordnen, wobei P als Abkürzung für die als natürliche Zahl aufgefaßte Periode $q_1\, q_2 \dots q_s$ steht. Entsprechendes gilt auch für reinperiodische Dezimalbrüche $q_0,\overline{q_1\, q_2 \dots q_s}$. In diesem Fall müssen wir nur q_0 hinzuaddieren.

Fall 3

Der Dezimalbruch ist *gemischtperiodisch*.
Durch Rückgriff auf die Fälle 1 und 2 können wir leicht allgemein zeigen, daß wir auch in diesem Fall jeweils eindeutig eine Bruchzahl $\frac{a}{b}$ zuordnen können.

Wir fassen die vorstehenden Aussagen in dem folgenden Satz zusammen, der die enge Entsprechung von gemeinen Brüchen und Dezimalbrüchen klar aufzeigt :

Satz 26

Jeder Bruchzahl $\frac{a}{b}$ wird durch das Divisionsverfahren (D) *genau ein* endlicher oder periodischer Dezimalbruch (ohne Neunerende) zugeordnet. *Umgekehrt* wird durch (E) bzw. (P) auch *jedem* endlichen oder periodischem Dezimalbruch (ohne Neunerende) *genau eine* Bruchzahl $\frac{a}{b}$ zugeordnet.

Wegen dieses engen Zusammenhangs zwischen gemeinen Brüchen und Dezimalbrüchen können wir die *Rechenoperationen* mit *endlichen* Dezimalbrüchen voll auf die Rechenoperationen mit gemeinen Brüchen zurückführen.

Führt man dies durch (vgl. Padberg (1995)), so erkennt man die *weitgehende Ensprechung* der Rechenoperationen mit endlichen Dezimalbrüchen zu den Rechenoperationen mit *natürlichen Zahlen*. Bei *periodischen* Dezimalbrüchen ist ein *Näherungsrechnen* mit *endlichen* Dezimalbrüchen möglich, da wir wegen Satz 21 jeden periodischen Dezimalbruch beliebig genau durch einen endlichen Dezimalbruch annähern können.

Aufgaben

(22) Beweisen Sie, daß bei der Division mit Rest bei $c : d$ und bei $(c{\cdot}f) : (d{\cdot}f)$ mit $c, d, f \in \mathbb{N}$ die Quotientenziffern übereinstimmen und daß der Rest bei $(c \cdot f) : (d \cdot f)$ f–mal so groß ist wie bei $c : d$.

(23) Verdeutlichen Sie durch Rückgriff auf (D) an Beispielen für $s = 1, 2$ und 3 und konkrete a, daß für $a < 10^s$ gilt :

$$\tfrac{a}{10^s} = 0, q_1 q_2 ... q_s \quad \text{mit} \quad 0 \leq q_i \leq 9 \quad \text{für} \quad i = 1, 2, ... s.$$

(24) Bestimmen Sie sämtliche Stammbrüche (also Brüche mit dem Zähler 1) zwischen $\frac{1}{100}$ und $\frac{1}{200}$, die eine endliche Dezimalbruchentwicklung haben. Wieviele Stellen besitzen sie jeweils hinter dem Komma ? Können Sie hierzu eine allgemeine Gesetzmäßigkeit finden ?

(25) Beweisen Sie mit Hilfe des Divisionsverfahrens (D) :

$$\text{Für} \quad a = 1, 2, ..., 8 \quad \text{gilt} \quad \tfrac{a}{9} = 0, aaa...$$

(26) Bestimmen Sie sämtliche Stammbrüche zwischen $\frac{1}{100}$ und $\frac{1}{120}$, die eine reinperiodische Dezimalbruchentwicklung besitzen.

(27) Begründen Sie, welche der folgenden Brüche jeweils eine endliche, eine reinperiodische oder eine gemischtperiodische Dezimalbruchentwicklung besitzen :

$$\text{a)} \quad \tfrac{5}{189} \quad , \quad \text{b)} \quad \tfrac{7}{256} \quad , \quad \text{c)} \quad \tfrac{4}{735} \quad , \quad \text{d)} \quad \tfrac{5}{66} \quad .$$

III Rationale Zahlen

Wir gewinnen die rationalen Zahlen in diesem Kapitel *nicht* durch einen *Neubau*, wie man die Vorgehensweise in Kapitel II knapp charakterisieren kann, sondern durch einen *Anbau* an die positiven rationalen Zahlen, indem wir zu jedem Element von $\mathbb{Q}^+$ ein entsprechendes *negatives* Element konstruieren und die Null hinzufügen. Dieses Verfahren ist – ebenso wie das Verfahren des Neubaus – *breit* einsetzbar; denn man kann so *nicht nur* ausgehend von den positiven rationalen Zahlen die Menge $\mathbb{Q}$ aller rationalen Zahlen gewinnen, sondern *ebenso* ausgehend von den natürlichen Zahlen die Menge aller ganzen Zahlen oder ausgehend von den positiven reellen Zahlen die Menge aller reellen Zahlen. Den alternativen Weg von den positiven rationalen Zahlen zu den rationalen Zahlen durch einen *Neubau* skizzieren wir *darüberhinaus* im letzten Abschnitt III. 10 dieses Kapitels.

Die Einführung der rationalen Zahlen per *Anbau* weist einige deutliche *Vorteile* auf : So *bleiben* die positiven rationalen Zahlen, *was sie sind*. Eine nachträgliche Einbettung mit Hilfe einer isomorphen Abbildung sowie eine Identifizierung von $\mathbb{Q}^+$ mit einer geeigneten Teilmenge von $\mathbb{Q}$ sind *nicht* erforderlich. Daher sind auch die *begrifflichen Anforderungen* bei diesem Weg deutlich *geringer* als bei dem Weg über einen Neubau, zumal auch eine Klassenbildung – und damit verbundene Nachweise der Repräsentantenunabhängigkeit bei den Verknüpfungen – *nicht* erforderlich sind. Der Weg im Sinne des Anbaus entspricht weiterhin der *historischen Vorgehensweise* und auch der Vorgehensweise im *Mathematikunterricht* der Schule. Darüberhinaus wählen wir in diesem Kapitel bewußt eine *andere* Vorgehensweise als im vorigen Kapitel, um so mit *beiden* naheliegenden Verfahren bei Zahlbereichserweiterungen vertraut zu machen. Schließlich ist der enge Zusammenhang mit der Realisierung des Rechnens mit negativen Zahlen in *Computern* ein weiterer Vorzug dieses Weges. Diese Vorteile werden erkauft durch den *Nachteil*, daß einige Beweise durch eine größere Zahl von Fallunterscheidungen etwas *mühsam* und *wenig elegant* sind.

Ziel unserer Zahlbereichserweiterung in diesem Kapitel ist es, *alle vier* Grundrechenarten mit Ausnahme der Division durch Null *ohne* Einschränkungen und lästige Fallunterscheidungen durchführen zu können. Hierbei sollen die vier Rechenarten in $\mathbb{Q}$ *Fortsetzungen* der entsprechenden Rechenarten in $\mathbb{Q}^+$ sein, d.h. sie sollen bei Beschränkung auf Zahlen aus $\mathbb{Q}^+$ voll mit den entsprechenden Rechenoperationen in $\mathbb{Q}^+$ übereinstimmen. Außerdem sollen *möglichst alle* aus $\mathbb{N}$ und $\mathbb{Q}^+$ vertrauten *Rechengesetze* gültig bleiben. Schließlich soll die Erweiterung von $\mathbb{Q}^+$ *minimal* sein, also keine im Sinne der genannten Zielsetzung überflüssigen Elemente enthalten.

116

Wir beginnen dieses Kapitel im Abschnitt III. 1 mit einigen Beispielen, welche die *Notwendigkeit* einer Zahlbereichs*erweiterung* von $\mathbb{Q}^+$ verdeutlichen. Im Anschluß an die – durch die symmetrische Erweiterung des Zahlenstrahls zur Zahlengerade motivierte – *Definition* der rationalen Zahlen (III. 2) stellen wir zunächst *Anforderungen* an die in $\mathbb{Q}$ zu definierende *Addition* und *Multiplikation* zusammen, um in $\mathbb{Q}$ *ohne* Einschränkungen addieren, subtrahieren, multiplizieren und dividieren (Ausnahme: Division durch Null) zu können. Aufgrund dieser Anforderungen definieren wir in III. 3 und III. 4 geeignet die Addition und Multiplikation in $\mathbb{Q}$ und überprüfen, ob $(\mathbb{Q}, +)$ und $(\mathbb{Q}\backslash\{0\}, \cdot)$ kommutative Gruppen bilden. Hierbei sind die Beweise des Assoziativgesetzes bezüglich der Addition und Multiplikation sowie später auch des Distributivgesetzes aufgrund einer Reihe von Fallunterscheidungen etwas langwierig, während sich die übrigen Aussagen aufgrund der Definitionen leicht ergeben. Wegen der nachgewiesenen algebraischen Struktur von $(\mathbb{Q}, +)$ und $(\mathbb{Q}\backslash\{0\}, \cdot)$ läßt sich die Subtraktion und Division leicht in $\mathbb{Q}$ über die eindeutige Lösbarkeit der Gleichungen $a + x = b$ und $a \cdot x = b$ einführen. Die durchgeführte Zahlbereichserweiterung erweist sich als *minimal*, da wir beim Übergang von $\mathbb{Q}^+$ zu $\mathbb{Q}$ nur die unbedingt erforderlichen additiv inversen Elemente hinzugefügt haben. Nach der Einführung der Kleinerrelation (III. 6) haben wir mit der Zahlbereichserweiterung von $\mathbb{Q}^+$ nach $\mathbb{Q}$ unser einleitend formuliertes Ziel voll erreicht. Die von uns bewiesenen Aussagen gelten jedoch *nicht nur* für die rationalen Zahlen, sondern für *alle* vergleichbaren algebraischen Strukturen, also für alle *Körper* sowie auch für alle *angeordneten Körper*. Durch die Einführung dieser Strukturbegriffe in III. 5 bzw. III. 7 können – genau wie schon durch die Einführung des Begriffes der kommutativen Gruppen in II. 9 – *Mehrfach*beweise desselben Sachverhaltes in verschiedenen Zahlbereichen vermieden und so eine drastische *Beweisreduzierung* erreicht werden. Nach der Behandlung des *Absolutbetrages* in III. 8 sowie der wichtigen Teilmenge $\mathbb{Z}$ der *ganzen Zahlen* in III. 9 beenden wir das Kapitel in III. 10 mit einem Rückblick bzw. Ausblick auf *verschiedene Wege* von den *natürlichen* Zahlen zu den *rationalen* Zahlen, und zwar sowohl über die *positiven* rationalen Zahlen wie auch über die *ganzen Zahlen*.

Zum Schluß noch ein Hinweis zur *Benennung* der Elemente aus $\mathbb{Q}$ bzw. $\mathbb{Q}^+$ in diesem Kapitel. Wir bezeichnen im allgemeinen sowohl Elemente speziell aus $\mathbb{Q}^+$ wie auch allgemein aus $\mathbb{Q}$ durch $a, b, c, \dots$. Wollen oder müssen wir jedoch betonen, daß gegebene Elemente aus $\mathbb{Q}^+$ stammen, so bezeichnen wir sie durch $q, r, s, \dots$.

1 Einige Gründe zur Einführung der rationalen Zahlen

Die Bruchzahlen sind schon deutlich vielseitiger einsetzbar als die natürlichen Zahlen. Dennoch gibt es eine Reihe von Situationen in unserer Umwelt wie innerhalb der Mathematik, welche die Grenzen dieser Zahlen aufzeigen und somit Gründe zur Einführung der *negativen* rationalen Zahlen – und damit zur Einführung der Menge $\mathbb{Q}$ *aller* rationalen Zahlen – liefern, wie wir im folgenden an vier Beispielen aufzeigen.

Beispiel 1 (Symmetrische Skalen)

Aus dem täglichen Leben wissen wir, daß das Konto gelegentlich „im Minus" steht, daß die Temperaturen bei uns im Winter manchmal unter Null Grad liegen oder daß die Nordsee in weiten Teilen tiefer als 20 m unter NN (Normalnull) ist. Viele Größen erfordern also für ihre einfache Beschreibung Skalen, die auch „unter Null" gehen. Hierbei hat der Nullpunkt je nach Kontext eine unterschiedliche Bedeutung. So kann es sich beispielsweise um den Kontostand 0 DM, um die Temperatur 0^0 C, um eine bestimmte Wassertiefe „Normalnull" oder aber auch um einen ausgewählten Zeitpunkt wie z. B. Christi Geburt handeln. Erweitert man den von den positiven rationalen Zahlen vertrauten Zahlen*strahl* symmetrisch zum Anfangspunkt („Nullpunkt") zur Zahlen*geraden*, so lassen sich auf diese Art viele symmetrische Skalen in einfacher Weise geometrisch veranschaulichen.

Beispiel 2 (Beschreibung von Zustandsänderungen)

Für eine knappe, einheitliche Beschreibung von Zustands*änderungen* sind die positiven und negativen rationalen Zahlen ebenfalls sehr hilfreich. Man denke etwa an Ein– bzw. Auszahlungen bei einem Konto, an das Steigen oder Fallen des Wasserstandes eines Flusses oder der Temperatur zwischen zwei Zeitpunkten, an das Vorwärts– oder Rückwärtsschreiten längs einer gegebenen Strecke, an Verschiebungen auf dem Zahlenstrahl oder der Zahlengeraden nach links bzw. rechts um eine feste Zahl von Einheiten oder an Verschiebungen im Ko-

118

ordinatensystem nach links oder rechts bzw. nach unten oder oben. Im Unterschied zum Beispiel 1 kann man hier zwei oder mehrere Zustandsänderungen (z. B. eine Einzahlung und eine Auszahlung oder zwei Auszahlungen bei einem festen Konto) hintereinander durchführen und so eine *Verknüpfung* einführen.

Beispiel 3 (Subtrahieren)

Wie schon im Bereich N der natürlichen Zahlen sind auch im Bereich $\mathbb{Q}^+$ der Bruchzahlen Subtraktionen unverändert nur genau dann durchführbar, wenn der Minuend größer ist als der Subtrahend. Daher sind so einfache Subtraktionsaufgaben wie $4 - 5$ oder $\frac{2}{5} - \frac{3}{4}$ im Bereich $\mathbb{Q}^+$ der Bruchzahlen unverändert *nicht* lösbar. Erst nach Übergang zur Menge $\mathbb{Q}$ *aller* rationalen Zahlen können wir *uneingeschränkt* subtrahieren und erhalten dort in den beiden obigen Beispielen bekanntlich -1 bzw. $-\frac{7}{20}$.

Beispiel 4 (Gleichungslehre)

Beispiel 3 läßt sich auch so umformulieren :

Gleichungen der Form $a + x = b$ mit $a, b \in \mathbb{Q}^+$ sind in $\mathbb{Q}^+$ nur genau dann lösbar, wenn $a < b$ gilt, sind also in vielen Fällen in $\mathbb{Q}^+$ *unlösbar*. Wir wollen im folgenden jedoch an einem Beispiel verdeutlichen, daß für eine *systematische* Gleichungslehre die Kenntnis *negativer* rationaler Zahlen sowie von *Rechenoperationen* mit ihnen zur Vermeidung mühseliger Fallunterscheidungen unbedingt notwendig ist, und dies sogar bei Sachverhalten, die *ausschließlich* mit natürlichen oder *positiven* rationalen Zahlen formuliert werden können und deren Lösungen ebenfalls ausschließlich natürliche oder *positive* rationale Zahlen sind.

Beispiel : Wir suchen eine natürliche Zahl, deren Quadrat um 3 kleiner ist als das 4-fache dieser Zahl.

Zur Lösung dieser Aufgabe können wir folgende Wertetabelle aufstellen :

x	x^2	$4x - 3$
1	1	1
2	4	5
3	9	9
4	16	13
5	25	17
.	.	.
.	.	.
.	.	.

Wir erhalten als Lösungen jedenfalls $x = 1$ und $x = 3$ und können uns anhand vorstehender Tabelle auch sofort klarmachen, daß keine weiteren Lösungen mehr existieren.

Wollen wir die vorstehende Aufgabe *systematisch* mit Hilfe der *Gleichungslehre* lösen, so stellen wir zunächst die für alle $x \in \mathbb{N}$ definierte Gleichung $x^2 = 4x - 3$ auf.

Subtrahieren wir auf beiden Seiten $4x$, so ist die neue linke Seite $x^2 - 4x$ für $x = 1, 2, 3$ und 4 in $\mathbb{N}$ nicht definiert, und entsprechendes gilt erst recht für die rechte Seite. Die vorstehende Umformung ist also nur in der Menge $\mathbb{Q}$ aller rationalen Zahlen bzw. bei diesem Beispiel in der Teilmenge $\mathbb{Z}$ aller ganzen Zahlen sinnvoll durchzuführen. Entsprechendes gilt auch für die weiteren Umformungsschritte, die uns zur Gleichung $(x - 2)^2 = 1$ bringen. Für den Übergang zu $x - 2 = 1 \vee x - 2 = -1$ sind offenbar ferner Kenntnisse über die Multiplikation in $\mathbb{Z}$ bzw. $\mathbb{Q}$ erforderlich; denn andernfalls müßten wir bei $(x - 2)^2 = 1$ voraussetzen $x \geq 3$ und würden so die Lösung $x = 1$ verlieren.

Wir halten zusammenfassend fest : Selbst bei *diesem* Beispiel, das ausschließlich mit *natürlichen* Zahlen formuliert wird und dessen Lösungen auch ausschließlich *natürliche* Zahlen sind, ist es bei einer Lösung mittels der systematischen Gleichungslehre erforderlich, daß man $\mathbb{Z}$ bzw. $\mathbb{Q}$ kennt und in diesem Bereich auch rechnen kann.

2 Rationale Zahlen

Der Bereich der Bruchzahlen weist noch deutliche Mängel auf, wie die vorstehenden Beispiele belegen. Besonders störend ist die Tatsache, daß die Subtraktion immer noch nicht uneingeschränkt durchgeführt werden kann. Ein naheliegendes Ziel ist es daher, die Menge $\mathbb{Q}^+$ der Bruchzahlen oder positiven rationalen Zahlen durch die Hinzunahme neuer „Zahlen" so zu einem Zahlbereich $\mathbb{Q}$ mit $\mathbb{Q}^+ \subseteq \mathbb{Q}$ zu erweitern, daß in diesem umfassenderen Bereich sämtliche Subtraktionen *ohne* jede Einschränkung durchgeführt werden können. Hierbei sollten nicht nur die Subtraktion, sondern *alle* vier Grundrechenarten in $\mathbb{Q}$ *Fortsetzungen* der entsprechenden Rechenarten in $\mathbb{Q}^+$ sein, d.h. bei Beschränkung auf Zahlen aus $\mathbb{Q}^+$ sollten die Rechenoperationen in $\mathbb{Q}$ voll mit den entsprechenden Rechenoperationen in $\mathbb{Q}^+$ übereinstimmen. In diesem erweiterten Zahlbereich sollten außerdem möglichst alle Rechengesetze aus $\mathbb{N}$ und $\mathbb{Q}^+$ erhalten bleiben. Ferner sollte $\mathbb{Q}$ unter der oben genannten Zielsetzung *minimal* sein, d.h. keine überflüssigen Elemente enthalten.

Lassen wir uns bei dieser Zahlbereichserweiterung von der im Beispiel 1 des vorigen Abschnittes durchgeführten *symmetrischen* Erweiterung des Zahlenstrahls zur Zahlengerade leiten und bezeichnen wir die so der positiven rationalen Zahl q zugeordnete neue „Zahl" mit $-q$ („negative rationale Zahl") und nehmen wir zusätzlich noch die Zahl 0 hinzu, so legt die Zahlengerade folgende Eigenschaften nahe :

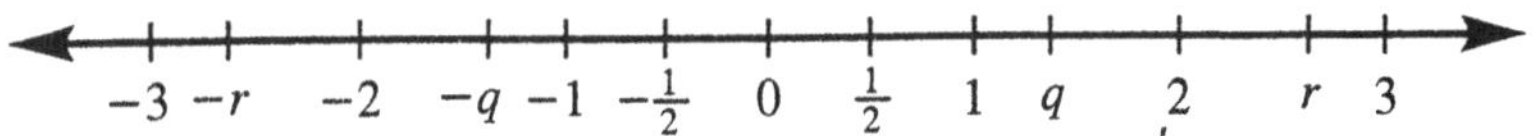

Für alle positiven rationalen Zahlen q, r gilt :

$(\,1\,)\quad -q \neq r$

$(\,2\,)\quad -q = -r \iff q = r$

$(\,3\,)\quad\ \ q \neq 0 \quad \wedge \quad -q \neq 0$

Diese anschaulichen Vorüberlegungen legen folgende Definition nahe :

Definition 1 (Rationale Zahlen)

Als *negative rationale* Zahl bezeichnen wir jedes geordnete Paar $(-, q)$ mit $q \in \mathbb{Q}^+$. Statt $(-, q)$ schreiben wir $-q$ (gelesen: minus q). Die Menge *aller* negativen rationalen Zahlen bezeichnen wir mit $\mathbb{Q}^-$, also

$$\mathbb{Q}^- := \{-q \mid q \in \mathbb{Q}^+\}.$$

Für die Zahl 0 gilt $0 \neq q$ und $0 \neq -q$ für alle $q \in \mathbb{Q}^+$.

Als Menge $\mathbb{Q}$ *aller rationalen Zahlen* bezeichnen wir die Vereinigungsmenge von $\mathbb{Q}^+$, $\{0\}$ und $\mathbb{Q}^-$, also $\mathbb{Q} := \mathbb{Q}^+ \cup \{0\} \cup \mathbb{Q}^-$.

Bemerkungen

$(\,1\,)$ Statt zum Beispiel q oder r schreibt man für positive rationale Zahlen gelegentlich auch $+q$ bzw. $+r$, statt 0 auch $+0$ oder -0.

$(\,2\,)$ Die oben genannten Eigenschaften $(\,1\,)$ und $(\,2\,)$ ergeben sich unmittelbar aus der Definition 1. Für $(\,1\,)$ können wir auch gleichwertig fordern $\mathbb{Q}^+ \cap \mathbb{Q}^- = \emptyset$, für $(\,2\,)$ $-q \neq -r \iff q \neq r$.

$(\,3\,)$ $\mathbb{Q}^+ \cup \{0\}$ bezeichnen wir als Menge aller *nichtnegativen* rationalen Zahlen.

Wir werden in den nächsten Abschnitten zeigen, daß $\mathbb{Q}$ bei geeigneter Definition der Rechenoperationen und der Kleinerrelation voll die einleitend geforderten Zielsetzungen erfüllt.

3 Addition/ Subtraktion

Wie schon am Anfang von Abschnitt 2 bezogen auf alle vier Grundrechenarten formuliert, sollen in diesem Abschnitt die *Addition* und die *Subtraktion* in der $\mathbb{Q}^+$ umfassenden Menge $\mathbb{Q}$ so eingeführt werden, daß 1.) beide Rechenoperationen jeweils eine Fortsetzung der entsprechenden Rechenoperation in $\mathbb{Q}^+$ bilden, daß 2.) die Subtraktion in $\mathbb{Q}$ ohne Einschränkungen durchgeführt werden kann und daß 3.) die Rechengesetze aus $\mathbb{Q}^+$ möglichst unverändert in $\mathbb{Q}$ gültig bleiben.

Die Subtraktion haben wir in $\mathbb{Q}^+$ als *Umkehr*operation der Addition und entsprechend die Division als Umkehroperation der Multiplikation eingeführt. Im Unterschied zur Subtraktion läßt sich jedoch die Division in $\mathbb{Q}^+$ *ohne* jede Einschränkung durchführen. Dies liegt daran – wie wir in II. 9 gesehen haben –, daß $(\mathbb{Q}^+, \cdot)$ eine kommutative *Gruppe* bildet; denn daher ist *jede* Gleichung $a \cdot x = b$ mit $a, b \in \mathbb{Q}^+$ eindeutig lösbar, und entsprechend kann die Division uneingeschränkt durchgeführt werden. Es liegt daher nahe zu fordern, daß wir $\mathbb{Q}^+$ *so* erweitern, daß $(\mathbb{Q}, +)$ eine kommutative *Gruppe* bildet – wenn wir erreichen wollen, daß die Subtraktion in $\mathbb{Q}$ uneingeschränkt durchgeführt werden kann. Gleichzeitig müssen wir noch geeignete Anforderungen bezüglich der Multiplikation und der Kleinerrelation stellen (vgl. III. 4 und III. 6). Schreiben wir die in II. 9 für eine beliebige Verknüpfung $\circ$ formulierte Definition einer kommutativen Gruppe unter Beachtung der dortigen Bemerkung (2) *additiv* auf, so ergeben sich zumindestens folgende *Anforderungen* an $\mathbb{Q}$:

(1) $(\mathbb{Q}, +)$ ist ein Verknüpfungsgebilde, d.h. für alle $a, b \subset \mathbb{Q}$ ist $a \mid b \in \mathbb{Q}$, und $a + b$ ist eindeutig bestimmt.

(2) $(\mathbb{Q}, +)$ ist assoziativ, d.h. für alle $a, b, c \in \mathbb{Q}$ gilt $(a+b)+c = a+(b+c)$.

(3) $(\mathbb{Q}, +)$ ist kommutativ, d.h. für alle $a, b \in \mathbb{Q}$ gilt $a + b = b + a$.

(4) $(\mathbb{Q}, +)$ besitzt genau ein neutrales Element 0, so daß für alle $a \in \mathbb{Q}$ gilt $a + 0 = a$.

(5) $(\mathbb{Q}, +)$ besitzt zu jedem Element a genau ein additiv Inverses $-a$ mit $a + (-a) = 0.$ [1]

Erfüllt $(\mathbb{Q}, +)$ diese Bedingungen, so ist nach II. 9 (Satz 18) *jede* Gleichung $a + x = b$ mit $a, b \in \mathbb{Q}$ in $\mathbb{Q}$ *eindeutig* lösbar. Auf dieser Grundlage

---

[1]Um die Schreibweise nicht unnötig zu komplizieren, benutzen wir auch hier – wie üblich – die Notation „$-a$", obwohl diese zunächst noch mit der Definition 1 „kollidiert".

kann dann die Subtraktion in $\mathbb{Q}$ ohne Einschränkungen durchgeführt werden. Bezeichnen wir die eindeutige Lösung d von $a + x = b$ durch $b - a$, so ist dann hierdurch eine Subtraktion auf ganz $\mathbb{Q}$ erklärt, und es gilt :

$$(\,S\,) \quad b - a = d \iff a + d = b$$

Im folgenden ziehen wir aus *unserer Forderung*, daß $(\mathbb{Q}, +)$ eine kommutative Gruppe bilden soll, Folgerungen für die Addition – und damit auch für die Subtraktion – und gewinnen so *Hinweise* für die im folgenden *noch einzuführende* Definition der Addition in $\mathbb{Q}$. *Daneben* motivieren wir diese Addition in $\mathbb{Q}$ anschließend noch durch Rückgriff auf die im Beispiel 2 von III. 1 beschriebenen Zustands*änderungen* am Beispiel der Ein- und Auszahlungen bei einem festen Konto.

Falls $(\mathbb{Q}, +)$ eine kommutative Gruppe bildet, muß insbesondere folgendes gelten :

(6) Für alle $a \in \mathbb{Q}$ muß gelten $\;-(-a) = a$.

Nach (5) bezeichnen wir das additiv Inverse von a mit $-a$. Wegen des Kommutativgesetzes gilt mit $a + (-a) = 0$ auch $(-a) + a = 0$. Daher ist a das additiv Inverse von $-a$, also gilt $-(-a) = a$.

Durch (5) wird jedem $a \in \mathbb{Q}$ genau ein $-a \in \mathbb{Q}$ zugeordnet, nach (6) jedem $-a \in \mathbb{Q}$ genau ein $a \in \mathbb{Q}$. Wegen (6) folgt aus $-a = -b$ auch $a = -(-a) = -(-b) = b$, also $a = b$. Die umgekehrte Richtung gilt trivialerweise. Die Zuordnung $f : \mathbb{Q} \longrightarrow \mathbb{Q}$ mit $a \longmapsto -a$ vermittelt also eine bijektive Abbildung von $\mathbb{Q}$ auf sich. Ferner wird jedem $q \in \mathbb{Q}^+$ hierdurch genau ein $-q \in \mathbb{Q}^-$ zugeordnet und umgekehrt jedem $-q \in \mathbb{Q}^-$ genau ein $q \in \mathbb{Q}^+$. Es gilt $\mathbb{Q}^+ \cap \mathbb{Q}^- = \emptyset$; denn aus $q, r \in \mathbb{Q}^+$ folgt $q + r \in \mathbb{Q}^+$. Mit $q \in \mathbb{Q}^+$ kann nicht zugleich $-q \in \mathbb{Q}^+$ gelten; denn $q + (-q) = 0$ und $0 \notin \mathbb{Q}^+$.

(7) Für alle $a, b \in \mathbb{Q}$ muß gelten $a + (-b) = a - b$.

Wir müssen hierzu zeigen, daß $a + (-b)$ eine Lösung der Gleichung $b + x = a$ ist. Wegen (2), (3), (4), (5) gilt

$$b + (a + (-b)) = (a + b) + (-b) = a + 0 = a.$$

Also gilt nach $(\,S\,)$ $\quad a - b = a + (-b)$.

(8) Für alle $a, b \in \mathbb{Q}$ muß gelten $a + (-b) = -(b - a)$.

Wir müssen hierzu zeigen, daß $a + (-b)$ Lösung der Gleichung $(b - a) + x = 0$ ist. Wegen (2), (4), (5) und (7) gilt

$$(b - a) + (a + (-b)) = (b + (-a)) + (a + (-b)) =$$
$$((b + (-a)) + a) + (-b) = (b + 0) + (-b) = 0.$$

(9) Für alle $a, b \in \mathbb{Q}$ muß gelten $(-a) + (-b) = -(a + b)$.

Hierzu zeigen wir, daß $(-a) + (-b)$ das additiv Inverse zu $(a + b)$ ist. Wegen (2), (3), (4) und (5) gilt

$$(a + b) + ((-a) + (-b)) = ((a + (-a)) + b) + (-b) = b + (-b) = 0,$$

daher gilt $(-a) + (-b) = -(a + b)$.

Wir können *insgesamt* festhalten :
Falls $(\mathbb{Q}, +)$ eine kommutative Gruppe bildet, *muß* in $\mathbb{Q}$ insbesondere gelten :

$$a + (-b) = a - b \quad , \quad a + (-b) = -(b - a) \quad , \quad (-a) + (-b) = -(a + b).$$

Die Addition in $\mathbb{Q}$ soll durch *Fortsetzung* der Addition in $\mathbb{Q}^+$ erfolgen. Sei $q, r \in \mathbb{Q}^+$. Im Fall $r < q$ ist $q - r$ in $\mathbb{Q}^+$ erklärt, und wir können so definieren $q + (-r) := q - r$. Im Fall $q < r$ ist $r - q$ in $\mathbb{Q}^+$ erklärt, $-(r - q)$ in $\mathbb{Q}^-$, und wir können so in diesem Fall definieren $q + (-r) := -(r - q)$. Da jedes Element $a \in \mathbb{Q}$ darstellbar ist als $a = q$ mit $q \in \mathbb{Q}^+$, $a = 0$ oder $a = -q$ mit $q \in \mathbb{Q}^+$, legen die Vorüberlegungen folgende Definition der Addition in $\mathbb{Q}$ nahe :

Definition 2 (Addition in $\mathbb{Q}$)

Für alle $q, r \in \mathbb{Q}^+$ gelte

$$q + (-r) := (-r) + q := \begin{cases} q - r, & \text{falls } q > r \\ 0, & \text{falls } q = r \\ -(r - q), & \text{falls } q < r \end{cases}$$

$$\begin{aligned} (-q) + (-r) &:= -(q + r) \\ q + 0 &:= 0 + q := q \\ 0 + 0 &:= 0 \\ (-q) + 0 &:= 0 + (-q) := -q. \end{aligned}$$

Da für $q, r \in \mathbb{Q}^+$ laut Voraussetzung die Definition aus $\mathbb{Q}^+$ gültig bleibt, ist durch Definition 2 für *alle* $a, b \in \mathbb{Q}$ eine Addition in $\mathbb{Q}$ definiert.

Die im *Schulunterricht* übliche *Motivation* der Addition von rationalen Zahlen durch die *Hintereinanderschaltung* von Zustandsänderungen auf symmetrischen Skalenbereichen (vgl. Beispiel 2 von III. 1) führt selbstverständlich zu demselben Ergebnis. Betrachtet man beispielsweise Ein- und Auszahlungen auf ein festes Konto, so sind folgende Fälle zu unterscheiden :

- Zahlen wir zunächst 70 DM und anschließend 50 DM auf dasselbe Konto ein, so erhöht sich der Kontostand um insgesamt 120 DM. Das entspricht einer *Einzahlung* von 70 DM + 50 DM = 120 DM.

- Zahlen wir zunächst 70 DM ein und heben anschließend von demselben Konto 50 DM ab, so steigt der Kontostand insgesamt um 20 DM. Dies entspricht einer *Einzahlung* von 70 DM − 50 DM = 20 DM.

- Zahlen wir zunächst 50 DM ein und heben wir anschließend von demselben Konto 70 DM ab, so fällt der Kontostand um insgesamt 20 DM. Dies entspricht einer *Auszahlung* von 70 DM − 50 DM = 20 DM.

- Heben wir zunächst 70 DM und anschließend weitere 50 DM von demselben Konto ab, so fällt der Kontostand um insgesamt 120 DM. Dies entspricht einer *Auszahlung* von 70 DM + 50 DM = 120 DM.

Bezeichnen wir allgemein Einzahlungen durch $q, r \in \mathbb{Q}^+$, Auszahlungen durch $-q, -r \in \mathbb{Q}^-$, so müssen wir völlig analog wie im konkreten Beispiel folgende Fälle unterscheiden :

- Zunächst eine Einzahlung q und anschließend eine weitere Einzahlung r ergibt insgesamt eine *Einzahlung* $q + r$.

- Zunächst eine Einzahlung q und anschließend eine Auszahlung $-r$ bzw. zunächst eine Auszahlung $-r$ und anschließend eine Einzahlung q ergibt
  - eine *Einzahlung* $q - r$, falls $q > r$,
  - eine *Auszahlung* in Höhe von $r - q$, also $-(r - q)$, falls $q < r$.

- Zunächst eine Auszahlung $-q$ und anschließend eine Auszahlung $-r$ ergibt eine *Auszahlung* in Höhe von $q + r$, also $-(q + r)$.

Wir haben bislang durch diese Vorüberlegungen die Definition 2 (Addition von rationalen Zahlen) motiviert. Wir müssen noch überprüfen, ob $(\mathbb{Q}, +)$ unter dieser Addition tatsächlich eine *kommutative Gruppe* bildet und damit die *Subtraktion* in $\mathbb{Q}$ ohne Einschränkungen durchgeführt werden kann. Zunächst ist nach Definition 2 klar, daß $(\mathbb{Q}, +)$ ein kommutatives Verknüpfungsgebilde mit 0 als neutralem Element bildet und daß es in $(\mathbb{Q}, +)$ zu jedem $a \in \mathbb{Q}$ ein additiv Inverses gibt.

Der einzige Punkt, der noch nachgewiesen werden muß, ist die Gültigkeit des *Assoziativgesetzes*. Der Nachweis ist wegen einiger Fallunterscheidungen etwas *langwierig* („unelegant"), bereitet jedoch *keine* grundsätzlichen Schwierigkeiten. Diese fehlende Eleganz bei diesem und einigen weiteren Beweisen ist der Hauptgrund dafür, daß im Bereich der Hochschulmathematik häufig ein *anderer* Weg zur Einführung von $\mathbb{Q}$ benutzt wird. Dieser Weg ist weithin analog zu dem in Kapitel II beschrittenen Weg. Wir skizzieren ihn im Abschnitt III. 10.

Wir beweisen im folgenden die Gültigkeit des *Assoziativgesetzes* in $(\mathbb{Q}, +)$. Ist mindestens einer der drei Summanden *Null*, so ist der Nachweis besonders einfach. So gilt beispielsweise $(a+0)+b = a+b = a+(0+b)$ oder $(a+b)+0 = a+b = a+(b+0)$. Entsprechend einfach verlaufen die übrigen Fälle (vgl. Aufgabe 1). Wir setzen daher im folgenden voraus, daß alle drei Summanden *von Null verschieden* sind. Folgende *acht Fälle* müssen wir dann beim Beweis noch unterscheiden. (Hierbei bedeuten in der tabellarischen Übersicht $+$, daß der betreffende Summand aus $\mathbb{Q}^+$ und $-$, daß er aus $\mathbb{Q}^-$ stammt.)

Fall	1. Summand	2. Summand	3. Summand
1	$+$	$+$	$+$
2	$+$	$+$	$-$
3	$+$	$-$	$+$
4	$-$	$+$	$+$
5	$+$	$-$	$-$
6	$-$	$+$	$-$
7	$-$	$-$	$+$
8	$-$	$-$	$-$

Hierbei gilt das Assoziativgesetz jedenfalls im *Fall 1*, da es in $\mathbb{Q}^+$ gilt. Fall 3 und Fall 4 lassen sich durch das Kommutativgesetz auf *Fall 2*, Fall 6 und 7 auf *Fall 5* zurückführen, wie wir im folgenden nachweisen. Dabei verwenden wir $q, r, s \ldots$ für Elemente aus $\mathbb{Q}^+$.

Fall 3 :

$$(q + (-r)) + s = s + (q + (-r)) \underset{\text{Fall 2}}{=} (s + q) + (-r)$$

$$= (q + s) + (-r) \underset{\text{Fall 2}}{=} q + (s + (-r)) = q + ((-r) + s)$$

126

Fall 4

$$((-q) + r) + s = s + ((-q) + r) = s + (r + (-q)) \quad \underset{\text{Fall 2}}{=} \quad (s + r) + (-q)$$

$$= (r + s) + (-q) = (-q) + (r + s)$$

Fall 6

$$((-q) + r) + (-s) = (r + (-q)) + (-s) \quad \underset{\text{Fall 5}}{=} \quad r + ((-q) + (-s))$$

$$= r + ((-s) + (-q)) \quad \underset{\text{Fall 5}}{=} \quad (r + (-s)) + (-q)$$

$$= (-q) + (r + (-s))$$

Fall 7

$$((-q) + (-r)) + s = s + ((-q) + (-r))$$

$$= s + ((-r) + (-q)) \quad \underset{\text{Fall 5}}{=} \quad (s + (-r)) + (-q)$$

$$= (-q) + (s + (-r))$$

$$= (-q) + ((-r) + s)$$

Fall 8

$$\text{Es gilt}: \ ((-q) + (-r)) + (-s) = -(q + r) + (-s)$$

$$= -((q + r) + s) = -(q + (r + s)) = (-q) + (-(r + s))$$

$$= (-q) + ((-r) + (-s))$$

Wir müssen also nur noch nachweisen, daß das Assoziativgesetz in den Fällen 2 und 5 gültig ist. Den Nachweis von *Fall 2* führen wir hier explizit durch. Der Beweis von *Fall 5* verläuft analog (vgl. Aufgabe 2).

Fall 2

Die folgende Skizze verdeutlicht die 5 *Unterfälle* (2 a bis 2 e), die wir im folgenden im wesentlichen durch Rückgriff auf Definition 2 beweisen (*oBdA* sei $q < r$) :

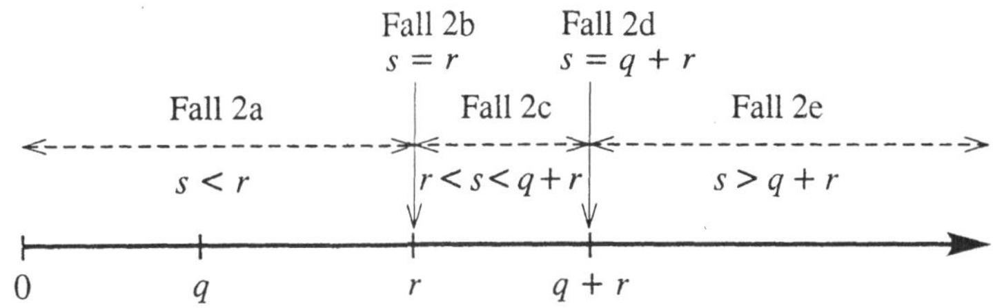

Fall 2 a $s < r$

$$(q+r) + (-s) = (q+r) - s \;=\; q + (r - s)$$
$$(\mathrm{a})$$
$$= q + (r + (-s))$$

Fall 2 b $s = r$

$$(q+r) + (-s) = (q+r) + (-r) = (q+r) - r = q$$
$$= q + 0 = q + (r + (-r)) = q + (r + (-s))$$

Fall 2 c $r < s < q+r$

$$(q+r) + (-s) = (q+r) - s \;=\; q - (s - r)$$
$$(\mathrm{b})$$
$$= q + (-(s - r)) = q + (r + (-s))$$

Fall 2 d $s = q + r$

$$(q+r) + (-s) = s + (-s) = 0 = q + (-q)$$
$$= q + (-((q+r) - r)) = q + (-(s - r)) = q + (r + (-s))$$

Fall 2 e $q + r < s$

$$(q+r) + (-s) = -(s - (q+r)) \;=\; -((s - r) - q)$$
$$(\mathrm{c})$$
$$= q + (-(s - r)) = q + (r + (-s))$$

Es bleiben noch die drei beim Beweis benutzten Aussagen (a), (b) und (c) in $\mathbb{Q}^{+}$ nachzuweisen.

(a) Für alle $q, r, s \in \mathbb{Q}^{+}$ mit $s < r$ gilt :
$$(q+r) - s = q + (r - s)$$

Wegen $s < r$ gilt auch $s < q + r$, also sind die beiden vorstehenden Differenzen in $\mathbb{Q}^+$ erklärt. Wegen der Gültigkeit des Kommutativ– und des Assoziativgesetzes in $\mathbb{Q}^+$ gilt :

$$s + (q + (r - s)) = q + r, \quad \text{also}$$

$$(q + r) - s = q + (r - s)$$

(b) Für alle $q, r, s \in \mathbb{Q}^+$ mit $r < s < q + r$ gilt :

$$(q + r) - s = q - (s - r)$$

Offensichtlich sind alle vorstehenden drei Differenzen in $\mathbb{Q}^+$ erklärt. Wegen des Kommutativgesetzes in $\mathbb{Q}^+$ und durch Rückgriff auf (a) erhalten wir :

$$s + (q - (s - r)) \underset{\text{(a)}}{=} (s + q) - (s - r) =$$

$$(q + s) - (s - r) \underset{\text{(a)}}{=} q + (s - (s - r)) \underset{(*)}{=} q + r$$

$$\text{also } (q + r) - s = q - (s - r).$$

$(*)$ gilt wegen $r + (s - r) = s$ und damit auch $(s - r) + r = s$ in $\mathbb{Q}^+$.

(c) Für alle $q, r, s \in \mathbb{Q}^+$ mit $q + r < s$ gilt :

$$s - (q + r) = (s - r) - q$$

Offensichtlich sind alle vorstehenden drei Differenzen in $\mathbb{Q}^+$ erklärt. Wegen des Assoziativ– und des Kommutativgesetzes in $\mathbb{Q}^+$ gilt :

$$(q + r) + ((s - r) - q) = r + (q + ((s - r) - q))$$

$$= r + (s - r) = s, \quad \text{also}$$

$$s - (q + r) = (s - r) - q.$$

Wir haben hiermit[2] insgesamt gezeigt :

Satz 1 $(\mathbb{Q}, +)$ bildet eine kommutative Gruppe.

Satz 1 beinhaltet insbesondere folgende Aussagen über die Addition rationaler Zahlen :

---

[2]Der Nachweis des Assoziativgesetzes ist – wie wir gesehen haben – recht langwierig. Deutet man hingegen die rationalen Zahlen im Sinne von Beispiel 2 von III. 1 bzw. III. 3 als Zustandsänderungen – und damit als Funktionen – auf symmetrischen Skalenbereichen, so ergibt sich in diesem Fall die Gültigkeit des Assoziativgesetzes direkt aus der Gültigkeit des Assoziativgesetzes bei der Verkettung von Funktionen.

(10) Die Summe zweier rationaler Zahlen ist stets wieder genau eine rationale Zahl.

(11) Für die rationalen Zahlen gilt unter der Addition das Kommutativgesetz.

(12) Für die rationalen Zahlen gilt unter der Addition das Assoziativgesetz.

(13) Für alle rationalen Zahlen a gilt $a + 0 = a$.

(14) Für alle rationalen Zahlen a gibt es (genau) eine additiv inverse Zahl, geschrieben $-a$, mit $a + (-a) = 0$. Nur bei der Zahl 0 sind die Zahl sowie ihre additiv inverse Zahl identisch.

Bezüglich der *Inversenbildung* haben wir vor der Definition 2 schon folgende Aussagen bewiesen :

(15) Bilden wir das Inverse des Inversen einer rationalen Zahl a bezüglich der Addition, so erhalten wir stets wiederum die Ausgangszahl.

Es gilt $-(-a) = a$ für alle $a \in \mathbb{Q}$.

(16) Das Inverse der Summe zweier rationaler Zahlen a und b stimmt stets überein mit der Summe der Inversen von a und von b.

Es gilt $-(a + b) = (-a) + (-b)$ für alle $a, b \in \mathbb{Q}$.

Die in II. 9 allgemein für kommutative Gruppen bewiesenen Sätze 18 (Eindeutige Lösbarkeit linearer Gleichungen) und 19 (Regularität) gelten auch für die spezielle kommutative Gruppe $(\mathbb{Q}, +)$. Daher gilt :

(17) Jede Gleichung $a + x = b$ mit $a, b \in \mathbb{Q}$ ist in $\mathbb{Q}$ eindeutig lösbar, und zwar durch $b + (-a)$.

(18) Für alle $a, b, c \in \mathbb{Q}$ gilt :
Aus $a + b = a + c$ folgt $b = c$, d.h. $\mathbb{Q}$ ist unter der Addition regulär.

Durch Rückgriff auf (17) können wir jetzt die *Subtraktion* in $\mathbb{Q}$ folgendermaßen definieren :

Definition 3 (Subtraktion in $\mathbb{Q}$)

Die für alle $a, b \in \mathbb{Q}$ in $\mathbb{Q}$ eindeutig bestimmte Lösung der Gleichung $a + x = b$ nennen wir die *Differenz* der rationalen Zahlen b und a und schreiben hierfür $b - a$.

Also : $b - a = d : \Longleftrightarrow a + d = b$.

Da wir die Subtraktion in $\mathbb{Q}^+$ genauso definiert haben, bildet also auch die *Subtraktion in* $\mathbb{Q}$ eine natürliche *Fortsetzung* der Subtraktion in $\mathbb{Q}^+$.

Nach (17) können wir die Differenz $b - a$ aber auch bilden, indem wir zu b das additiv Inverse von a addieren, also $b - a = b + (-a)$. Während jedoch Definition 3 eine natürliche Fortsetzung der Subtraktion in $\mathbb{Q}^+$ auf ganz $\mathbb{Q}$ ermöglicht, trifft dies offenbar für den Ansatz $b - a = b + (-a)$ *nicht* zu, da es in $\mathbb{Q}^+$ keine additiv Inversen zu gegebenen Zahlen gibt.

Ferner gilt – wie wir schon in (8) bewiesen haben – folgende Aussage bezüglich der Subtraktion in $\mathbb{Q}$:

(19) Für alle $a, b \in \mathbb{Q}$ gilt
$$a - b = -(b - a)$$

In (19) kommt das Minuszeichen in $-(b - a)$ in verschiedener Bedeutung vor. Wir stellen daher hier systematisch die *verschiedenen Bedeutungen des Minuszeichens* „$-$" zusammen, die wir in diesem und dem vorigen Abschnitt kennengelernt haben :

- Wir benutzen das Zeichen „$-$" für die *Subtraktion*.

- Wir benutzen das Zeichen „$-$" als *Vorzeichen* beispielsweise bei -5.

- Wir benutzen das Zeichen „$-$", um das *additiv Inverse* einer rationalen Zahl zu kennzeichnen. Hierbei kann $-a$ sowohl in $\mathbb{Q}^+$ wie in $\mathbb{Q}^-$ liegen, wie die Beispiele $-(-2) = 2$ und -5 belegen.

Die Zahlbereichserweiterung von $(\mathbb{Q}^+, +)$ zu $(\mathbb{Q}, +)$ ist – wie wir hier zum Abschluß dieses Abschnittes noch begründen wollen – eine *minimale* Erweiterung unter der einleitend genannten Zielsetzung; denn wir haben bei dieser Erweiterung von $\mathbb{Q}^+$ zu $\mathbb{Q}$ nur die unbedingt erforderlichen Elemente aus $\mathbb{Q}^-$ und die 0 hinzugefügt, also nur jeweils die additiv Inversen. Und dies reicht schon aus, wie wir Satz 1 entnehmen können. Dagegen ist die in Kapitel II behandelte Erweiterung von $(\mathbb{N}, \cdot)$ zu $(\mathbb{Q}^+, \cdot)$ wesentlich „umfangreicher" – wenngleich auch eine *minimale* Erweiterung –, da wir dort neben den multiplikativ inversen Zahlen zu den Zahlen von $\mathbb{N}$ offenkundig noch sehr viele weitere Elemente hinzugefügt haben.

Aufgaben

(1) Schreiben Sie systematisch *alle* Fälle auf, in denen in $(a + b) + c = a + (b + c)$ mindestens einer der Summanden 0 ist, und beweisen Sie die Gleichung für diese Fälle.

(2) Beweisen Sie die Gültigkeit des Assoziativgesetzes in $(\mathbb{Q}, +)$ im Fall 5, d.h. zeigen Sie, daß für alle $q, r, s \in \mathbb{Q}^+$ gilt :
$$(q + (-r)) + (-s) = q + ((-r) + (-s)).$$

4 Multiplikation/Division

Wir haben in den vorigen Abschnitten $\mathbb{Q}^+$ so zu der Menge $\mathbb{Q}$ aller rationalen Zahlen erweitert, daß dort neben der Addition auch die Subtraktion uneingeschränkt durchführbar ist. Daher ist es jetzt unser Ziel, die *Multiplikation* in ganz $\mathbb{Q}$ *so* einzuführen, daß sie eine Fortsetzung der Multiplikation in $\mathbb{Q}^+$ bildet, daß die bislang nachgewiesenen Eigenschaften der Addition in $\mathbb{Q}$ und der Multiplikation in $\mathbb{Q}^+$ auch in $(\mathbb{Q}, +, \cdot)$ möglichst weitgehend erhalten bleiben, daß der durch das Distributivgesetz ausgedrückte Zusammenhang zwischen der Addition und Multiplikation in $\mathbb{Q}^+$ auch in ganz $\mathbb{Q}$ gültig bleibt und daß schließlich – dies ist eine ganz wichtige Forderung – neben der Multiplikation auch die Division in $\mathbb{Q}$ möglichst *uneingeschränkt* durchgeführt werden kann. Sollten wir dieses Ziel erreichen, so verfügen wir mit $\mathbb{Q}$ über einen rechnerisch bequemen Zahlbereich, in dem wir *alle vier* Grundrechenarten *ohne* lästige Einschränkungen durchführen können. Wir werden allerdings gleich sehen, daß wir dieses ideale Ziel grundsätzlich nie *ganz* erreichen können, daß vielmehr die Zahl 0 als Divisor bei der Division stets eine – aber auch die einzige – Ausnahme bleiben muß.

Verlangen wir also zunächst, daß $(\mathbb{Q}, +)$ eine kommutative Gruppe und $(\mathbb{Q}, \cdot)$ ein kommutatives und assoziatives Verknüpfungsgebilde mit 1 als neutralem Element[3] bilden und daß das Distributivgesetz in ganz $\mathbb{Q}$ gilt, so liefert dies schon folgende – unverzichtbare – *Vorgaben* für die Definition der Multiplikation in $\mathbb{Q}$:

(1) Für alle $a \in \mathbb{Q}$ muß gelten $a \cdot 0 = 0 \cdot a = 0$.
Wegen der vorausgesetzten Gültigkeit des Kommutativgesetzes können wir uns auf den Nachweis von $0 \cdot a = 0$ beschränken. Es gilt unter obigen Voraussetzungen :
$$a + 0 \cdot a = 1 \cdot a + 0 \cdot a = a \cdot 0 + a \cdot 1$$
$$= a \cdot (0 + 1) = a \cdot 1 = a = a + 0$$

---

[3]Die eigentlich naheliegende – und ideale – Forderung, daß $(\mathbb{Q}, \cdot)$ ebenfalls eine kommutative Gruppe bildet, läßt sich – wie wir im folgenden noch sehen werden – wegen der unvermeidbaren Ausnahmerolle der Null bei der Division grundsätzlich nicht realisieren. Wir müssen daher hier auf die Forderung verzichten, daß $(\mathbb{Q}, \cdot)$ zu jedem Element ein multiplikativ Inverses besitzt.

Also $a + 0 \cdot a = a + 0$.

Wegen der Regularität ((18) in III. 3) folgt $\quad 0 \cdot a = 0$.

(2) Für alle $a, b \in \mathbb{Q}$ muß gelten $a \cdot (-b) = (-a) \cdot b = -(a \cdot b)$.
Wir zeigen hierzu, daß $a \cdot (-b)$ das additiv Inverse von $a \cdot b$ ist. Es gilt nämlich unter obigen Voraussetzungen

$$a \cdot b + a \cdot (-b) = a \cdot (b + (-b)) = a \cdot 0 = 0.$$

Der Beweis für $(-a) \cdot b$ verläuft analog (vgl. Aufgabe 3).

(3) Für alle $a, b \in \mathbb{Q}$ muß gelten $(-a) \cdot (-b) = a \cdot b$.
Durch zweimalige Anwendung von (2) und durch Rückgriff auf die Aussage (15) von III. 3 erhalten wir nämlich

$$(-a) \cdot (-b) \quad \underset{(2)}{=} \quad -(a \cdot (-b)) \quad \underset{(2)}{=} \quad -(-(a \cdot b))$$

$$\underset{(15)}{=} \quad a \cdot b.$$

Die Multiplikation in $\mathbb{Q}$ soll durch *Fortsetzung* der Multiplikation in $\mathbb{Q}^+$ erklärt werden. Da die Aussagen (1), (2) und (3) für alle $a, b \in \mathbb{Q}$ gelten müssen, also auch speziell für alle Elemente $q, r \in \mathbb{Q}^+$, legt dies folgende Definition der Multiplikation in $\mathbb{Q}$ nahe :

Definition 4 (Multiplikation in $\mathbb{Q}$)

Für alle $q, r \in \mathbb{Q}^+$ gilt

$$\begin{aligned}
q \cdot 0 :&= 0 \cdot q := 0 \\
0 \cdot 0 :&= 0 \\
(-q) \cdot 0 :&= 0 \cdot (-q) := 0 \\
q \cdot (-r) :&= (-r) \cdot q := -(q \cdot r) \\
(-q) \cdot (-r) :&= q \cdot r
\end{aligned}$$

Da für $q, r \in \mathbb{Q}^+$ laut Voraussetzung die Definition aus $\mathbb{Q}^+$ gültig bleibt, ist durch Definition 4 eine Multiplikation für *alle* $a, b \in \mathbb{Q}$ definiert.

Diese Definition steht im Sonderfall, daß $q \in \mathbb{N}$ und $-r \in \mathbb{Q}$ ist, in Übereinstimmung mit der aus $\mathbb{Q}^+$ vertrauten Rückführung der Multiplikation auf die wiederholte Addition des zweiten Faktors. Zur *Motivation* der Definition

4 kann auch auf die Verkettung von Streckungen und insbesondere *Streck-spiegelungen* zurückgegriffen werden. Für eine genauere Analyse des mathematischen Hintergrundes *dieses* Zugangsweges vergleiche man gegebenenfalls Griesel (1974).

Wir haben bislang gezeigt, daß die Erfüllung bestimmter Anforderungen an die Addition und Multiplikation in $\mathbb{Q}$ die Definition 4 nahelegt. Wir müssen im folgenden jedoch noch zeigen, daß für eine *so definierte* Multiplikation die aufgestellten Forderungen auch wirklich *erfüllt* sind, daß also insbesondere gilt :

Satz 2

Die rationalen Zahlen $\mathbb{Q}$ bilden unter der Multiplikation ein kommutatives und assoziatives Verknüpfungsgebilde mit 1 als neutralem Element. Ferner ist in $\mathbb{Q}$ die Multiplikation mit der Addition im Sinne des Distributivgesetzes verträglich, d.h. für alle $a, b, c \in \mathbb{Q}$ gilt $a \cdot (b + c) = a \cdot b + a \cdot c$.

Beweis

Nach Definition 4 ist unmittelbar klar, daß $(\mathbb{Q}, \cdot)$ ein *Verknüpfungsgebilde* ist und daß das *Kommutativgesetz* gilt. Ferner ist 1 *neutrales Element* in ganz $\mathbb{Q}$, da – neben $q \cdot 1 = q$ für $q \in \mathbb{Q}^+$ – nach Definition 4 auch $0 \cdot 1 = 0$ und $(-q) \cdot 1 = -(q \cdot 1) = -q$ gilt. Zum Nachweis des *Assoziativgesetzes* behandeln wir zunächst diejenigen Fälle, in denen *mindestens einer* der Faktoren *Null* ist, und unterscheiden anschließend – völlig analog zum entsprechenden Beweis bei der Addition – folgende *acht Fälle* :

Fall	1. Faktor	2. Faktor	3. Faktor
1	+	+	+
2	+	+	−
3	+	−	+
4	−	+	+
5	+	−	−
6	−	+	−
7	−	−	+
8	−	−	−

Ist *mindestens einer* der Faktoren *Null*, so ergibt sich die Gültigkeit des Assoziativgesetzes besonders leicht (Aufgabe 4), wie die folgenden beiden Beispiele schon belegen. Für alle $a, b, c \in \mathbb{Q}$ gilt :

$$(0 \cdot b) \cdot c = 0 \cdot c = 0 = 0 \cdot (b \cdot c),$$
$$(a \cdot 0) \cdot c = 0 \cdot c = 0 = a \cdot 0 = a \cdot (0 \cdot c).$$

Wir können also im folgenden voraussetzen, daß alle Faktoren von Null verschieden sind. Hierbei gilt das Assoziativgesetz im *Fall 1*, da es in $\mathbb{Q}^+$ gilt. Fall 3 und Fall 4 lassen sich durch das Kommutativgesetz auf *Fall 2*, Fall 6 und 7 auf *Fall 5* zurückführen – und zwar völlig analog, wie wir es für das Assoziativgesetz der Addition durchgeführt haben (vgl. Aufgabe 5); es muß jeweils nur „+" durch „·" ersetzt werden. Wir müssen also nur noch die Fälle 2, 5 und 8 beweisen.

Fall 2

$$(q \cdot r) \cdot (-s) = -((q \cdot r) \cdot s) = -(q \cdot (r \cdot s)) = q \cdot (-(r \cdot s))$$
$$= q \cdot (r \cdot (-s))$$

Fall 5

$$(q \cdot (-r)) \cdot (-s) = (-(q \cdot r)) \cdot (-s) = (q \cdot r) \cdot s$$
$$= q \cdot (r \cdot s) = q \cdot ((-r) \cdot (-s))$$

Fall 8

$$((-q) \cdot (-r)) \cdot (-s) = (q \cdot r) \cdot (-s) = -((q \cdot r) \cdot s)$$
$$= -(q \cdot (r \cdot s)) = (-q) \cdot (r \cdot s) = (-q)((-r) \cdot (-s))$$

Hiermit haben wir das Assoziativgesetz vollständig bewiesen.
Der Beweis des *Distributivgesetzes* verläuft ähnlich. Ist *mindestens einer* der Faktoren *Null*, so ist die Gültigkeit dieses Gesetzes fast trivial, wie wir an zwei Beispielen verdeutlichen wollen. Für alle $a, b, c \in \mathbb{Q}$ gilt nämlich:

$$(0 + b) \cdot c = b \cdot c = 0 + b \cdot c = 0 \cdot c + b \cdot c,$$
$$(a + b) \cdot 0 = 0 = 0 + 0 = a \cdot 0 + b \cdot 0.$$

Ist *keiner* der Faktoren Null, so unterscheiden wir wiederum dieselben *acht Fälle* wie beim Assoziativgesetz. Wieder gilt das Distributivgesetz im *Fall 1*, da es in $\mathbb{Q}^+$ gilt. Wegen der Gültigkeit des Kommutativgesetzes bezüglich der Addition können wir *Fall 4* durch Rückgriff auf Fall 3 und *Fall 6* durch Rückgriff auf Fall 5 beweisen.

Fall 4

$$((-q) + r) \cdot s = (r + (-q)) \cdot s = r \cdot s + (-q) \cdot s$$

$$= (-q) \cdot s + r \cdot s$$

Fall 6

$$((-q) + r) \cdot (-s) = (r + (-q)) \cdot (-s) = r \cdot (-s) + (-q) \cdot (-s)$$
$$= (-q) \cdot (-s) + r \cdot (-s)$$

Da die Beweise von Fall 2, 7 und 8 ohne Fallunterscheidungen verlaufen, führen wir diese als nächstes durch.

Fall 2

$$(q + r) \cdot (-s) = -((q + r) \cdot s) = -(q \cdot s + r \cdot s)$$
$$= -(q \cdot s) + (-(r \cdot s)) = q \cdot (-s) + r \cdot (-s)$$

Fall 7

$$((-q) + (-r)) \cdot s = (-(q + r)) \cdot s$$
$$= -((q + r) \cdot s) = -(q \cdot s + r \cdot s) = -(q \cdot s) + (-(r \cdot s))$$
$$= (-q) \cdot s + (-r) \cdot s$$

Fall 8

$$((-q) + (-r)) \cdot (-s) = (-(q + r)) \cdot (-s)$$
$$= (q + r) \cdot s = q \cdot s + r \cdot s$$
$$= (-q) \cdot (-s) + (-r) \cdot (-s)$$

Da bei Fall 3 und Fall 5 zwei Zahlen mit verschiedenen Vorzeichen addiert werden, müssen wir jeweils die drei Unterfälle (a) $q > r$, (b) $q = r$ und (c) $q < r$ unterscheiden.

Fall 3

(3 a) $q > r$

$$(q + (-r)) \cdot s = (q - r) \cdot s$$
$$\underset{(*)}{=} \quad q \cdot s - r \cdot s = q \cdot s + (-(r \cdot s))$$
$$= q \cdot s + (-r) \cdot s$$

Wegen $q > r$ sind sowohl $(q - r) \cdot s$ wie $q \cdot s - r \cdot s$ in $\mathbb{Q}^+$ erklärt. $q \cdot s - r \cdot s$ ist die eindeutig bestimmte Lösung von $r \cdot s + x = q \cdot s$.

Auch $(q - r) \cdot s$ ist Lösung dieser Gleichung; denn Einsetzen ergibt $r \cdot s + (q - r) \cdot s = s \cdot r + s \cdot (q - r) = s \cdot (r + (q - r)) = s \cdot q = q \cdot s$. Also gilt (∗), nämlich $(q - r) \cdot s = q \cdot s - r \cdot s$.

(3 b) $q = r$

$$(q + (-r)) \cdot s = (q + (-q)) \cdot s = 0 \cdot s$$
$$= 0 = q \cdot s + (-(q \cdot s)) = q \cdot s + (-q) \cdot s = q \cdot s + (-r) \cdot s$$

(3 c) $q < r$

$$(q + (-r)) \cdot s = (-(r - q) \cdot s)$$
$$= -((r - q) \cdot s) = -(r \cdot s - q \cdot s) = q \cdot s + (-(r \cdot s))$$
$$= q \cdot s + (-r) \cdot s$$

Fall 5

Der Beweis verläuft völlig analog (Aufgabe 6).

Satz 2 beinhaltet inbesonders folgende Aussagen über die Multiplikation rationaler Zahlen :

(4) Das Produkt zweier rationaler Zahlen ist stets wieder genau eine rationale Zahl.

(5) Für die rationalen Zahlen gilt unter der Multiplikation das Kommutativgesetz.

(6) Für die rationalen Zahlen gilt unter der Multiplikation das Assoziativgesetz.

(7) Für alle rationalen Zahlen a gilt $a \cdot 1 = a$.

(8) Für die rationalen Zahlen gilt das Distributivgesetz.

Zusätzlich haben wir mit den Vorüberlegungen vor Definition 4 folgende weitere Aussagen über den Zusammenhang zwischen der Multiplikation und den *additiv* Inversen bewiesen :

(9) Multiplizieren wir a mit dem additiv Inversen von b oder das additiv Inverse von a mit b, so erhalten wir stets das additiv Inverse von $a \cdot b$; denn für alle $a, b \in \mathbb{Q}$ gilt $a \cdot (-b) = (-a) \cdot b = -(a \cdot b)$.

(10) Das Produkt der additiv Inversen von a und b stimmt überein mit dem Produkt von a und b; denn für alle $a, b \in \mathbb{Q}$ gilt $(-a) \cdot (-b) = a \cdot b$.

Um die *Division* in $\mathbb{Q}$ uneingeschränkt durchführen zu können, *müßte* die Gleichung $a \cdot x = b$ für $a, b \in \mathbb{Q}$ *stets* eindeutig lösbar sein. Wir werden im folgenden sehen, daß diese Gleichung für $a \neq 0$ stets eindeutig lösbar ist und daß damit in $\mathbb{Q}$ bis auf den *einen* Ausnahmefall der Division durch Null *ohne* Einschränkungen dividiert werden kann. Fordern wir, daß $a \neq 0$ ist, so gilt *zunächst*, daß jede Gleichung $a \cdot x = 1$ in $\mathbb{Q}$ eindeutig lösbar ist :

Satz 3

Für alle $a \in \mathbb{Q}$ mit $a \neq 0$ ist die Gleichung $a \cdot x = 1$ in $\mathbb{Q}$ eindeutig lösbar.

Bemerkung

Wir müssen in Satz 3 verlangen, daß $a \neq 0$ ist; denn für $a = 0$ ist die Gleichung $0 \cdot x = 1$ unlösbar, da stets $0 \cdot x = 0$ gilt.

Beweis

Ist $a \in \mathbb{Q}^+$, so ist die Gleichung $a \cdot x = 1$ nach II. 6 stets eindeutig lösbar, nämlich durch das multiplikativ Inverse von a, das wir hier – wie allgemein üblich – mit a^{-1} bezeichnen. Ist dagegen $a \in \mathbb{Q}^-$, also $a = -q$ mit $q \in \mathbb{Q}^+$, so existiert nach II. 6 zu q eindeutig das multiplikativ Inverse q^{-1}. Wegen $(-q) \cdot (-q^{-1}) = q \cdot q^{-1} = 1$ löst in diesem Fall $-q^{-1}$ eindeutig obige Gleichung.

Wegen Satz 3 können wir den Begriff des multiplikativ Inversen von $\mathbb{Q}^+$ auf alle $a \in \mathbb{Q}$ mit $a \neq 0$ erweitern :

Definition 5   (Multiplikativ Inverses in $\mathbb{Q}$)

Für alle $a \in \mathbb{Q}$, $a \neq 0$, nennen wir die eindeutig bestimmte Lösung von $a \cdot x = 1$ die zu a *multiplikativ inverse Zahl* und schreiben hierfür a^{-1} oder $\frac{1}{a}$.

Satz 3 läßt schon vermuten, daß die rationalen Zahlen ohne Null, also $\mathbb{Q} \setminus \{0\}$, unter der Multiplikation eine kommutative *Gruppe* bilden. Für den entsprechenden Nachweis ist der folgende Satz grundlegend, der in vieler Hinsicht – zum Beispiel auch beim Lösen von Gleichungen – eine wichtige Rolle spielt :

Satz 4

Ein Produkt rationaler Zahlen ist genau dann gleich Null, wenn mindestens einer der Faktoren Null ist. Kurz : $\quad a \cdot b = 0 \iff a = 0 \vee b = 0$.

Beweis

(1) Ist $a = 0$ oder $b = 0$, so ist nach Definition 4 auch $a \cdot b = 0$.

(2) Sei $a \cdot b = 0$. Ist $b = 0$, so stimmt die Aussage. Ist $b \neq 0$, so gilt :
$a = a \cdot 1 = a \cdot (b \cdot b^{-1}) = (a \cdot b) \cdot b^{-1} = 0 \cdot b^{-1} = 0$, also ist $a = 0$. Also folgt aus $a \cdot b = 0$ stets $a = 0$ oder $b = 0$.

Jetzt können wir sehr leicht beweisen :

Satz 5

Die rationalen Zahlen ohne die Null bilden unter der Multiplikation eine kommutative Gruppe. Kurz : $(\mathbb{Q} \setminus \{0\}, \cdot)$ ist eine kommutative Gruppe.

Beweis

Nach Definition 4 und Satz 4 bildet $(\mathbb{Q} \setminus \{0\}, \cdot)$ ein Verknüpfungsgebilde. Nach Definition 5 und Satz 3 besitzt $(\mathbb{Q} \setminus \{0\}, \cdot)$ zu jedem Element ein Inverses. Ferner ist 1 neutrales Element in $(\mathbb{Q} \setminus \{0\}, \cdot)$, und es gilt auch das Kommutativ– und das Assoziativgesetz in $(\mathbb{Q} \setminus \{0\}, \cdot)$, da es sogar in $(\mathbb{Q}, \cdot)$ gilt.

Als direkte Folgerung aus Satz 5 ergibt sich :

Satz 6

Jede Gleichung $a \cdot x = b$ mit $a, b \in \mathbb{Q} \setminus \{0\}$ ist in $\mathbb{Q}$ eindeutig lösbar.

Bemerkung

Für $a = 0$ und $b \neq 0$ ist die Gleichung offenbar unlösbar; denn $0 \cdot x = 0$ für alle $x \in \mathbb{Q}$. Für $a = 0$ und $b = 0$ ist die Gleichung $0 \cdot x = 0$ allgemeingültig in $\mathbb{Q}$, also *nicht* eindeutig lösbar. Für $a \neq 0$ und $b = 0$ ist die Gleichung eindeutig durch 0 lösbar.

Wir können also die Aussage von Satz 6 etwas erweitern und erhalten :

Satz 7

Jede Gleichung $a \cdot x = b$ mit $a, b \in \mathbb{Q}$ und $a \neq 0$ ist in $\mathbb{Q}$ eindeutig lösbar.

Kommutative Gruppen sind auch stets *regulär*. Daher gilt :

Satz 8

Für $a, b, c \in \mathbb{Q} \setminus \{0\}$ folgt aus $a \cdot b = a \cdot c$ stets $b = c$.

Die Aussage von Satz 8 können wir *etwas* erweitern zu

Satz 9

Für $a, b, c \in \mathbb{Q}$ mit $a \neq 0$ folgt aus $a \cdot b = a \cdot c$ stets $b = c$.

Gilt $a \neq 0$ sowie $b \neq 0$ *und* $c \neq 0$, so ist die Aussage durch Satz 8 bewiesen. Gilt $a \neq 0$ sowie $b = 0$ *oder* $c = 0$, so folgt aus $a \cdot b = a \cdot c$ $b = 0$ *und* $c = 0$, also $b = c$.

Mit Hilfe von Satz 7 führen wir jetzt die Division in $\mathbb{Q}$ ein :

Definition 6 (Division von rationalen Zahlen)

Die für alle rationalen Zahlen a, b mit $a \neq 0$ eindeutig bestimmte Lösung der Gleichung $a \cdot x = b$ nennen wir den *Quotienten* der rationalen Zahlen a und b und schreiben hierfür kurz $b : a$.

Wegen Satz 6 und Satz 7 gilt dann :

Satz 10

Die Division $b : a$ ist in $\mathbb{Q}$ genau dann durchführbar, wenn $a \neq 0$ ist.

Damit haben wir das einleitend formulierte Ziel voll erreicht. Die vier Grundrechenarten in $\mathbb{Q}$ sind *Fortsetzungen* der entsprechenden Rechenarten von $\mathbb{Q}^+$; die aus $\mathbb{Q}^+$ vertrauten Eigenschaften dieser Rechenoperationen bleiben weitestgehend erhalten, das Distributivgesetz gilt auch für ganz $\mathbb{Q}$, und schließlich – dies war die ganz zentrale Zielsetzung – können wir in $\mathbb{Q}$ alle vier Grundrechenarten – bis auf die Division durch Null – *ohne* Einschränkung durchführen.

Aufgaben

(3) Beweisen Sie : Für alle $a, b \in \mathbb{Q}$ gilt $(-a) \cdot b = -(a \cdot b)$.

(4) Beweisen Sie das Assoziativgesetz der Multiplikation für den Sonderfall, daß zwei der drei Faktoren Null sind.

(5) Führen Sie beim Beweis des Assoziativgesetzes der Multiplikation die Fälle 3 und 4 auf Fall 2 sowie die Fälle 6 und 7 auf Fall 5 zurück.

(6) Beweisen Sie, daß für $q, r, s \in \mathbb{Q}^+$ stets gilt $(q + (-r)) \cdot (-s) = q \cdot (-s) + (-r) \cdot (-s)$.

(7) Beweisen Sie, daß für alle $a, b \in \mathbb{Q} \setminus \{0\}$ gilt $(a^{-1})^{-1} = a$ und $(a \cdot b)^{-1} = a^{-1} \cdot b^{-1}$.

5   Ausblick I: Die rationalen Zahlen als Körper

Wir haben in II. 9 (Definition 10) für alle Verknüpfungsgebilde mit bestimmten algebraischen Eigenschaften, die auch die Bruchzahlen unter der Multiplikation besitzen (Assoziativgesetz, Kommutativgesetz, Existenz eines neutralen Elementes, Existenz eines inversen Elementes zu jedem Element) den Begriff der *kommutativen Gruppe* eingeführt. *Alle* Aussagen, die wir konkret für $(\mathbb{Q}^+, \cdot)$ unter ausschließlicher Benutzung dieser Eigenschaften abgeleitet haben bzw. ableiten können, gelten – wie man unmittelbar einsieht – nicht nur für $(\mathbb{Q}^+, \cdot)$, sondern für *alle* Verknüpfungsgebilde mit *diesen* Eigenschaften, also für alle kommutativen Gruppen. Von der Beweisökonomie, die durch diesen algebraischen Strukturbegriff bewirkt wird, haben wir in diesem Kapitel schon deutlich profitiert. Wir wollen daher im folgenden einen *weiteren* algebraischen Strukturbegriff einführen, der in den *folgenden beiden* Kapiteln ebenfalls zu einer drastischen Beweisreduzierung führt.

Kommutative Gruppen besitzen nur *eine* Verknüpfung nebst Umkehrverknüpfung. Dagegen besitzen die rationalen Zahlen *zwei* Verknüpfungen nebst zugehörigen Umkehrverknüpfungen. Dennoch läßt sich die algebraische Struktur der rationalen Zahlen gut mit Hilfe des Gruppenbegriffs beschreiben. So bildet $(\mathbb{Q}, +)$ eine *kommutative Gruppe*. Bei der Multiplikation müssen wir die *Null* herausnehmen. Dann bildet $(\mathbb{Q} \setminus \{0\}, \cdot)$ ebenfalls eine *kommutative Gruppe*. Zusätzlich besteht zwischen den beiden Gruppenverknüpfungen ein Zusammenhang, der durch das *Distributivgesetz* beschrieben wird. Da wir wegen dieser algebraischen Eigenschaften der rationalen Zahlen alle vier Grundrechenarten – bis auf die Division durch Null – in $\mathbb{Q}$ uneingeschränkt durchführen können, legt dies folgende Definition nahe :

Definition 7   (Körper)

Eine nichtleere Menge $\mathbb{K}$ mit zwei Verknüpfungen „+" und „·" nennen wir genau dann einen *Körper*, wenn gilt

(1) $(\mathbb{K}, +)$ ist eine kommutative Gruppe.

(2) $(\mathbb{K} \setminus \{0\}, \cdot)$, also $\mathbb{K}$ ohne das neutrale Element bezüglich „+", ist eine kommutative Gruppe.

(3) Für alle $a, b, c \in \mathbb{K}$ gilt $a \cdot (b + c) = a \cdot b + a \cdot c$ (Distributivgesetz).

Anmerkungen

(1) Die Zeichen „+" und „·" stehen für beliebige Verknüpfungen auf $\mathbb{K}$. Es muß sich also hierbei *nicht* notwendig um die vertraute Addition bzw. Multiplikation handeln.

(2) In Anlehnung an $\mathbb{Q}$ bezeichnet man auch in beliebigen Körpern das neutrale Element bezüglich „+" als *Null*element (0), das neutrale Element bezüglich „·" als *Eins*element (1), das inverse Element zu a bezüglich „+" als $-a$, das inverse Element zu $a \neq 0$ bezüglich „·" als a^{-1} oder als $\frac{1}{a}$.

(3) In Definition 7 verlangen wir für alle Elemente aus $\mathbb{K} \setminus \{0\}$ die Gültigkeit des Kommutativgesetzes und des Assoziativgesetzes bezüglich der Multiplikation. Man kann leicht zeigen, daß für *alle* $a \in \mathbb{K}$ stets $a \cdot 0 = 0 \cdot a = 0$ gilt (Aufgabe 8) und daß beide Gesetze auch für *alle* Elemente aus $\mathbb{K}$ gelten (Aufgabe 9), daß also $(\mathbb{K}, \cdot)$ ein kommutatives und assoziatives Verknüpfungsgebilde mit 1 als neutralem Element bildet.

Damit gelten also in *Körpern* $\mathbb{K}$ für alle $a, b, c \in \mathbb{K}$ stets folgende *Rechengesetze* :

(1) $(a + b) + c = a + (b + c)$ $\qquad$ (Assoziativgesetze)
 $(a \cdot b) \cdot c = a \cdot (b \cdot c)$

(2) $a + b = b + a$ $\qquad$ (Kommutativgesetze)
 $a \cdot b = b \cdot a$

(3) Für alle $a \in \mathbb{K}$ gibt es ein *neutrales Element* 0 bezüglich der „Addition" und ein neutrales Element 1 bezüglich der „Multiplikation" mit $a + 0 = a$ und $a \cdot 1 = a$.

(4) Für alle $a \in \mathbb{K}$ gibt es ein *inverses Element* $-a$ bezüglich der „Addition" und für alle $a \in \mathbb{K}$ mit $a \neq 0$ ein inverses Element a^{-1} bezüglich der „Multiplikation" mit $a + (-a) = 0$ und $a \cdot a^{-1} = 1$.

(5) $a \cdot (b + c) = a \cdot b + a \cdot c$ $\qquad$ (Distributivgesetz)

(4) Auch in beliebigen Körpern $\mathbb{K}$ soll die aus $\mathbb{Q}$ vertraute Konvention gelten, daß Punktrechnung $(\cdot ; :)$ stärker bindet als Strichrechnung $(+ ; -)$.

(5) *Alle* Aussagen, die wir ausschließlich durch Rückgriff auf die in der Definition 7 (sowie in den vorstehenden Anmerkungen) enthaltenen Eigenschaften von $\mathbb{Q}$ abgeleitet haben, gelten entsprechend auch für *beliebige* Körper. Wir müssen dazu in den entsprechenden Beweisen nur jeweils $\mathbb{Q}$ durch $\mathbb{K}$ ersetzen. So können wir insbesondere auch in beliebigen Körpern jeweils alle vier „Grundrechenarten" mit Ausnahme der "Division" durch Null ohne jede Einschränkung durchführen. Somit führt auch dieser algebraische Strukturbegriff zu einer Vermeidung von *Mehrfach*beweisen desselben Sachverhaltes in verschiedenen Zahlbereichen und damit zu einer weiteren *Beweisökonomie*.

Wir halten abschließend noch fest :

Satz 11

Die rationalen Zahlen bilden unter der Addition und Multiplikation einen Körper.

Aufgaben

(8) Beweisen Sie, daß in Körpern $\mathbb{K}$ für $a \in \mathbb{K}$ stets $a \cdot 0 = 0 \cdot a = 0$ gilt.

(9) Beweisen Sie, daß in einem Körper $\mathbb{K}$ für *alle* $a, b, c \in \mathbb{K}$ das Kommutativ- und das Assoziativgesetz sowohl für die „Addition" als auch für die „Multiplikation" gilt.

6 Anordnung

Entsprechend unserer Vorgehensweise bei den vier Grundrechenarten führen wir in diesem Abschnitt auch die *Kleiner*relation in $\mathbb{Q}$ durch *Fortsetzung* der Kleinerrelation in $\mathbb{Q}^+$ ein. Zwar definierten wir im vorigen Kapitel II die Kleinerrelation bei Bruchzahlen *speziell* mit Hilfe der Zähler gleichnamiger Brüche, stellten dann jedoch später nach der Behandlung der Addition im Abschnitt II. 4 (Satz 8) folgenden Zusammenhang zwischen der Addition und Kleinerrelation in $\mathbb{Q}^+$ her : Die Gleichung $a + x = b$ ist in $\mathbb{Q}^+$ genau dann eindeutig lösbar, wenn $a < b$ gilt.

Wir definieren daher :

Definition 8 (Kleinerrelation in $\mathbb{Q}$)
Für alle $a, b \in \mathbb{Q}$ gilt $a < b$ genau dann, wenn $a + x = b$ eine Lösung $c \in \mathbb{Q}^+$ besitzt.
Kurz : $a < b : \Longleftrightarrow$ es existiert ein $c \in \mathbb{Q}^+$ mit $a + c = b$.

Bemerkungen

(1) Wir verlangen in der Definition 8, daß die Lösung c von $a + x = b$ *speziell* in $\mathbb{Q}^+$ liegt; denn da $(\mathbb{Q}, +)$ eine kommutative Gruppe bildet, ist trivialerweise *jede* Gleichung $a + x = b$ in $\mathbb{Q}$ eindeutig lösbar.

(2) Die Addition in $\mathbb{Q}$ stimmt in $\mathbb{Q}^+$ mit der dort eingeführten Addition überein. Die oben definierte Kleinerrelation ist also eine *Fortsetzung* der Kleinerrelation in $\mathbb{Q}^+$.

(3) Neben Aussagen bezüglich der Kleinerrelation formulieren wir in diesem Abschnitt auch Aussagen mit Hilfe der *Größerrelation*. Hierbei ist wie üblich $a > b \; :\Longleftrightarrow\; b < a$.

Aus Definition 8 ergibt sich unmittelbar :

Satz 12

Für alle $a, b \in \mathbb{Q}$ gilt : $a < b \iff b - a \in \mathbb{Q}^+$.

Speziell für $a = 0$ gilt also :

(1) $\quad b > 0 \iff b \in \mathbb{Q}^+$

Bezeichnen wir – wie üblich – Zahlen größer Null als *positiv*, so wird hierdurch unsere in Kapitel II benutzte Bezeichnung der Bruchzahlen $\mathbb{Q}^+$ als *positiver rationaler Zahlen* gerechtfertigt. Trivial sind jetzt auch die Aussagen

(2) $\quad$ Aus $a > 0$ und $b > 0$ folgt $a + b > 0$.

(3) $\quad$ Aus $a > 0$ und $b > 0$ folgt $a \cdot b > 0$.

Wir überprüfen im folgenden, wieweit für diese Kleinerrelation in $\mathbb{Q}$ die aus $\mathbb{Q}^+$ vertrauten Eigenschaften gültig bleiben. Zunächst gilt auch in $\mathbb{Q}$ die *Transitivität* :

Satz 13

Für alle $a, b, c \in \mathbb{Q}$ gilt :

Aus $a < b$ und $b < c$ folgt $a < c$ (Transitivität).

Beweis

Wegen $a < b$ und $b < c$ gilt nach Satz 12 $b - a \in \mathbb{Q}^+$ und $c - b \in \mathbb{Q}^+$. Dann liegt auch die Summe dieser beiden Zahlen in $\mathbb{Q}^+$. Also gilt wegen $(b - a) + (c - b) = b + (-a) + c + (-b) = c + (-a) = c - a$ auch $c - a \in \mathbb{Q}^+$, also $a < c$.

Ebenso gilt auch in $\mathbb{Q}$ die *Trichotomie* :

Satz 14

Für alle $a, b \in \mathbb{Q}$ mit $a \neq b$ gilt entweder $a < b$ oder $b < a$.

Beweis

Es ist $\mathbb{Q} = \mathbb{Q}^+ \cup \{0\} \cup \mathbb{Q}^-$, wobei $\mathbb{Q}^+ \cap \mathbb{Q}^- = \emptyset$, $0 \notin \mathbb{Q}^+$, $0 \notin \mathbb{Q}^-$. Daher gilt für alle $a, b \in \mathbb{Q}$ mit $a \neq b$ *entweder* $b - a \in \mathbb{Q}^+$ *oder* $b - a \in \mathbb{Q}^-$ und damit $-(b - a) \in \mathbb{Q}^+$. Da nach (8) in III. 3 für alle $a, b \in \mathbb{Q}$ gilt $-(b - a) = a - b$, ist also entweder $b - a \in \mathbb{Q}^+$ oder $a - b \in \mathbb{Q}^+$, ist also entweder $a < b$ oder $b < a$.

Auch das *Monotoniegesetz der Addition* gilt in ganz $\mathbb{Q}$:

Satz 15

Für alle $a, b, c \in \mathbb{Q}$ gilt :

Aus $a < b$ folgt $a + c < b + c$.

Beweis

Aus $a < b$ folgt $b - a \in \mathbb{Q}^+$. Da für alle $a, b, c \in \mathbb{Q}$ gilt $(b + c) - (a + c) = b - a$ (vgl. Aufgabe 10), gilt für $a < b$ auch stets $(b + c) - (a + c) \in \mathbb{Q}^+$ und damit $a + c < b + c$.

Die Umkehrung von Satz 15 ist ebenfalls wahr (vgl. Aufgabe 11); wir können daher formulieren :

Satz 16

Für alle $a, b, c \in \mathbb{Q}$ gilt :

$$a < b \iff a + c < b + c$$

Bemerkung

Wir können jetzt leicht zeigen, daß die Gültigkeit des Monotoniegesetzes der Addition in $\mathbb{Q}$ *zwangsläufig* unsere Definition 8 für die Kleinerrelation zur Folge hat. Wegen Satz 16 und Aussage (1) nach Satz 12 gilt nämlich :
$$a < b \iff a + (-a) < b + (-a) \iff 0 < b - a \iff b - a \in \mathbb{Q}^+ \iff a + x = b$$
besitzt eine Lösung $c \in \mathbb{Q}^+$.

Auch in $\mathbb{Q}$ können wir zwei Ungleichungen jeweils seitenweise addieren (vgl. Aufgabe 12) :

Satz 17

Für alle $a, b, c, d \in \mathbb{Q}$ gilt :

Aus $a < b$ und $c < d$ folgt $a + c < b + d$.

Das *Monotoniegesetz der Multiplikation* in $\mathbb{Q}$ weicht etwas von dem entsprechenden Gesetz in $\mathbb{Q}^+$ ab. Während wir dort die Ungleichung $a < b$ mit jedem beliebigen $c \in \mathbb{Q}^+$ durchmultiplizieren konnten, müssen wir in $\mathbb{Q}$ fordern, daß speziell $0 < c$, also $c > 0$ gilt :

Satz 18

Für alle $a, b, c \in \mathbb{Q}$ gilt :

Aus $a < b$ und $0 < c$ folgt $a \cdot c < b \cdot c$.

Beweis

Wegen $a < b$ und $0 < c$ gilt nach Satz 12 $b - a \in \mathbb{Q}^+$ und $c \in \mathbb{Q}^+$, also auch $(b - a) \cdot c \in \mathbb{Q}^+$. Wegen des Distributivgesetzes in $\mathbb{Q}$ ist $(b - a) \cdot c = (b + (-a)) \cdot c = b \cdot c + (-a) \cdot c = b \cdot c - a \cdot c$, also gilt auch $b \cdot c - a \cdot c \in \mathbb{Q}^+$ und damit $a \cdot c < b \cdot c$.

Multiplizieren wir dagegen die Ungleichung mit einem $c \in \mathbb{Q}^-$, d. h. $c < 0$, so „dreht" sich das Kleinerzeichen um. Für den Beweis benötigen wir zunächst :

Satz 19

Für alle $a, b \in \mathbb{Q}$ gilt :

Aus $a < b$ folgt $-a > -b$.

Beweis

Durch zweimalige Anwendung des Monotoniegesetzes der Addition (Satz 16) erhalten wir :

Aus $a < b$ folgt zunächst $a + (-a) < b + (-a)$, also $0 < b + (-a)$, und daraus dann $0 + (-b) < b + (-a) + (-b)$, also $-b < -a$, d. h. $-a > -b$.

Ist speziell $b = 0$, so erhalten wir :

Satz 19 a

Für alle $a \in \mathbb{Q}$ folgt aus $a < 0$ stets $-a > 0$.

Hiermit können wir jetzt beweisen :

Satz 20

Für alle $a, b, c \in \mathbb{Q}$ gilt :

Aus $a < b$ und $c < 0$ folgt $a \cdot c > b \cdot c$.

Beweis

Aus $c < 0$ folgt nach Satz 19 a stets $-c > 0$.

Die Anwendung des Monotoniegesetzes der Multiplikation (Satz 18) ergibt $a \cdot (-c) < b \cdot (-c)$, also $-(a \cdot c) < -(b \cdot c)$ und daher nach Satz 19 $a \cdot c > b \cdot c$.

Für das *seitenweise* Multiplizieren zweier Ungleichungen müssen wir in $\mathbb{Q}$ – abweichend von $\mathbb{Q}^+$ – Zusatzforderungen stellen :

Satz 21

Für alle $a, b, c, d \in \mathbb{Q}$ mit $b > 0$ und $c > 0$ gilt :

Aus $a < b$ und $c < d$ folgt $a \cdot c < b \cdot d$.

Der Beweis verläuft entsprechend wie der Beweis von Satz 17 (Aufgabe 13).

Zum Abschluß dieses Abschnittes beweisen wir noch eine Aussage, die im Körper $\mathbb{Q}$ der rationalen Zahlen gültig ist, die jedoch beispielsweise im Körper der *komplexen* Zahlen (vgl. Kapitel V) *nicht* gilt.

Satz 22

Für alle $a \in \mathbb{Q}$ mit $a \neq 0$ gilt $a^2 > 0$.

Beweis

Ist $a > 0$, so ist nach Aussage (3) im Anschluß an Satz 12 stets $a^2 > 0$.
Ist $a < 0$, also $-a > 0$, so gilt $a^2 = a \cdot a = (-a) \cdot (-a) > 0$, also auch $a^2 > 0$.

Aufgaben

(10) Beweisen Sie : Für alle $a, b, c \in \mathbb{Q}$ gilt $(b + c) - (a + c) = b - a$.

(11) Beweisen Sie : Für alle $a, b, c \in \mathbb{Q}$ gilt : Aus $a + c < b + c$ folgt $a < b$.

(12) Beweisen Sie Satz 17.

(13) Beweisen Sie Satz 21.

(14) Beweisen Sie : Für alle $a < b$ mit $0 < a$ gilt $a^2 < b^2$.

(15) Beweisen Sie : Ist $\mathbb{K}$ ein Körper, dann gilt stets $0 < 1$.

(16) Veranschaulichen Sie die Kleinerrelation in $\mathbb{Q}$ am Zahlenstrahl.

7 Ausblick II:
Die rationalen Zahlen als angeordneter Körper

Die rationalen Zahlen bilden einen Körper. Zusätzlich gelten in $\mathbb{Q}$ eine Reihe von Aussagen bezüglich der Kleinerrelation. Diese Aussagen lassen sich *alle* aus folgenden *nur vier* Aussagen bezüglich der Kleinerrelation gewinnen, nämlich aus dem

- Trichotomiegesetz (Satz 14),

- Transitivitätsgesetz (Satz 13),

- Monotoniegesetz der Addition (Satz 15),

- Monotoniegesetz der Multiplikation (Satz 18).

Daher definieren wir :

Definition 9 (Angeordneter Körper)

Ein Körper $(\mathbb{K}, +, \cdot)$ heißt ein *angeordneter Körper* genau dann, wenn für alle $a, b, c \in \mathbb{K}$ gilt :

(1) Entweder gilt $a < b$ oder $a = b$ oder $b < a$.
(Trichotomiegesetz)

(2) Aus $a < b$ und $b < c$ folgt $a < c$.
(Transitivitätsgesetz)

(3) Aus $a < b$ folgt $a + c < b + c$.
(Monotoniegesetz der Addition)

(4) Aus $a < b$ und $0 < c$ folgt $a \cdot c < b \cdot c$.
(Monotoniegesetz der Multiplikation)

Also gilt :

Satz 23

Die rationalen Zahlen bilden einen *angeordneten* Körper.

Man kann zeigen, daß die vier Aussagen in Definition 9 *unabhängig* voneinander sind, d.h. daß *keine* dieser Aussagen aus den *drei übrigen* hergeleitet werden kann. Durch den Begriff des angeordneten Körpers können – wie auch schon durch die algebraischen Strukturbegriffe Gruppe und Körper – *Mehrfach*beweise in verschiedenen Zahlbereichen vermieden und auf diese Art eine starke Beweisreduzierung erreicht werden. So gelten auch für den angeordneten Körper der *reellen* Zahlen, den wir im nächsten Kapitel gründlich behandeln werden, *die* Aussagen, die wir in diesem Kapitel durch ausschließlichen Rückgriff auf die Körper– und Anordnungsaxiome sowie Folgerungen hieraus bewiesen haben. Allerdings läßt sich keineswegs *jeder* Körper anordnen. So lernen wir im Kapitel V mit dem Körper der *komplexen* Zahlen einen Körper kennen, der *nicht* im Sinne von Definition 9 angeordnet werden kann.

Mit Hilfe des Begriffs des angeordneten Körpers lassen sich die rationalen Zahlen $\mathbb{Q}$ auf verschiedene Arten jeweils eindeutig algebraisch charakterisieren. So gilt :[4]

(1) $(\mathbb{Q}, +, \cdot, <)$ ist der *kleinste* angeordnete Körper, der die *Bruchzahlen* $(\mathbb{Q}^+, +, \cdot, <)$ umfaßt.

(2) Der Zahlbereich $\mathbb{Q}$ der rationalen Zahlen ist der *kleinste* angeordnete Körper, der die *natürlichen Zahlen* umfaßt.

(3) Jeder angeordnete Körper $\mathbb{K}$ enthält einen zu $\mathbb{Q}$ *isomorphen* Teilbereich. Dieses bedeutet mit anderen Worten :

(4) $\mathbb{Q}$ ist der *kleinste* angeordnete Körper.

8 Absolutbetrag rationaler Zahlen

Den Absolutbetrag oder kurz den Betrag einer Zahl a kann man *anschaulich* deuten als den *Abstand* dieser Zahl a vom Nullpunkt der Zahlengeraden. Bezeichnen wir den Betrag von a durch $|a|$, so sind bei *dieser* Deutung insbesondere folgende Aussagen unmittelbar einleuchtend :

(1) $|0| = 0,$

(2) $|a| = |-a|,$

(3) $|a| > 0$ für $a \neq 0,$ also :

$|a| = a$ für $a > 0,$

$|a| = -a$ für $a < 0.$

---

[4]Für Beweise dieser Aussagen vergleiche man gegebenenfalls J. Wisliceny, Grundbegriffe der Mathematik, II. Rationale, reelle und komplexe Zahlen, Berlin 1988.

Für $a \neq 0$ ist also $|a|$ stets eine positive Zahl.

Die Aussagen (1) und (3) motivieren folgende *Definition* des Absolutbetrages :

Definition 10 (Absolutbetrag einer rationalen Zahl)

Für jedes $a \in \mathbb{Q}$ setzen wir

$$|a| := \begin{cases} a & \text{für } a > 0 \\ 0 & \text{für } a = 0 \\ -a & \text{für } a < 0 \end{cases}$$

und nennen $|a|$ den Absolutbetrag oder den Betrag der Zahl a.

Bemerkung

Die beiden ersten Fälle von Definition 10 faßt man häufig zu *einem* Fall zusammen. Benutzen wir $a \geq 0$ für $a = 0$ *oder* $a > 0$, so gilt $|a| = a$ für $a \geq 0$.

Für alle $a, b \in \mathbb{Q}$ gilt jetzt insbesondere :

(4) $|a| > 0$ für alle $a \neq 0$,

(5) $a \leq |a|$ und $-a \leq |a|$,

(6) $|a| = |-a|$,

(7) $|a| < b \iff -b < a < b$,

(8) $|a - b| = |b - a|$.

Die vorstehenden Aussagen ergeben sich fast unmittelbar aus der Definition 10 :

(4) Für $a > 0$ gilt $|a| = a$, für $a < 0$ gilt $|a| = -a$. Nach Satz 19 a ist für $a < 0$ stets $-a > 0$. Also gilt in beiden Fällen $|a| > 0$.

(5) Vergleiche Aufgabe 17.

(6) Für $a > 0$ gilt $|a| = a$, $|-a| = -(-a) = a$, also $|a| = |-a|$.
Für $a < 0$ gilt $|a| = -a$, $|-a| = -a$ also $|a| = |-a|$.
Für $a = 0$ gilt $0 = -0$, also $|a| = |-a|$.

(7) Vergleiche Aufgabe 18.

(8) Nach III. 3 (19) gilt für alle $a, b \in \mathbb{Q}$ $a - b = -(b - a)$. Daher gilt mit (6) auch $|a - b| = |-(b - a)| = |b - a|$.

Bezüglich der *Addition* bzw. *Subtraktion* gelten die Sätze 24 bzw. 25 :

Satz 24 (Dreiecksungleichung)

Für alle $a, b \in \mathbb{Q}$ gilt

$$|a + b| \leq |a| + |b|.$$

Beweis

Wegen Satz 17 folgt aus $a < |a|$ und $b < |b|$ stets $a + b < |a| + |b|$. Im Fall $a = |a|$ und $b = |b|$ gilt trivialerweise $a + b = |a| + |b|$. Entsprechend gilt in allen Fällen $a + b \leq |a| + |b|$.
Analog folgt aus $-a \leq |a|$ und $-b \leq |b|$ stets $(-a) + (-b) \leq |a| + |b|$, also $-(a + b) \leq |a| + |b|$.
Aus $a + b \leq |a| + |b|$ sowie $-(a + b) \leq |a| + |b|$ folgt nach Definition 10

$$|a + b| \leq |a| + |b|.$$

Satz 25

Für alle $a, b \in \mathbb{Q}$ gilt

$$|a - b| \leq |a| + |b|.$$

Beweis

$$|a - b| = |a + (-b)| \leq |a| + |-b| = |a| + |b|.$$

Bezüglich der *Multiplikation* bzw. *Division* gelten die Sätze 26 bzw. 27 :

Satz 26

Für alle $a, b \in \mathbb{Q}$ gilt

$$|a \cdot b| = |a| \cdot |b|.$$

Beweis

(1) Ist $a = 0$ oder $b = 0$, so gilt wegen Satz 4 obige Aussage.

(2) Ist $a > 0$ und $b > 0$, so gilt $a \cdot b > 0$ und damit $|a \cdot b| = a \cdot b = |a| \cdot |b|$.

(3) Ist $a > 0$ und $b < 0$, so gilt $a \cdot b < 0$ und daher

$$|a \cdot b| = -(a \cdot b) = a \cdot (-b) = |a| \cdot |b|.$$

Entsprechend verläuft der Beweis für $a < 0$ und $b > 0$.

(4) Ist $a < 0$ und $b < 0$, so gilt $a \cdot b > 0$ und daher

$$|a \cdot b| = a \cdot b = (-a) \cdot (-b) = |a| \cdot |b|.$$

Definieren wir entsprechend zu Kapitel II $\frac{a}{b}$ durch $a : b$ für $a, b \in \mathbb{Q}$ mit $b \neq 0$, so gilt (vgl. Aufgabe 19) :

Satz 27

Für alle $a, b \in \mathbb{Q}$ mit $b \neq 0$ gilt

$$\left| \frac{a}{b} \right| = \frac{|a|}{|b|}.$$

Aufgaben

(17) Beweisen Sie :

Für alle $a \in \mathbb{Q}$ gilt

$$a \leq |a| \quad \text{und} \quad -a \leq |a|.$$

(18) Beweisen Sie :

Für alle $a, b \in \mathbb{Q}$ gilt

$$|a| < b \iff -b < a < b.$$

(19) Beweisen Sie :

Für alle $a, b \in \mathbb{Q}$ mit $b \neq 0$ gilt

$$\left| \frac{a}{b} \right| = \frac{|a|}{|b|}.$$

(20) Beweisen Sie :

Für alle $a, b, c \in \mathbb{Q}$ gilt

$$|a - b| \leq |a - c| + |c - b|.$$

9 Ganze Zahlen

Ersetzen wir in der Definition der negativen rationalen Zahlen (Definition 1) die Menge $\mathbb{Q}^+$ aller positiven rationalen Zahlen durch die Teilmenge $\mathbb{N}$ aller natürlichen Zahlen, so erhalten wir die Menge aller *negativen ganzen* Zahlen $\mathbb{N}^- := \{-n \mid n \in \mathbb{N}\}$. Für die Zahl 0 gilt $0 \neq n$ und $0 \neq -n$ für alle $n \in \mathbb{N}$. Die Vereinigungsmenge von $\mathbb{N}, \{0\}$ und $\mathbb{N}^-$ bezeichnen wir als Menge aller *ganzen Zahlen* $\mathbb{Z} := \mathbb{N} \cup \{0\} \cup \mathbb{N}^-$. Damit ist $\mathbb{Z} \subset \mathbb{Q}$. Durch eine *entsprechende* Spezialisierung der Definition der Addition und der Multiplikation in $\mathbb{Q}$ erhalten wir eine Addition und Multiplikation in $\mathbb{Z}$, wobei die Summe wie das Produkt zweier ganzer Zahlen stets wiederum genau eine *ganze* Zahl ergibt. Das Verknüpfungsgebilde $(\mathbb{Z}, +)$ ist kommutativ, assoziativ und besitzt mit 0 ein neutrales Element; denn diese Eigenschaften gelten für *alle* Elemente von $\mathbb{Q}$, also auch für alle Elemente der *Teilmenge* $\mathbb{Z}$ von $\mathbb{Q}$, und es gilt $0 \in \mathbb{Z}$. Aufgrund der Definition von $\mathbb{Z}$ ist klar, daß das in $\mathbb{Q}$ stets existierende additiv Inverse von $a \in \mathbb{Z}$ sogar *in* $\mathbb{Z}$ liegt, es also zu jedem $a \in \mathbb{Z}$ ein additiv Inverses *in* $\mathbb{Z}$ gibt. Wir haben hiermit insgesamt gezeigt

Satz 28

Die ganzen Zahlen bilden unter der Addition eine kommutative Gruppe.

Damit gelten für $(\mathbb{Z}, +)$ all *die* Aussagen, die für kommutative Gruppen gelten. So ist insbesondere auch die Gleichung $a + x = b$ für $a, b \in \mathbb{Z}$ in $\mathbb{Z}$ stets eindeutig lösbar, und wir können daher in $\mathbb{Z}$ – im deutlichen Unterschied zu $\mathbb{N}$ – *ohne* jede Einschränkung subtrahieren.

Das Verknüpfungsgebilde $(\mathbb{Z}, \cdot)$ ist kommutativ, assoziativ und besitzt mit 1 ein neutrales Element, da die entsprechenden Aussagen für *alle* Elemente von $\mathbb{Q}$ gelten und 1 eine ganze Zahl ist. Die Gleichung $a \cdot x = 1$ ist in $\mathbb{Z}$ jedoch nur für $a = 1$ und $a = -1$ lösbar. Die ganzen Zahlen besitzen also ausschließlich zu 1 und -1 multiplikativ Inverse. Daher ist die Division in $\mathbb{Z}$ – ähnlich wie in $\mathbb{N}$ – *nicht* uneingeschränkt durchführbar, $(\mathbb{Z}, +, \cdot)$ bildet also *keinen* Körper.

$\mathbb{Z}$ hat gegenüber $\mathbb{N}$ jedoch den Vorzug, daß zwar bei der Division noch starke Einschränkungen bestehen bleiben, daß aber die Addition, Subtraktion und Multiplikation ohne jede Einschränkung durchgeführt werden können. In $\mathbb{Z}$ gilt ferner das Distributivgesetz, da es für alle Elemente von $\mathbb{Q}$ gilt. Verknüpfungsgebilde mit zwei Verknüpfungen, welche die vorstehend aufgelisteten algebraischen Eigenschaften besitzen, bezeichnet man als *kommutative Ringe* mit Einselement. Also bildet $\mathbb{Z}$ einen kommutativen Ring mit Einselement.

Die Erweiterung von $\mathbb{N}$ nach $\mathbb{Z}$ ist unter dem Gesichtspunkt der Einführung einer uneingeschränkten Subtraktion offensichtlich *minimal*; denn wir haben $\mathbb{N}$ nur um das neutrale Element 0 sowie um die additiv Inversen zu den natürlichen Zahlen erweitert. Daher gilt :

Satz 29

Der kommutative Ring $\mathbb{Z}$ der ganzen Zahlen ist der *kleinste* Ring, der die natürlichen Zahlen umfaßt.

Der kommutative Ring der ganzen Zahlen weist noch eine *Besonderheit* auf, die nicht für *alle* Ringe gilt. Auch in $\mathbb{Z}$ gilt die aus $\mathbb{Q}$ (Satz 4) vertraute Aussage, daß ein Produkt ganzer Zahlen genau dann Null ergibt, wenn mindestens einer der Faktoren Null ist; denn diese Aussage gilt für *alle* rationalen Zahlen, also auch für die Teilmenge $\mathbb{Z}$ der ganzen Zahlen. Man sagt daher auch : Die ganzen Zahlen sind – ebenso wie die rationalen Zahlen – *nullteilerfrei*. Betrachten wir dagegen Restklassenringe[5] $(\mathbb{R}_n, \oplus, \odot)$, so sind diese häufig *nicht* nullteilerfrei. So gilt beispielsweise in $(\mathbb{R}_6, \oplus, \odot)$ $\overline{2} \odot \overline{3} = \overline{0}$, obwohl $\overline{2} \neq \overline{0}$ und $\overline{3} \neq \overline{0}$, und $\overline{3} \odot \overline{4} = \overline{0}$, obwohl auch hier $\overline{3} \neq \overline{0}$ und $\overline{4} \neq \overline{0}$.
Bezeichnen wir nullteiler*freie*, kommutative Ringe mit Einselement als *Integritatsringe*, so gilt also :

Satz 30

Die ganzen Zahlen bilden unter der Addition und Multiplikation einen Integritätsring.

Wir können in $\mathbb{Z}$ eine *Anordnung* einführen, indem wir in der entsprechenden Definition in $\mathbb{Q}$ (Definition 8) $\mathbb{Q}^+$ durch $\mathbb{N}$ ersetzen. Dann gilt für die Kleinerrelation in $\mathbb{Z}$ offensichtlich insbesondere auch die Transitivität, die Trichotomie sowie die Monotonie bezüglich der Addition und Multiplikation. Ringe, die diese vier Eigenschaften besitzen, bezeichnet man als *angeordnete Ringe*. Damit gilt : $(\mathbb{Z}, +, \cdot, <)$ ist ein angeordneter Ring.

Wir beenden diesen Abschnitt mit drei algebraisch gleichwertigen *Charakterisierungen der ganzen Zahlen* (vgl. Vollrath (1968)) :

(1) $\mathbb{Z}$ ist ein minimaler angeordneter Ring mit Einselement.

(2) $\mathbb{Z}$ ist ein minimaler Ring, der die Menge der natürlichen Zahlen als Unterstruktur enthält.

---

[5]Vgl. Padberg (1991).

(3) Charakterisierung nach *Peano* :

> 0 ist eine ganze Zahl $(0 \in Z)$.
>
> Zu jeder ganzen Zahl $g \in Z$ gibt es genau einen Nachfolger $g' \in Z$.
>
> Die Zahl 0 ist von allen ihren sukzessiven Nachfolgern verschieden.
>
> Zu jeder ganzen Zahl gibt es genau einen Vorgänger.
>
> Die Menge Z der ganzen Zahlen ist die kleinste Menge, die die Zahl 0 und mit einer ganzen Zahl stets ihren Nachfolger und ihren Vorgänger enthält.

10   Rückblick und Ausblick: Verschiedene Einführungswege der rationalen Zahlen

10.1   Neubau statt Anbau

Wir haben die rationalen Zahlen in diesem Kapitel durch *Anbau* an die *positiven* rationalen Zahlen gewonnen, indem wir zu jedem Element von Q^+ ein entsprechendes *negatives* Element konstruiert und die Null hinzugefügt haben. Dieser von uns gewählte Zugangsweg bietet den *Vorteil*, daß die positiven rationalen Zahlen „bleiben, was sie sind" und daß dieser Weg sowohl der Behandlung der rationalen Zahlen im Mathematikunterricht der Schule wie auch der historischen Entwicklung entspricht. Ein *Nachteil* dieses Weges ist, daß einige Beweise – wie wir gesehen haben – durch viele Fallunterscheidungen etwas mühsam und wenig elegant sind. Dafür ist dieser Weg von den begrifflichen Anforderungen her sehr einfach.

Wegen seiner größeren Eleganz ist jedoch in der Hochschulmathematik der Weg des *Neubaus* der rationalen Zahlen – sei es ausgehend von den ganzen Zahlen (vgl. 10.2) oder von den positiven rationalen Zahlen – am verbreitetsten. Dieser Weg entspricht weitgehend dem in Kapitel II beschriebenen Einführungsweg der Bruchzahlen. Mühsame Fallunterscheidungen entfallen. Wir skizzieren im folgenden – ausgehend von den positiven rationalen Zahlen – knapp die Grundidee dieses Weges : Motiviert durch die Gleichheit von *Differenzen* in Q_0^+ – hiermit bezeichnen wir Q^+ zuzüglich Null, also $Q^+ \cup \{0\}$ – definiert man für *alle* Elemente von $Q_0^+ \times Q_0^+$ eine Relation $\sim$ durch $(a, b) \sim (c, d) : \iff a + d = c + b$. Diese Relation ist – genau so wie die in Kapitel II durch die Gleichheit von *Quotienten* motivierte Relation „$\sim$" – reflexiv, symmetrisch und transitiv, also eine *Äquivalenz*relation (vgl. Aufgabe 21), und zerlegt somit $Q_0^+ \times Q_0^+$ in *Äquivalenzklassen*, die wir mit $\overline{(a, b)}$ bezeichnen und rationale Zahlen nennen. Die Menge *aller* Äquivalenzklassen, also aller rationalen Zahlen, bezeichnen wir durch Q. In Q führt man eine Addition und Multiplikation ein durch :

$$(\overline{a,b}) + (\overline{c,d}) := (\overline{a+c,\ b+d})$$
$$(\overline{a,b}) \cdot (\overline{c,d}) := (\overline{a \cdot c + b \cdot d,\ a \cdot d + b \cdot c})$$

Diese Definition kann man gut über das Rechnen mit Differenzen in $\mathbb{Q}_0^+$ motivieren. Entsprechend wie auch im II. Kapitel muß nachgewiesen werden, daß das Ergebnis jeweils unabhängig von den aus den Klassen ausgewählten Repräsentanten ist. Auf der Grundlage dieser Definition kann dann leicht der Nachweis geführt werden, daß $(\mathbb{Q}, +, \cdot)$ ein *Körper* ist. Zum Schluß muß noch – genau wie in Kapitel II – die Verbindung zwischen diesem *Neubau* und der *Ausgangsmenge* $\mathbb{Q}_0^+$ hergestellt werden. Dieses erfolgt durch den Nachweis, daß $\mathbb{Q}_0^+$ *isomorph* auf eine Teilmenge von $\mathbb{Q}_0^+ \times \mathbb{Q}_0^+$ abgebildet werden kann. Also kann $\mathbb{Q}_0^+$ in $\mathbb{Q}$ eingebettet und daher $\mathbb{Q}$ als Zahlbereichserweiterung von $\mathbb{Q}_0^+$ gedeutet werden.

10.2 Wege von den natürlichen zu den rationalen Zahlen

Wir können auf zwei *deutlich* verschiedenen Wegen von den *natürlichen* Zahlen zu den *rationalen* Zahlen gelangen, nämlich entweder über die *positiven rationalen* Zahlen $\mathbb{Q}^+$ (Weg 1) oder über die *ganzen* Zahlen $\mathbb{Z}$ (Weg 2).

__Weg 1__ $(\mathbb{N} \longrightarrow \mathbb{Q}^+ \longrightarrow \mathbb{Q})$

Bei diesem von uns in den Kapiteln II und III beschrittenen Weg ist man bestrebt, zunächst die *Division* möglichst uneingeschränkt durchführbar zu machen und erst anschließend die Subtraktion. *Für* diese – auf den ersten Blick etwas überraschende – Abfolge spricht die historische Entwicklung, die größere Bedeutsamkeit der Bruchzahlen gegenüber den negativen Zahlen für das tägliche Leben sowie – hieraus resultierend – die entsprechende Abfolge im Mathematikunterricht der Schule. Ein gewisser *Nachteil* dieses Weges ist es, daß die algebraische Struktur der ganzen Zahlen als Integritätsring nur am Rande eine Rolle spielt und daß insbesondere ein bei dem Weg 2 gut zu verdeutlichendes allgemeines Konstruktionsverfahren (s.u.) nicht in den Blick gerät.

Hierbei können die Erweiterungsschritte beim Weg 1 – wie in 10.1 erwähnt – *beide* in Form eines *Neubaus* oder aber – wie von uns in diesem Band bewußt realisiert – *teils* in Form eines *Neubaus* $(\mathbb{N} \longrightarrow \mathbb{Q}^+)$, *teils* in Form eines *Anbaus* $(\mathbb{Q}^+ \longrightarrow \mathbb{Q})$ durchgeführt werden.

Weg 2 (N bzw. $N_0 \longrightarrow \mathbb{Z} \longrightarrow \mathbb{Q}$)

Bei diesem Weg ist man bestrebt, zunächst die *Subtraktion* möglichst uneingeschränkt durchführbar zu machen und erst anschließend die Division. *Für* diesen Weg spricht, daß hier mit den rationalen Zahlen *konkret* der kleinste Körper konstruiert wird, der den Integritätsring $\mathbb{Z}$ der ganzen Zahlen umfaßt, und daß an diesem Beispiel ein *allgemeinerer* Sachverhalt thematisiert werden kann, nämlich daß sich *jeder* Integritätsring in einen Körper einbetten läßt.

Auch beim Weg 2 kann die Erweiterung *teils* in Form eines *Anbaus* ($N \longrightarrow \mathbb{Z}$), *teils* in Form eines *Neubaus* ($\mathbb{Z} \longrightarrow \mathbb{Q}$) oder aber auch *beide* Mal in Form eines *Neubaus* durchgeführt werden. Wir skizzieren im folgenden den *zweiten* Weg.

Schritt 1   Von den natürlichen Zahlen zu den ganzen Zahlen

Ausgehend von den natürlichen Zahlen N_0 wird der Zahlbereich *so* erweitert, daß die umfassende Zahlenmenge $\mathbb{Z}$ unter der *Addition* eine kommutative Gruppe bildet und somit dort die Addition und Subtraktion *ohne* Einschränkungen durchführbar sind. Man definiert – entsprechend wie in II. 9 (Satz 20) – in $N_0 \times N_0$ eine Relation $\sim$ durch :

$$(a, b) \sim (c, d) : \Longleftrightarrow a + d = c + b,$$

weist nach, daß diese Relation eine *Äquivalenz*relation ist und erhält so eine *Klassen*einteilung in $N_0 \times N_0$. Die Klassen $\overline{(a, b)}$ nennt man ganze Zahlen, die Menge *aller* Klassen bezeichnet man durch $\mathbb{Z}$. Entsprechend wie in II. 9 (Satz 20) führt man in $\mathbb{Z}$ eine *Addition* ein durch :

$$\overline{(a, b)} + \overline{(c, d)} := \overline{(a + c,\ b + d)},$$

weist die Repräsentantenunabhängigkeit nach und beweist, daß $(\mathbb{Z}, +)$ eine kommutative Gruppe bildet. Motiviert durch die Produktbildung mit Differenzen in N_0 definiert man die Multiplikation in $\mathbb{Z}$ durch :

$$\overline{(a, b)} \cdot \overline{(c, d)} := \overline{(a \cdot c + b \cdot d,\ a \cdot d + b \cdot c)},$$

weist wiederum die Repräsentantenunabhängigkeit nach und beweist, daß $(\mathbb{Z}, \cdot)$ eine kommutative Halbgruppe mit Einselement ist, daß das Distributivgesetz gilt und daß daher $(\mathbb{Z}, +, \cdot)$ einen kommutativen Ring mit Einselement bildet. Da auch in $\mathbb{Z}$ der wichtige Satz gilt, daß ein Produkt genau dann Null ist, wenn wenigstens ein Faktor Null ist, ist $\mathbb{Z}$ *nullteilerfrei* und damit $(\mathbb{Z}, +, \cdot)$ ein *Integritätsring*. Die *Verbindung* zwischen N_0 und dem *Neubau* $\mathbb{Z}$ stellt man durch den Nachweis her, daß N_0 durch die Abbildung $f : N_0 \longrightarrow \mathbb{Z}$ mit $n \longmapsto \overline{(n,0)}$ *isomorph* auf eine Teilmenge von $\mathbb{Z}$ abgebildet werden kann, daß also diese beiden Mengen isomorph sind. Daher identifiziert man diese Teilmenge von $\mathbb{Z}$ mit N_0 und kann damit $\mathbb{Z}$ als Zahlbereichserweiterung von N_0 deuten.

Schritt 2   Von den ganzen Zahlen zu den rationalen Zahlen

Völlig entsprechend[6] wie beim Schritt 1 wird jetzt $\mathbb{Z}$ *so* erweitert, daß die umfassende Zahlenmenge unter der *Multiplikation* eine kommutative Gruppe bildet und somit dort die Multiplikation und die Division *ohne* Einschränkung durchgeführt werden können. Da es jedoch zu 0 wegen $0 \cdot a = 0$ *kein* inverses Element bezüglich der Multiplikation geben kann, gehen wir nicht von $\mathbb{Z} \times \mathbb{Z}$, sondern von $\mathbb{Z} \times \mathbb{Z} \backslash \{0\}$ aus. In $\mathbb{Z} \times \mathbb{Z} \backslash \{0\}$ definiert man – entsprechend[7] wie in II. 9 (Satz 20) – eine Relation $\sim$ durch :

$$(a,b) \sim (c,d) : \Longleftrightarrow a \cdot d = c \cdot b,$$

weist nach, daß diese Relation eine *Äquivalenz*relation ist, und erhält so eine *Klasseneinteilung* in $\mathbb{Z} \times \mathbb{Z} \backslash \{0\}$. Die Klassen $\overline{(a,b)}$ nennt man *rationale* Zahlen, die Menge *aller* Klassen bezeichnet man mit $\mathbb{Q}$. Entsprechend wie in II. 9 (Satz 20) führt man in $\mathbb{Q}$ eine *Multiplikation* ein durch

$$\overline{(a,b)} \cdot \overline{(c,d)} := \overline{(a \cdot c,\ b \cdot d)},$$

weist die Repräsentantenunabhängigkeit nach und beweist, daß $(\mathbb{Q} \backslash \{0\}, \cdot)$ eine kommutative Gruppe bildet. Man definiert die *Addition* in $\mathbb{Q}$ durch :

$$\overline{(a,b)} + \overline{(c,d)} := \overline{(a \cdot d + b \cdot c,\ b \cdot d)},$$

weist wiederum die Repräsentantenunabhängigkeit nach und beweist, daß $(\mathbb{Q}, +)$ eine kommutative Gruppe bildet und daß außerdem das Distributivgesetz gilt. Daher bildet $(\mathbb{Q}, +, \cdot)$ einen *Körper*. Die *Verbindung* zwischen $\mathbb{Z}$ und dem *Neubau* $\mathbb{Q}$ wird wiederum durch den Nachweis hergestellt, daß $\mathbb{Z}$ durch die Abbildung $f : \mathbb{Z} \longrightarrow \mathbb{Q}$ mit $a \longmapsto \overline{(a,1)}$ *isomorph* auf eine Teilmenge von $\mathbb{Q}$ abgebildet werden kann, daß also diese beiden Mengen isomorph sind. Daher identifiziert man diese Teilmenge von $\mathbb{Q}$ mit $\mathbb{Z}$ und

---

[6]Um diese Entsprechung in weiten Teilen von Schritt 2 zu betonen, verwenden wir hier möglichst weitgehend dieselben Formulierungen wie in Schritt 1.

[7]Sollen diese und die folgenden Aussagen durch Anwendung von Satz 20 *bewiesen* werden, so muß die Ausgangsmenge eine reguläre, kommutative Halbgruppe sein. Dies ist jedoch nicht für $(\mathbb{Z}, \cdot)$, sondern nur für $(\mathbb{Z} \backslash \{0\}, \cdot)$ erfüllt. In diesem Fall müssen wir daher von $\mathbb{Z} \backslash \{0\}$ ausgehen, $\mathbb{Z} \backslash \{0\} \times \mathbb{Z} \backslash \{0\}$ bilden und erhalten so $(\mathbb{Q} \backslash \{0\}, \cdot)$ als kommutative Gruppe.

kann so $\mathbb{Q}$ als Zahlbereichserweiterung von $\mathbb{Z}$ – und damit insgesamt auch als Zahlbereichserweiterung von $\mathbb{N}_0$ – deuten.

Aufgaben

(21) Beweisen Sie, daß die Relation $\sim$ in 10.1 reflexiv, symmetrisch und transitiv ist.

(22) Bestimmen Sie in 10.1 für $(\mathbb{Q}, +, \cdot)$ das neutrale Element bezüglich der Addition sowie bezüglich der Multiplikation.

IV Reelle Zahlen

Ziel dieses Kapitels ist eine Einführung in die reellen Zahlen, die sich durchgängig an einer *elementaren Grundvorstellung* orientiert: Es ist die geometrische Vorstellung von der lückenlosen Zahlengeraden. *Die reellen Zahlen werden also gleich zu Beginn durch die Gesamtheit* **aller** *Punkte der Zahlengeraden erklärt und als gegeben angesehen.* Erst im letzten Abschnitt wird dieser Standpunkt relativiert.

Der erste Abschnitt geht der Frage nach, warum die rationalen Zahlen nicht ausreichen. Dies geschieht an schulnahen Beispielen, die von der Elementarmathematik bis zur Analysis reichen. Hier wird der Blick geschärft für die Bedeutung der *Lückenlosigkeit der Zahlengeraden*, d. h. für jene Eigenschaft, die man die *Vollständigkeit der reellen Zahlen* nennt. Die Menge der rationalen Zahlen füllt die Zahlengerade nicht aus; es bleiben Lücken. Auf der Basis der Grundvorstellung der Lückenlosigkeit der reellen Zahlengeraden werden im zweiten Abschnitt analytische Fassungen der Vollständigkeit herausgearbeitet: Hierzu gehören der Intervallschachtelungssatz (zusammen mit dem Archimedischen Axiom) und der Satz von der oberen Grenze.

Im dritten Abschnitt geht es um die Konkretisierung des Objekts „reelle Zahl", d. h. um die wichtige *Korrespondenz zwischen reellen Zahlen und Dezimalbrüchen.* Hier wird auch die Menge der reellen Zahlen als *vollständiger, angeordneter Körper* identifiziert.

Im vierten und letzten Abschnitt wird der Standpunkt verlagert und der bisherige Umgang mit den reellen Zahlen kritisch beleuchtet. Ergebnis sind die Bemühungen um eine *Konstruktion der reellen Zahlen* aus den rationalen. Im Vordergrund steht der Aufbau über Dezimalzahlen; die Konstruktionen über Dedekindsche Schnitte, Intervallschachtelungen oder Cauchy–Folgen werden kurz im Überblick dargestellt. Eine Beschreibung des *axiomatischen Standpunkts* sowie ein wertender Rückblick beschließen das Kapitel.

1 Reelle Zahlen – oder: Warum reicht $\mathbb{Q}$ nicht aus?

Es gibt zahlreiche aus der Schulmathematik vertraute Situationen, in denen deutlich wird, warum man mit den rationalen Zahlen nicht weit genug kommt. Zur Illustration beleuchten wir in diesem Abschnitt vier Beispiele :
Die *Existenz der Quadratwurzel*, eng damit verbunden das Phänomen der *Inkommensurabilität* sowie als typische Situation aus der elementaren Analysis den *Zwischenwertsatz* für stetige und das *Monotoniekriterium* für differenzier-

bare Funktionen. Gleich zu Beginn wird unsere Grundauffassung von den reellen Zahlen präsent sein: Die reellen Zahlen entsprechen sämtlichen Punkten der Zahlengeraden. Als entscheidende, weit über diesen Abschnitt hinaus wichtige Eigenschaft wird sich die Lückenlosigkeit der Zahlengeraden erweisen.

1.1 Erstes Beispiel : Existenz der Quadratwurzel

Zur Erinnerung: Unter der Quadratwurzel aus einer nichtnegativen Zahl a versteht man diejenige nichtnegative Zahl, deren Quadrat gleich a ist. So ist etwa

$$\sqrt{2,25} = 1,5 \quad , \quad \text{da} \quad 1,5^2 = 2,25 \quad \text{gilt.}$$

Schon im Mittelstufenunterricht beweist man, daß es die Quadratwurzel aus der Zahl 2 in der Menge der rationalen Zahlen nicht geben kann, mit anderen Worten: *Es gibt keine rationale Zahl, deren Quadrat gleich 2 ist.*
Ein elementares Argument dafür stützt sich auf die Eindeutigkeit der Primfaktorzerlegung natürlicher Zahlen. Damit beweisen wir

Satz 1

Es gibt keine rationale Zahl x mit $x^2 = 2$.

Beweis (indirekt)

Angenommen, es gibt einen Bruch $\frac{m}{n}$ mit natürlichen Zahlen m, n und der Eigenschaft $\left(\frac{m}{n}\right)^2 = 2$, d. h.

$$m \cdot m = 2 \cdot n \cdot n.$$

In der Primfaktorzerlegung der Zahl $m{\cdot}m$ tritt die Zahl 2 entweder überhaupt nicht oder zweimal, viermal ..., jedenfalls in gerader Anzahl auf, während sie in der Primfaktorzerlegung von $2 \cdot n \cdot n$ auf jeden Fall in ungerader Anzahl vorkommt. Dieser Widerspruch zeigt, daß es keine rationale Zahl geben kann, deren Quadrat gleich 2 ist.

Bemerkung

Das Beweisargument trägt auch die folgende weitergehende Aussage: Ist p eine Primzahl, so gibt es keine rationale Zahl x mit $x^2 = p$ (Aufgabe 1).

Die uns vertraute Zahl $\sqrt{2}$ gehört also nicht zur Menge der rationalen Zahlen; gleichwohl gibt es $\sqrt{2}$ als Punkt der Zahlengeraden, wie das folgende Bild zeigt. (Die Diagonale im Einheitsquadrat hat die Länge $\sqrt{2}$) :

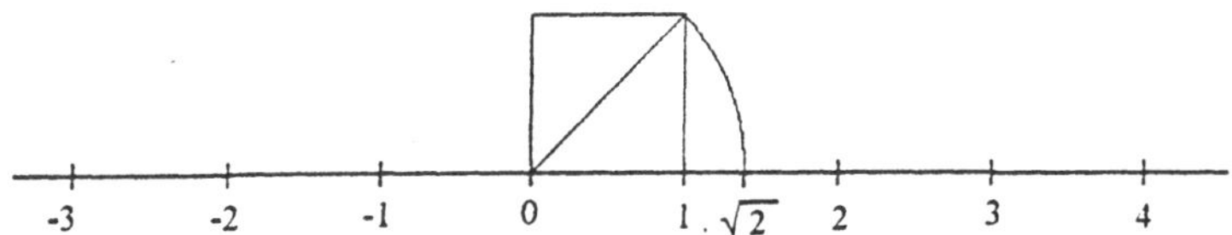

Die nur mit rationalen Punkten besetzt gedachte Zahlengerade („rationale Zahlengerade") hat offenbar Lücken, die durch irrationale (d. h. nicht–rationale) Zahlen wie zum Beispiel $\sqrt{2}$ ausgefüllt werden. Die Gesamtheit der reellen Zahlen wird durch die „vollständige" Zahlengerade repräsentiert. Dies ist unsere (geometrisch orientierte) *Grundvorstellung von den reellen Zahlen* :

Die reellen Zahlen entsprechen eineindeutig den sämtlichen Punkten der Zahlengeraden.

Die Lückenlosigkeit der Zahlengeraden ist Ausdruck einer besonderen Eigenschaft der Menge der reellen Zahlen, die der Menge der rationalen Zahlen nicht zukommt.

Abschließend erinnern wir an die Möglichkeit, irrationale Zahlen wie zum Beispiel $\sqrt{2}$ durch rationale Zahlen „beliebig genau" zu approximieren (anzunähern). Dies geschieht etwa durch rationale *Intervallschachtelungen*, die sich – im Modell der Zahlengeraden – auf den fraglichen Punkt zusammenziehen. Für das Beispiel $\sqrt{2}$ sieht das etwa so aus :

$$
\begin{array}{llll}
\text{Es gilt} & 1 < \sqrt{2} < 2, & \text{weil} & 1^2 = 1 < 2 < 4 = 2^2 \\
& 1{,}4 < \sqrt{2} < 1{,}5, & \text{weil} & 1{,}4 = 1{,}96 < 2 < 2{,}25 = 1{,}5^2 \\
& 1{,}41 < \sqrt{2} < 1{,}42, & \text{weil} & 1{,}41^2 = 1{,}9881 < 2 < 2{,}0164 = 1{,}42^2 \\
& 1{,}414 < \sqrt{2} < 1{,}415, & \text{weil} & 1{,}414^2 = 1{,}999396 < 2 < 2{,}002225 = 1{,}415^2 \\
& 1{,}4142 < \sqrt{2} < 1{,}4143, & \text{weil} & 1{,}4142^2 = 1{,}99996164 < 2 < 2{,}00024449 = 1{,}4143^2 \\
& \vdots & &
\end{array}
$$

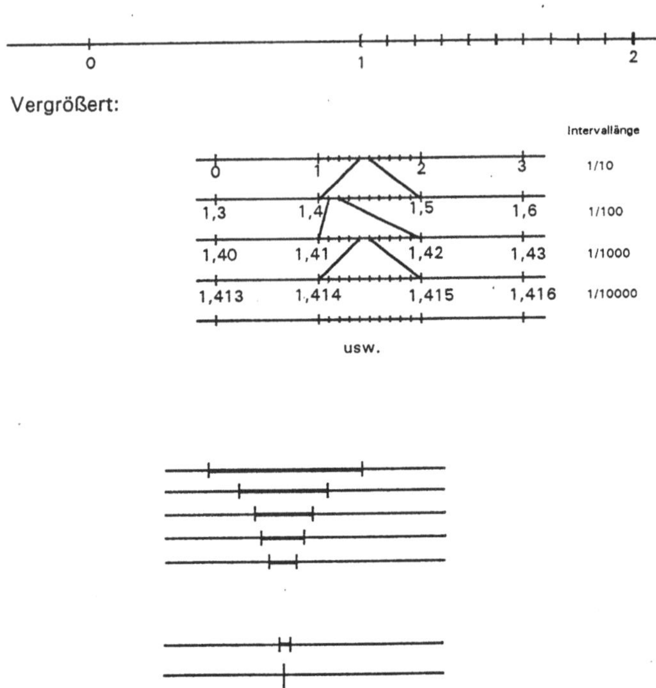

Daß wie in diesem Beispiel *jede* Intervallschachtelung auf der reellen Zahlengeraden einen gemeinsamen Punkt enthält (d. h. eine reelle Zahl bestimmt) und nicht „ins Leere" stößt, ist Ausdruck der schon hervorgehobenen Eigenschaft der Lückenlosigkeit der Zahlengeraden. Wir werden im nächsten Abschnitt genauer darauf eingehen.

1.2 Zweites Beispiel : Inkommensurabilität

Die in Satz 1 bewiesene Irrationalität von $\sqrt{2}$ läßt sich noch in anderer Weise interpretieren:

Das Verhältnis von Diagonalen– und Seitenlänge eines Quadrats ist (nach dem Satz des Pythagoras) gleich $\sqrt{2}$:

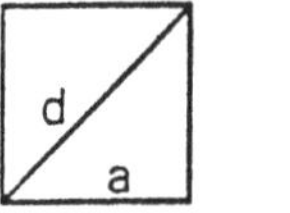

$$d^2 = 2a^2, \quad \text{daher } \frac{d}{a} = \sqrt{2}.$$

Man kann nun fragen, ob die beiden Strecken d und a ein gemeinsames Maß haben (*kommensurabel* sind), d. h. ob es eine Einheitslänge e gibt, so daß man beide Streckenlängen als ganzzahlige Vielfache von e gewinnen kann. So ist man es aus der alltäglichen Meßpraxis gewohnt. Dies ist hier nicht der Fall, denn wäre $d = me$ und $a = ne$ mit $m, n \in \mathbb{N}$, so wäre auch

$$\sqrt{2} = \frac{d}{a} = \frac{me}{ne} = \frac{m}{n} \in \mathbb{Q},$$

was, wie wir wissen, unmöglich ist. Die Irrationalität von $\sqrt{2}$ besagt also, daß *Diagonale und Seite im Quadrat ein inkommensurables Streckenpaar* bilden.

Die Entdeckung solcher Streckenpaare (und damit letztlich irrationaler Zahlen) durch die Pythagoreer um 450 v. Chr. war ein wichtiges, wenn nicht schockierendes Ereignis in der griechischen Mathematik. Wurde doch durch diese Entdeckung die philosophische Grundannahme in Frage gestellt, daß alle Dinge in ganzen Zahlen ausgedrückt werden können.

Das Ordenssymbol der Pythagoreer war das Pentagramm, und genau an diesem Symbol wurde ein inkommensurables Streckenpaar entdeckt. Es geht um die Diagonale und Seite in einem regelmäßigen Fünfeck, und wir werden – ohne den Weg der Entdeckung nachzuzeichnen – kurz zeigen, daß dieses Längenverhältnis irrational ist, Diagonale und Seite im regelmäßigen Fünfeck also ein inkommensurables Streckenpaar bilden. Dazu betrachten wir ein solches Fünfeck $ABCDE$, in das sämtliche Diagonalen eingezeichnet sind :

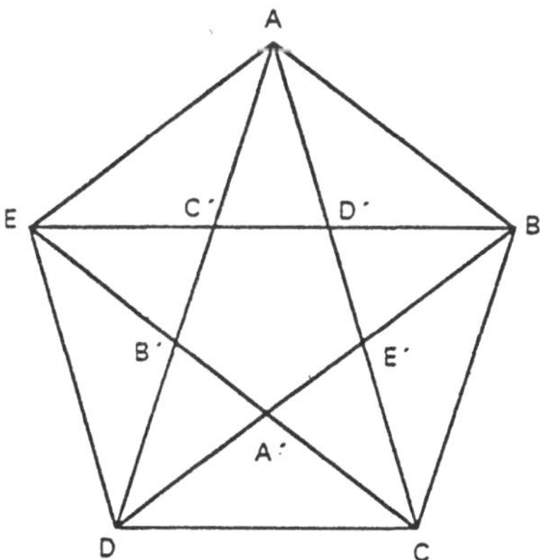

Jede Diagonale ist parallel zu der nicht anliegenden Seite. Die Dreiecke AED und $BE'C$ haben daher parallele Seiten, sind also ähnlich. Daher gilt

$$AD : AE = BC : BE'.$$

Nun ist aber $BE' = BD - E'D = BD - AE$. Im regelmäßigen Fünfeck gilt also die Längenbeziehung

$$\text{Diagonale} : \text{Seite} = \text{Seite} : (\text{Diagonale} - \text{Seite})$$

oder kurz (mit d für die Diagonalenlänge und a für die Seitenlänge)

$$\frac{d}{a} = \frac{a}{d-a}$$

oder

$$\frac{d}{a} = \frac{1}{\frac{d}{a} - 1} \, .$$

Das interessierende Längenverhältnis $x = \frac{d}{a}$ genügt also der Gleichung

$$x = \frac{1}{x-1} \, ,$$

es ist daher gleich der positiven Lösung der quadratischen Gleichung

$$x^2 - x - 1 = 0 \, .$$

Diese aber ist die irrationale Zahl $\frac{1+\sqrt{5}}{2}$. ($\sqrt{5}$ ist irrational!) Wie behauptet sind also Diagonale und Seite im regelmäßigen Fünfeck ein inkommensurables Streckenpaar.

Bemerkungen

1. Die berechnete Verhältniszahl $\frac{1+\sqrt{5}}{2} = 1,618 \ldots$ ist berühmt; ihr begegnen wir beim *Goldenen Schnitt*, der in der Kulturgeschichte des Menschen eine bemerkenswerte Rolle spielt.

2. Inkommensurable Maßzahlen kommen auch in anderen geometrischen Zusammenhängen vor. Ein wichtiges Beispiel dafür ist die Kreismessung: Der Flächeninhalt des Einheitskreises und der Inhalt des Einheitsquadrats haben kein gemeinsames Maß. Das Inhaltsverhältnis ist die Zahl π, ein weiteres Beispiel für eine irrationale Zahl.

Abschließend halten wir fest: Mit der Entdeckung inkommensurabler Streckenpaare war gezeigt, daß die rationalen Zahlen allein keine ausreichende Basis für die Geometrie sind. Die Erweiterung zu den reellen Zahlen war angebahnt.

1.3 Drittes Beispiel : Der Zwischenwertsatz

Wichtige Ergebnisse der klassischen Analysis beruhen auf dem anschaulich evidenten *Zwischenwertsatz für stetige Funktionen.* Als tragenden Spezialfall nehmen wir

Satz 2 (Nullstellensatz)

Wechselt eine in einem Intervall stetige Funktion ihr Vorzeichen, so hat sie dort wenigstens eine Nullstelle.

Genauer : Ist $[a,b] \subseteq \mathbb{R}$, $f : [a,b] \longrightarrow \mathbb{R}$ stetig und $f(a) < 0 < f(b)$, so gibt es wenigstens ein $x_o \in [a,b]$ mit

$$f(x_o) = 0.$$

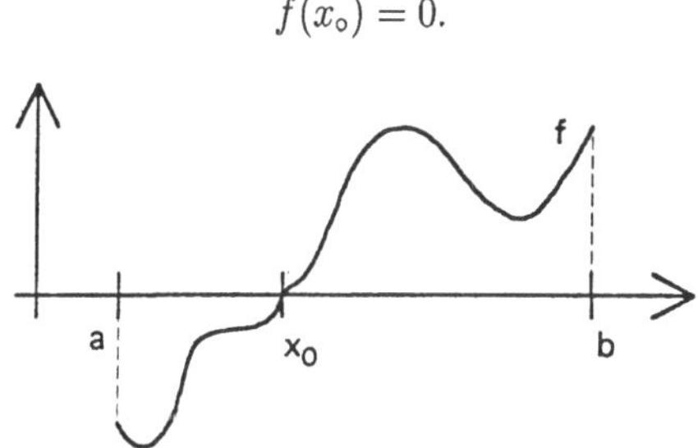

Die Aussage des Satzes wird falsch, wenn man sich nur innerhalb der rationalen Zahlen bewegt.

Gegenbeispiel 1

Für das Intervall $I := \{x \in \mathbb{Q} \mid 1 \leq x \leq 2\}$ der rationalen Zahlengeraden und die stetige Funktion

$$f : I \longrightarrow \mathbb{R} \quad \text{mit} \quad f(x) = x^2 - 2$$

ist $f(1) = -1 < 0$ und $f(2) = 2 > 0$, aber es gibt kein $x_o \in I$ mit $f(x_o) = 0$. Ein solches $x_o \in \mathbb{Q}$ müßte nämlich der Gleichung $x_o^2 = 2$ genügen, was wegen der Irrationalität von $\sqrt{2}$ unmöglich ist.

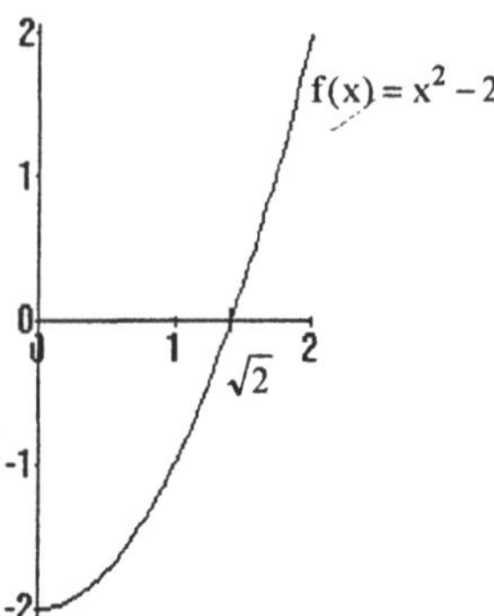

Für die Gültigkeit von Satz 2 ist es offenbar entscheidend, daß man mit *allen* reellen Zahlen arbeitet und damit die Lückenlosigkeit der Zahlengeraden zur Verfügung hat. Wir skizzieren einen Beweis des Nullstellensatzes, der genau diese Eigenschaft benutzt, und zwar in der bereits erwähnten Fassung, daß sich jede Intervallschachtelung auf der Zahlengeraden auf einen Punkt derselben zusammenzieht und damit eine reelle Zahl bestimmt.

Beweis von Satz 2

Zu zeigen ist : Wenn $f : [a, b] \longrightarrow \mathbb{R}$ stetig ist und $f(a) < 0 < f(b)$ gilt, dann gibt es eine Stelle $x_\circ \in [a, b]$ mit $f(x_\circ) = 0$.

Wir verwenden die *Methode der fortgesetzten Intervallhalbierung*.
Man halbiere das Intervall $[a, b]$. Ist dann der Funktionswert an der Intervallmitte gleich Null, so ist man fertig. Ist er positiv, so wähle man das linke Teilintervall, andernfalls das rechte. Fährt man so fort, so erhält man eine Intervallschachtelung $([a_n, b_n])$, die sich auf eine Stelle $x_\circ \in [a, b]$ zusammenzieht. Nach Konstruktion gilt dann

$$f(a_n) < 0 < f(b_n) \quad \text{für jedes } n.$$

Jetzt kommt die Stetigkeit von f ins Spiel : Da $a_n \longrightarrow x_\circ$ und $b_n \longrightarrow x_\circ$, folgt $f(a_n) \longrightarrow f(x_n)$ und $f(b_n) \longrightarrow f(x_\circ)$; daher

$$f(x_\circ) \leq 0 \leq f(x_\circ),$$

d. h. $f(x_\circ) = 0$.

Natürlich läßt sich die Existenz der Quadratwurzel aus 2 in der Menge der reellen Zahlen jetzt rückblickend über den Nullstellensatz begründen: Was eben noch als Gegenbeispiel benutzt wurde, wenden wir jetzt positiv, indem wir I als Intervall in der Menge der *reellen* Zahlen betrachten. Für $I = [1,2] \subseteq \mathbb{R}$ und $f : I \longrightarrow \mathbb{R}$, $f(x) = x^2 - 2$, ist dann $f(1) < 0 < f(2)$. Nach Satz 2 gibt es daher ein $x_\circ \in I$ mit der Eigenschaft $f(x_\circ) = 0$. Für diese positive reelle Zahl $x_\circ$ gilt also $x_\circ^2 - 2 = 0$, d. h. $x_\circ^2 = 2$.

1.4 Viertes Beispiel : Das Monotoniekriterium

Die Kriterien der klassischen Kurvendiskussion im Mathematikunterricht der Gymnasien beruhen im wesentlichen auf dem Zusammenspiel zwischen dem Vorzeichen der Ableitungs– und dem Monotonieverhalten der Ausgangsfunktion. Grundlegend ist

Satz 3 (Monotoniekriterium)

Eine auf einem Intervall differenzierbare Funktion mit überall positiver Ableitung ist dort streng monoton wachsend.

Wieder wird dieser wichtige und – wenn man die Ableitung als Tangentensteigung interpretiert – anschaulich so einleuchtende Satz falsch, falls man sich auf die Menge der rationalen Punkte auf der Zahlengeraden beschränkt. Auf $\mathbb{Q}$ ist das Monotoniekriterium also falsch.

Gegenbeispiel 2

Die durch $f(x) = \frac{1}{2-x^2}$ auf $I := \{x \in \mathbb{Q} \mid 1 \leq x \leq 2\}$ definierte Funktion hat dort überall, d. h. an jeder Stelle eine positive Ableitung (da $f'(x) = \frac{2x}{(2-x^2)^2}$ ist), sie ist jedoch auf I nicht streng monoton wachsend, denn $f(1) = 1$ ist nicht kleiner als $f(2) = -\frac{1}{2}$. Ein Bild macht klar, wie die Dinge hier liegen und warum eine Lücke in der rationalen Zahlengeraden hier so übel hineinspielt :

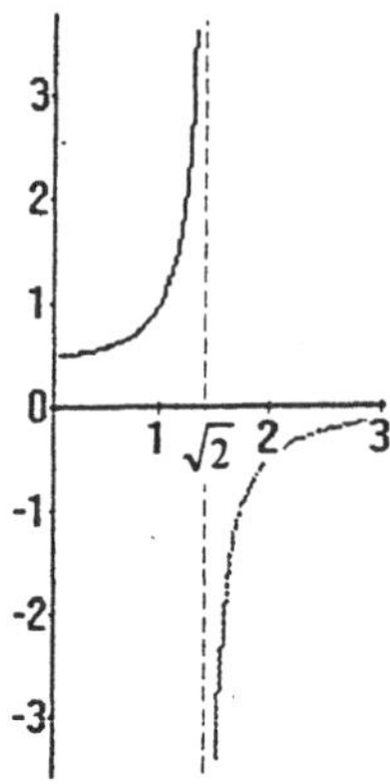

Wie im dritten Beispiel wollen wir einen Beweis des Monotoniekriteriums geben, der von der Eigenschaft der reellen Zahlengeraden Gebrauch macht, daß es zu jeder Intervallschachtelung eine reelle Zahl gibt, die in allen Intervallen enthalten ist. Wieder verwenden wir die bewährte Intervallhalbierungsmethode. Aus der Differentialrechnung appellieren wir lediglich an die Kenntnis der Ableitung als Grenzwert des Differenzenquotienten.

Beweis von Satz 3

Zu zeigen ist, daß man von der Positivität der Ableitung f' an jeder Stelle eines Intervalls I auf die streng wachsende Monotonie von f auf I schließen kann. Nehmen wir an, f ist auf I *nicht* streng monoton wachsend. Dann gibt es wenigstens ein in I gelegenes Paar x_1, x_2 mit $x_1 < x_2$ und $f(x_1) \geq f(x_2)$. Die Sekante durch die Punkte $(x_1,\, f(x_1))$ und $(x_2,\, f(x_2))$ hat also eine nichtpositive Steigung.

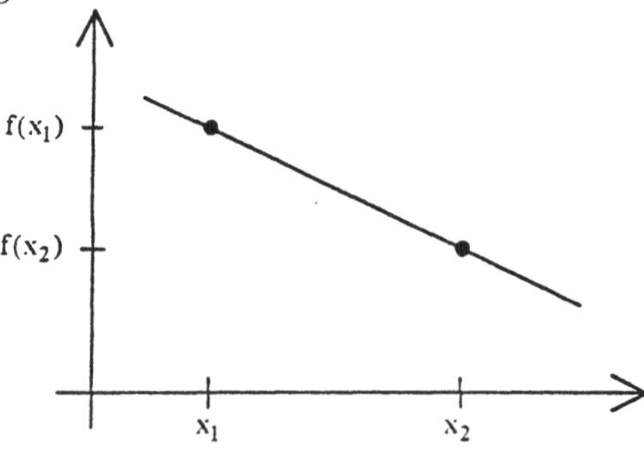

Egal, welchen Wert f in der Mitte z_1 des Intervalls $[x_1,\, x_2]$ annimmt, wenigstens eine der beiden neuen Sekanten wird ebenfalls eine nichtpositive Steigung haben.

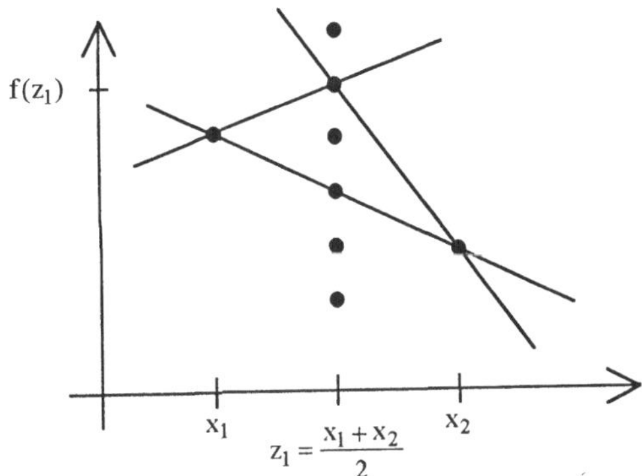

Damit ist die *Beweisidee* umrissen :

Durch fortgesetzte Intervallhalbierung verschafft man sich eine Folge von Sekanten nichtpositiver Steigung, die schließlich zu einer Stelle $x_0 \in I$ führt, an der die Tangente an f ebenfalls nichtpositive Steigung hat. Dann ist aber $f'(x) \leq 0$, d. h. f' ist *nicht* auf *ganz I* positiv.

Jetzt ist fast schon klar, wie man zu x_0 gelangt. Aus dem Startintervall $[x_1,\ x_2]$ entsteht im ersten Schritt das Teilintervall $[z_1,\ x_2]$ mit halber Länge, aus diesem mit demselben Argument wiederum ein Teilintervall halber Länge usw. So etwa könnte die Situation aussehen :

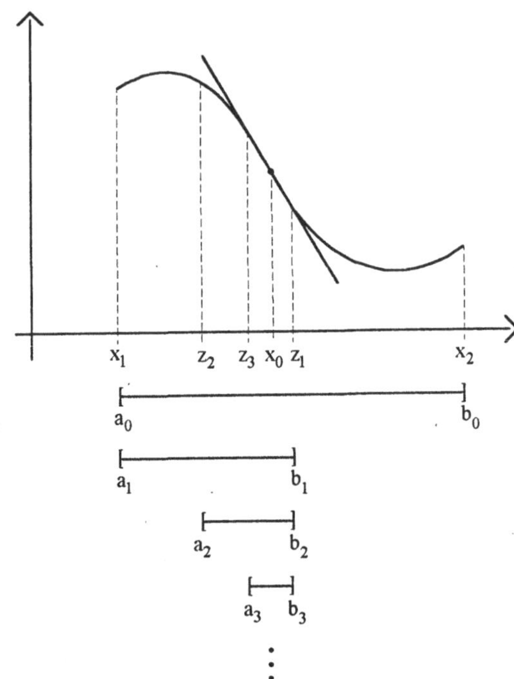

Die Intervallschachtelung $([a_n, b_n])$ zieht sich auf eine Stelle x_0 zusammen, an der die Tangentensteigung $f'(x_0)$ deshalb nicht positiv sein kann, weil die sie approximierenden Sekantensteigungen nach Konstruktion sämtlich nichtpositiv sind.

Damit haben wir gezeigt : Wenn f auf I nicht streng monoton wächst, so ist *f' nicht* auf *ganz I* positiv. Das bedeutet : *Wenn f' auf ganz I positiv ist, so wächst f auf I streng monoton.* Das aber ist das Monotoniekriterium.

Das dritte und das vierte Beispiel (Zwischenwertsatz und Monotoniekriterium) belegen die These, daß man auf der Menge $\mathbb{Q}$ der rationalen Zahlen keine „richtige" Analysis treiben kann. Die klassische Analysis lebt von der Menge $\mathbb{R}$ der reellen Zahlen und das heißt insbesondere von der Lückenlosigkeit der Zahlengeraden.

Aufgaben

(1) Man zeige : Ist p eine Primzahl, so gibt es keine rationale Zahl, deren Quadrat gleich p ist.

(2) Man gebe eine die Zahl $\sqrt{5}$ approximierende rationale Intervallschachtelung an.

(3) Bereits in den berühmten Elementen von Euklid (ca. 300 v. Chr.) findet man einen exakten Beweis der Irrationalität von $\sqrt{2}$.

Man versuche, Euklids Argument zu folgen, und vergleiche diesen Beweis mit dem im Text gegebenen („$\cap$" steht im folgenden für „kommensurabel", „$\cup$" für „nicht kommensurabel").

(§ 115a) (117; L. 92).

[Man soll zeigen, daß in jedem Quadrat die Diagonale der Seite linear inkommensurabel ist.

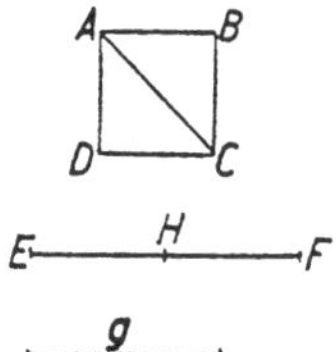

Es sei $A\,B\,C\,D$ ein Quadrat, $A\,C$ seine Diagonale. Ich behaupte, daß $C\,A \cup A\,B$.

Wenn möglich, sei es nämlich (linear) kommensurabel. Ich behaupte, dann muß herauskommen, daß dieselbe Zahl gerade und ungerade wäre.

Offenbar ist $A\,C^2 = 2\,A\,B^2$ (I, 47). Da $C\,A \cap A\,B$, hätte $C\,A$ zu $A\,B$ ein Verhältnis wie eine Zahl zu einer Zahl (X, 5). Das Verhältnis sei $E\,F : g$; hier seien $E\,F$, g die kleinsten unter den Zahlen, die dasselbe Verhältnis haben wie sie (VII, 33). Dann ist $E\,F$ nicht die Einheit. Wäre nämlich $E\,F$ die Einheit und hätte zu g das Verhältnis $= A\,C : A\,B$, wo $A\,C > A\,B$, dann wäre $E\,F >$ eine Zahl, nämlich g (V, Def. 5). Dies wäre Unsinn. $E\,F$ ist also nicht die Einheit, wäre also eine Zahl. Da $C\,A : A\,B = E\,F : g$, wäre auch $C\,A^2 : A\,B^2 = E\,F^2 : g^2$ (VI, 20 Zus.; VIII, 11). Aber $C\,A^2 = 2\,A\,B^2$, also wäre auch $E\,F^2 = 2\,g^2$ (V, Def. 5), also $E\,F^2$ gerade (VII, Def. 6). Folglich wäre auch $E\,F$ selbst gerade; wäre es nämlich ungerade, so wäre auch sein Quadrat ungerade, da, wenn man beliebigviele ungerade Zahlen zusammensetzt und ihre Anzahl ungerade ist, auch die Summe ungerade ist (IX, 23). $E\,F$ wäre also gerade; man halbiere es in H. Da $E\,F$, g die kleinsten von den Zahlen sein sollten, die dasselbe Verhältnis haben, wären sie gegeneinander prim (VII, 22). Hier wäre $E\,F$ gerade, also g ungerade; denn wenn es gerade wäre, mäße die Zwei die Zahlen $E\,F$, g — jede gerade Zahl hat ja eine Hälfte — während sie gegeneinander prim sein sollten; dies ist unmöglich. g ist also nicht gerade, wäre also ungerade. Da $E\,F = 2\,E\,H$, wäre $E\,F^2 = 4\,E\,H^2$. Nun war $E\,F^2 = 2\,g^2$, also wäre $g^2 = 2\,E\,H^2$. Also wäre g^2 gerade, also nach dem Gesagten g gerade. Dabei war es ungerade. Dies ist unmöglich. Also ist $C\,A$ nicht $\cap A\,B$ — q. e. d.]

(4) Man beweise die *Existenz der n–ten Wurzel.* Hinweis : $\sqrt[n]{a}$, $a \geq 0$, ist die nichtnegative Nullstelle von $f(x) = x^n - a$.

(5) Welche Länge l_n hat das n–te Teilintervall $[a_n, b_n]$ aus dem Beweis des Monotoniekriteriums ? Warum wird l_n mit wachsendem n beliebig klein ?

2 Die Vollständigkeit der reellen Zahlen

2.1 Intervallschachtelungssatz und Archimedisches Axiom

Im letzten Abschnitt wurde an verschiedenen Beispielen deutlich gemacht, was den Mangel der rationalen Zahlen gegenüber der Gesamtheit der reellen Zahlen ausmacht : *Die mit nur rationalen Punkten besetzt gedachte Zahlengerade ist nicht lückenlos.* Unsere Vorstellungskraft ist hier durchaus gefordert, denn schließlich liegen die rationalen Zahlen „dicht" auf der Zahlengeraden, da zwischen je zwei verschiedenen rationalen Zahlen eine weitere und damit unendlich viele liegen (vgl. II. 9). Dennoch bleiben, wie wir wissen, Lücken, etwa an den Stellen für $\sqrt{2}$ oder für die Kreiszahl π.

Die Lückenlosigkeit der reellen Zahlengeraden ist etwas für die Menge $\mathbb{R}$ *Charakteristisches.* Analytischer Ausdruck dieser im Kern geometrischen Vorstellung ist die im ersten Abschnitt schon mehrfach benutzte Eigenschaft, daß es zu jeder Intervallschachtelung eine Zahl gibt, die in allen Intervallen enthalten ist. Man kann also sicher sein, daß jede Intervallschachtelung eine ganz bestimmte Zahl erfaßt. Wir nennen diese Eigenschaft den

Intervallschachtelungssatz (INT)
Zu jeder Intervallschachtelung

$$a_1 \leq a_2 \leq a_3 \leq \ldots \qquad \ldots \leq b_3 \leq b_2 \leq b_1,$$

wobei die Intervallenden a_n, b_n reelle Zahlen sind $(n = 1, 2, 3, \ldots)$, und die Intervallängen $b_n - a_n$ beliebig klein werden, gibt es eine reelle Zahl x, die in allen Intervallen enthalten ist, d. h. für die gilt

$$a_n \leq x \leq b_n \qquad \text{für alle } n.$$

Erläuterungen / Bemerkungen

1. Die Intervalle $[a_1, b_1]$, $[a_2, b_2]$, $[a_3, b_3]$, ... sind ineinander enthalten („geschachtelt"), d. h.

$$[a_1,\ b_1] \supseteq [a_2,\ b_2] \supseteq [a_3,\ b_3] \supseteq \ \dots$$

Intervallschachtelungen werden auch durch diese Folge der Intervalle angegeben : $([a_n,\ b_n])_{n\in\mathbb{N}}$.

2. „beliebig klein werden" bedeutet : Für jede noch so kleine Toleranz $\varepsilon > 0$ sind von einer bestimmten Nummer n an alle Intervallängen $b_n - a_n$ kleiner als ε.

3. Die durch die Intervallschachtelung erfaßte reelle Zahl x ist eindeutig bestimmt, d. h. es kann nicht zwei Zahlen geben, die in allen Intervallen enthalten sind (Sonst müßte etwa für x_1, x_2 $(x_1 < x_2)$ $a_n \le x_1 < x_2 \le b_n$ für alle n gelten, so daß $b_n - a_n$ nicht beliebig klein werden könnte, nämlich zum Beispiel nicht kleiner als die positive Zahl $\varepsilon = x_2 - x_1$!).

4. In der Menge $\mathbb{Q}$ gilt der Intervallschachtelungssatz nicht. Dazu erinnern wir nur an die Diskussion des ersten Beispiels in Abschnitt 1 und die dort beschriebene (rationale) Intervallschachtelung für $\sqrt{2}$.

5. Die Idee der Intervallschachtelung ist sehr alt und findet sich bereits in dcr praktisch orientierten Mathematik der Babylonier. Im 19. Jahrhundert hat man Intervallschachtelungen beim Beweis zentraler Sätze der Analysis benutzt; hier wurde insbesondere von B. Bolzano (1781 – 1848) die Methode der fortgesetzten Intervallhalbierung verwendet.

Beispiel 1

Vielfach werden Intervallschachtelungen zur Umfangs–, Flächen– und Volumenberechnung herangezogen. (Man denke etwa an die Kreismessung.) Die gesuchte Maßzahl ist dann das Zentrum einer geeigneten Intervallschachtelung. Wir illustrieren dies am *Beispiel der Bestimmung des Pyramidenvolumens*[1] und betrachten dazu eine dreiseitige Pyramide. Die Idee besteht darin, ihr Volumen durch die Volumina von äußeren und inneren Treppenkörpern anzunähern. Man teilt die Höhe h der Pyramide in n gleiche Teile, legt parallel zur Grundfläche G $n-1$ Schnitte und betrachtet schließlich über der Grundfläche und über jeder Schnittfläche das gerade Prisma mit der Höhe $\frac{h}{n}$. So entsteht der aus n Prismen zusammengesetzte *äußere* Treppenkörper

---

[1]Für eine ausführliche Darstellung vergleiche man z. B. Kütting (1992), S. 14 ff

174

(im Bild ist $n = 4$).

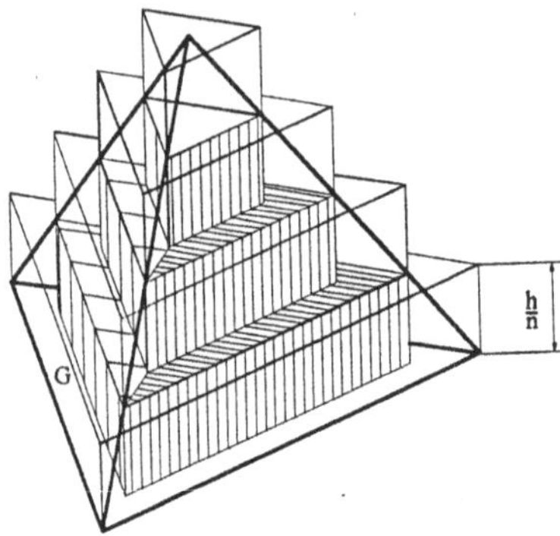

Entsprechend entsteht der *innere* Treppenkörper, bei dem die geraden Prismen unterhalb der Schnittfläche liegen. Anschaulich ist klar, daß die Annäherung des Pyramidenvolumens durch äußere und innere Treppenkörper um so besser sein wird, je größer n ist.

Mit etwas Geometrie und Algebra kann man nun zeigen (Aufgabe 6), daß sich – in Abhängigkeit von n – für die Volumina der äußeren bzw. inneren Körper folgende Formeln ergeben.

$$(1) \qquad V_{\text{außen}}(n) = \tfrac{G \cdot h}{3}\left(1 + \tfrac{1}{n}\right)\left(1 + \tfrac{1}{2n}\right)$$

$$(2) \qquad V_{\text{innen}}(n) = \tfrac{G \cdot h}{3}\left(1 - \tfrac{1}{n}\right)\left(1 - \tfrac{1}{2n}\right)$$

Der Anschauung entspricht die Erwartung, daß $([V_{\text{innen}}(n),\ V_{\text{außen}}(n)])_{n \in \mathbb{N}}$ eine Intervallschachtelung ist. In der Tat bilden, wie man leicht nachrechnen kann, die inneren Volumina eine monoton wachsende und die äußeren Volumina eine monoton fallende Folge reeller Zahlen. Außerdem ist natürlich $V_{\text{innen}}(n) < V_{\text{außen}}(n)$ für jedes n. Die Intervallänge berechnet sich zu

$$V_{\text{außen}}(n) - V_{\text{innen}}(n) = \tfrac{G \cdot h}{n},$$

was mit wachsendem n beliebig klein wird. Durch (1) und (2) ist also eine Intervallschachtelung gegeben. Die von ihr erfaßte reelle Zahl ist die Maßzahl des gesuchten Pyramidenvolumens (und hat übrigens den Wert $\tfrac{G \cdot h}{3}$).

Bemerkungen

1. Man kann diese Überlegungen nach zwei Seiten interpretieren :
   Entweder man hat das präexistente (von vornherein vorhandene) Pyramidenvolumen über die benutzte Intervallschachtelung *berechnet*, oder

man *definiert* das Volumen der Pyramide durch jene Zahl, deren Existenz durch das Zentrum der betrachteten Intervallschachtelung gesichert ist (Intervallschachtelungssatz). Man sieht, wie eng der Berechnungs- und der Definitionsaspekt durch den Umgang mit Intervallschachtelungen verknüpft ist.

2. Beim Nachweis der Intervallschachtelungseigenschaft im obigen Beispiel sind wir über einen Punkt sehr schnell hinweggegangen. Wieso wird die Intervallänge, die wir zu $\frac{G \cdot h}{n}$ ($n \in \mathbb{N}$) berechnet hatten, mit wachsendem n beliebig klein? Warum also gibt es zu jedem $\varepsilon > 0$ eine Nummer n_0, für die $\frac{G \cdot h}{n_0} < \varepsilon$ ist? (Für alle nachfolgenden n gilt dies dann erst recht.) Nun ist diese Ungleichung äquivalent zu

$$n_0 > \frac{G \cdot h}{\varepsilon}.$$

Anders ausgedrückt ist zu überlegen, wieso es zu der vorgegebenen reellen Zahl $\frac{G \cdot h}{\varepsilon}$ eine natürliche Zahl n_0 gibt, die größer ist. Dahinter steht die kaum hinterfragte Erfahrungstatsache, daß es zu jeder Zahl eine sie übertreffende natürliche Zahl gibt. Man muß eben auf der Zahlengeraden nur weit genug nach rechts gehen. Dieses Zusammenspiel zwischen reellen und natürlichen Zahlen ist eine Grundeigenschaft der Zahlengeraden (die bereits den rationalen Zahlen zukommt; vgl. II. 8). Es ist das berühmte, nach dem griechischen Mathematiker Archimedes (um 250 v. Chr.) benannte

Archimedische Axiom (ARCH)

Zu jeder reellen Zahl x gibt es eine natürliche Zahl n mit $n > x$.

Das Archimedische Axiom ist dafür verantwortlich, daß die Zahlenfolge $1, \frac{1}{2}, \frac{1}{3}, \frac{1}{4}, \ldots$, also die Folge $(\frac{1}{n})_{n \in \mathbb{N}}$, mit wachsendem n beliebig klein wird. Von dieser Tatsache wird in der Analysis immer wieder Gebrauch gemacht. [2]

Anknüpfend an die Bemerkung 1 betrachten wir noch ein Beispiel, in dem der Intervallschachtelungssatz zur *Definition* eines mathematischen Objekts benutzt wird; zugleich kommt das Archimedische Axiom zum Einsatz.

Beispiel 2

Was soll man unter der Zahl $2^{\sqrt{2}}$ verstehen?

---

[2] Auch die Beweisargumente zu Satz 2 und 3 im ersten Abschnitt benötigen bereits das Archimedische Axiom (vgl. auch Aufgabe 5).

Bei Potenzen mit rationalen Exponenten weiß man Bescheid. So steht etwa 2^3 für $2 \cdot 2 \cdot 2$, 2^{-5} für $\frac{1}{2^5}$ und $2^{\frac{1}{3}}$ für $\sqrt[3]{2}$.

Denkt man sich nun die irrationale Zahl $\sqrt{2}$ beschrieben durch eine Intervallschachtelung mit rationalen Endpunkten r_n und s_n,

$$\sqrt{2} \in [r_n, \, s_n] \quad \text{für alle} \quad n,$$

so liegt es nahe, $2^{\sqrt{2}}$ durch die Intervallschachtelung

$$([2^{r_n}, \, 2^{s_n}])_{n \in \mathbb{N}}$$

zu definieren. Doch halt! Ist $([2^{r_n}, \, 2^{s_n}])$ wirklich eine Intervallschachtelung, d. h. sind die Intervalle ineinander geschachtelt und werden ihre Längen $2^{s_n} - 2^{r_n}$ beliebig klein?

Ersteres ist leicht zu sehen, denn aus $[r_{n+1}, \, s_{n+1}] \subseteq [r_n, \, s_n]$ folgt $r_n < r_{n+1}$ oder $s_{n+1} < s_n$ und daraus $2^{r_n} < 2^{r_{n+1}}$ oder $2^{s_{n+1}} < 2^{s_n}$. Insgesamt gilt daher, wie verlangt,

$$[2^{r_{n+1}}, \, 2^{s_{n+1}}] \subseteq [2^{r_n}, \, 2^{s_n}].$$

Erheblich mehr Mühe bereitet die Eigenschaft, daß $2^{s_n} - 2^{r_n}$ beliebig klein wird.

Da wir wissen, daß $s_n - r_n$ beliebig klein wird, spalten wir ab :

$$2^{s_n} - 2^{r_n} = 2^{r_n}(2^{s_n - r_n} - 1).$$

Nun liegt der Faktor 2^{r_n} stets links von 2^{s_1}, kann also eine feste Zahl nicht überschreiten. Daher genügt es zu wissen, daß der zweite Faktor $(2^{s_n - r_n} - 1)$ beliebig klein wird. Zu zeigen bleibt also, daß

$$2^{x_n} - 1 \text{ beliebig klein wird, falls } x_n \text{ dies tut } (x_n \in \mathbb{Q}^+).$$

Verschaffen wir uns zunächst einen kleinen Einblick in das Verhalten von 2^{x_n}.

Betrachten wir dazu einige Werte für $x_n = \frac{1}{n}$:

$\frac{1}{n}$	1	$\frac{1}{5}$	$\frac{1}{10}$	$\frac{1}{100}$	$\frac{1}{1000}$	$\frac{1}{10000}$	$\frac{1}{100000}$
$2^{\frac{1}{n}}$	2	$1,15$	$1,07$	$1,007$	$1,0007$	$1,00007$	$1,000007$

In der Tat, für die typische Situation $x_n = \frac{1}{n}(n \in \mathbb{N})$ wird $2^{x_n} - 1$ beliebig klein, was wir jetzt begründen [3] :

---

[3] Der allgemeine Fall läßt sich hierauf zurückführen. Wir führen dies hier nicht genauer aus.

Zunächst bemerken wir, daß $2^{\frac{1}{n}}$ stets größer ist als 1. (Aus $2^{\frac{1}{n}} \leq 1$ würden nämlich $\left(2^{\frac{1}{n}}\right)^n \leq 1^n$, also $2 \leq 1$ folgen.) Daher können wir $2^{\frac{1}{n}}$ in der Form

$$2^{\frac{1}{n}} = 1 + b, \ b > 0$$

schreiben. Dann ist

$$2 = (1 + b)^n$$

Aus der Bernoullischen Ungleichung[4] folgt

$$2 = (1 + b)^n > 1 + nb > nb,$$

d. h. $$b < \frac{2}{n}$$

und damit $$2^{\frac{1}{n}} - 1 = b < \frac{2}{n}$$

Also wird $2^{\frac{1}{n}} - 1$ mit wachsendem n beliebig klein, da $\frac{2}{n}$ diese Eigenschaft hat (Archimedisches Axiom!).

$([2^{r_n}, 2^{s_n}])$ ist tatsächlich eine Intervallschachtelung, durch deren (nach **(INT)** existentes) Zentrum wir die (unbekannte) Zahl $2^{\sqrt{2}}$ definieren (Genau genommen müßte man sich noch davon überzeugen, daß der Wert von $2^{\sqrt{2}}$ nicht von der speziellen Wahl der Intervallschachtelung für $\sqrt{2}$ abhängt).

Das Beispiel zeigt, wie subtil der Umgang mit Intervallschachtelungen sein kann!

2.2 Der Satz von der oberen Grenze

Nachdem wir den Intervallschachtelungssatz als wesentlichen Ausdruck der Lückenlosigkeit der reellen Zahlengeraden herausgearbeitet haben, wenden wir uns jetzt einer alternativen Sicht dieses Sachverhalts zu, die erst im 19. Jahrhundert systematisch untersucht wurde. Dieser Standpunktwechsel wird uns im Fortgang dieses Kapitels neue Perspektiven eröffnen.

Geometrisch–anschaulich gesprochen geht es um die folgende Vorstellung von der Lückenlosigkeit der Zahlengeraden :

Man stelle sich eine (nichtleere) nach oben beschränkte Menge von (unendlich vielen) Punkten auf der reellen Zahlengeraden vor. Nun schiebe man eine Marke von einer oberen Schranke aus so weit wie möglich nach links, sozusagen „bis zum Anstoß". An dieser Stelle befindet sich eine reelle Zahl (da jedem Punkt der Zahlengeraden eine reelle Zahl entspricht). Diese Stelle ist eine obere Schranke der Menge, die nicht unterboten werden kann : Sie ist die kleinste

---

[4]Für alle $x \in \mathbb{R} \ (x > -1)$ und alle $n \in \mathbb{N}$ gilt $(1 + x)^n \geq 1 + nx$ (Bernoullische Ungleichung). Man kann dies etwa mit vollständiger Induktion leicht beweisen.

obere Schranke der Menge. Die Vorstellung von der Lückenlosigkeit bedeutet so gesehen die folgende Existenzaussage :

Jede nichtleere nach oben beschränkte Menge reeller Zahlen besitzt eine kleinste obere Schranke.

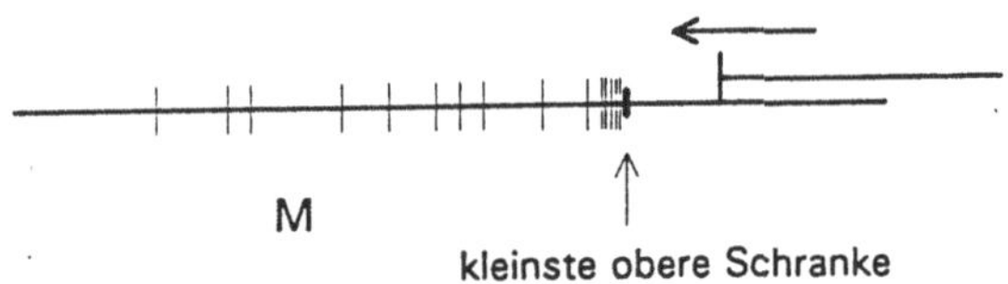

Beispiel 3

Die reelle Zahl $\sqrt{2}$ ist die kleinste obere Schranke der Menge

$$M = \{x \in \mathbb{R} \mid x^2 < 2\}.$$

In der Tat : Zunächst ist die nichtleere Menge M nach oben beschränkt, etwa durch die Zahl 3 (für alle $x \in M$ gilt $x \leq 3$, sonst gäbe es ein x, für das zugleich $x^2 < 2$ und $x > 3$, d. h. $x^2 > 9$ gelten müßte, was unmöglich ist). $\sqrt{2}$ *ist* eine obere Schranke der Menge M (sonst gäbe es ein $x \in M$ mit $x > \sqrt{2}$, für das dann zugleich $x^2 < 2$ und $x^2 > 2$ wäre). Und $\sqrt{2}$ ist auch die kleinste obere Schranke, da es zu jedem $z < \sqrt{2}$ stets ein $x \in M$ gibt mit $x > z$ (zum Beispiel $x = \frac{z+\sqrt{2}}{2}$).

Um im folgenden festen Boden unter den Füßen zu haben, fixieren wir die beteiligten Begriffe.

Definition 1 (Obere Schranke)

Die Menge $M \subseteq \mathbb{R}$ *heißt nach oben beschränkt*, wenn es ein $s \in \mathbb{R}$ gibt, so daß

$$x \leq s \quad \text{für alle} \quad x \in M.$$

Eine solche Zahl s heißt dann eine *obere Schranke* von M.

Definition 2 (Obere Grenze)

Die Zahl $s \in \mathbb{R}$ heißt *kleinste obere Schranke* der Menge $M \subseteq \mathbb{R}$, wenn gilt

(i) s ist obere Schranke von M.

(ii)   Für jede andere obere Schranke s' von M gilt $s \leq s'$.

Die kleinste obere Schranke einer Menge M nennt man auch die *obere Grenze* von M oder das *Supremum* von M (Zeichen : sup M).

Entsprechend definiert man die Begriffe *nach unten beschränkt, untere Schranke, größte untere Schranke, untere Grenze, Infimum (inf M)* (Aufgabe 8).

Wir formulieren jetzt die oben herausgearbeitete Vorstellung von der Lückenlosigkeit der Zahlengeraden als

Satz von der oberen Grenze (SUP)

Jede nichtleere, nach oben beschränkte Menge reeller Zahlen besitzt eine kleinste obere Schranke.

Wie der Intervallschachtelungssatz ist auch der Satz von der oberen Grenze etwas für die Menge $\mathbb{R}$ der reellen Zahlen Charakteristisches, das in der Menge $\mathbb{Q}$ der rationalen Zahlen nicht gilt.

Gegenbeispiel 3

Die nichtleere, nach oben beschränkte Menge

$$M = \{x \in \mathbb{Q} \mid x^2 < 2\} \subseteq \mathbb{Q}$$

hat in der Menge $\mathbb{Q}$ keine kleinste obere Schranke.

Beweis

Wir zeigen : Ist $s \in \mathbb{Q}$ eine obere Schranke von M, so gibt es eine kleinere obere Schranke in $\mathbb{Q}$. Dann kann es in $\mathbb{Q}$ keine kleinste obere Schranke von M geben.

Sei also $s \in \mathbb{Q}$ eine obere Schranke von M. Wo liegt die Zahl s? Entweder ist $s^2 < 2$ oder $s^2 = 2$ oder $s^2 > 2$. Die ersten beiden Fälle können nicht eintreten :

(i) Wäre $s^2 < 2$, so könnten wir sicher ein $n \in \mathbb{N}$ finden mit der Eigenschaft $(s+\frac{1}{n})^2 < 2$, und dann wäre $s+\frac{1}{n} \in M$ mit $s+\frac{1}{n} > s$, im Widerspruch dazu, daß s obere Schranke von M ist. Wie findet man ein passendes $n \in \mathbb{N}$? Nach dem Archimedischen Axiom gibt es ein $n \in \mathbb{N}$ mit

$$n > \tfrac{2s+1}{2-s^2} \qquad \text{(Nach Annahme ist } 2-s^2 \neq 0 \text{ !)}$$

$$\Longrightarrow \quad \tfrac{2s+1}{n} < 2-s^2 \qquad \text{(Nach Annahme ist } 2-s^2 > 0 \text{ !)}$$

$$\Longrightarrow \quad s^2 + \tfrac{2s}{n} + \tfrac{1}{n} < 2$$

$$\Longrightarrow \quad s^2 + \tfrac{2s}{n} + \tfrac{1}{n^2} < 2 \qquad \text{(da } \tfrac{1}{n^2} \leq \tfrac{1}{n} \text{ für jedes } n \in \mathbb{N})$$

$$\Longrightarrow \quad (s + \tfrac{1}{n})^2 < 2$$

Der Fall $s^2 < 2$ ist also nicht möglich.

(ii) Den Fall $s^2 = 2$ können wir sofort ausschließen, da es – wie wir wissen – kein $s \in \mathbb{Q}$ mit $s^2 = 2$ geben kann (Irrationalität von $\sqrt{2}$).

Bleibt also für unsere obere Schranke $s \in \mathbb{Q}$ nur

$$(*) \qquad s^2 > 2.$$

Auf dieser Grundlage geben wir jetzt wie angekündigt eine obere Schranke $s' \in \mathbb{Q}$ an, die kleiner ist als s : Wir wählen

$$s' = \tfrac{2s+2}{s+2}.$$

Dann ist $s' \in \mathbb{Q}$ (da $s \in \mathbb{Q}$ war), und es gilt $s' < s$
(denn aus $(*)$ folgt $2s + 2 < s^2 + 2s$ und daraus $\tfrac{2s+2}{s+2} < s$, d. h. $s' < s$).
Bleibt nur noch zu zeigen, daß auch s' eine obere Schranke von M ist, d. h. zu zeigen ist, daß für jedes $x \in M$ $\quad x \le s'$ gilt. Das machen wir indirekt: Angenommen, es gäbe ein $x_0 \in M$ mit $x_0 > s'$, dann wäre $x_0^2 > s'^2$ (da mit s auch s' positiv ist) und damit wegen $s'^2 > 2$ auch $x_0^2 > 2$ im Widerspruch zu der Tatsache, daß x_0 zur Menge M gehört. Nur diese letzte Lücke ist noch zu schließen : Wieso ist $s'^2 > 2$? Nun, aus $(*)$ folgt durch Ausrechnen direkt $(2s + 2)^2 > 2(s + 2)^2$ und daraus $\left(\tfrac{2s+2}{s+2}\right)^2 > 2$, d. h. $s'^2 > 2$.

Mit diesem – im Detail nicht ganz einfachen – Beweis ist insgesamt gezeigt, daß es zu jeder rationalen oberen Schranke s von M eine kleinere rationale obere Schranke s' von M gibt, M also keine kleinste obere Schranke in $\mathbb{Q}$ haben kann. Das Ergebnis ist nicht so überraschend, wenn man bedenkt, daß die Menge

$$M' = \{x \in \mathbb{R} \mid x^2 < 2\} \subseteq \mathbb{R}$$

als obere Grenze gerade die (irrationale) Zahl $\sqrt{2}$ hat, wie wir im Beispiel 3 ausgeführt haben. Aber natürlich mußten wir jetzt unsere Argumente ausschließlich in der Menge $\mathbb{Q}$ führen!

Mit dem Intervallschachtelungssatz und dem Satz von der oberen Grenze haben wir die geometrische Vorstellung von der Lückenlosigkeit der Zahlengeraden auf zwei unterschiedliche Arten mathematisch präzisiert. Sofort stellt sich die Frage, wie beide Sätze logisch zusammenhängen. Beschreiben sie dieselbe Eigenschaft der Menge $\mathbb{R}$, sind sie also gleichwertig? Die Antwort ist : nicht ganz. Genauer gilt : Der Intervallschachtelungssatz zusammen mit dem Archimedischen Axiom ist äquivalent zum Satz von der oberen Grenze. Im Satz von der oberen Grenze ist also die Aussage des Archimedischen Axioms enthalten, was wir zunächst beweisen werden.

Satz 4

Aus dem Satz von der oberen Grenze folgt das Archimedische Axiom.

$$(SUP) \implies (ARCH)$$

Beweis

Das Archimedische Axiom besagt : Zu jeder reellen Zahl x gibt es eine natürliche Zahl n mit $n > x$. Wir führen die Annahme, daß (SUP) und zugleich nicht (ARCH) gilt, zum Widerspruch.

Wenn (ARCH) nicht gilt, dann gibt es eine reelle Zahl x so, daß

$$n \leq x \quad \text{für alle} \quad n \in \mathbb{N}.$$

Mit anderen Worten : Die Menge $\mathbb{N}$ der natürlichen Zahlen ist eine nichtleere, nach oben beschränkte Menge reeller Zahlen. Nach (SUP) besitzt sie ein Supremum : $s = \sup \mathbb{N}$. Nun betrachten wir die Zahl $s - 1$. Sie kann nicht obere Schranke von $\mathbb{N}$ sein, da s kleinste obere Schranke war. Daher gibt es ein $n \in \mathbb{N}$ mit $s - 1 < n$. Es folgt $s < n + 1$, im Widerspruch dazu, daß s eine obere Schranke von $\mathbb{N}$ ist.

Es folgt die angekündigte Beziehung zwischen den Eigenschaften (SUP) und (INT) in der Menge der reellen Zahlen :

Satz 5

Aus dem Satz von der oberen Grenze folgt der Intervallschachtelungssatz sowie das Archimedische Axiom. Umgekehrt folgt aus dem Intervallschachtelungssatz zusammen mit dem Archimedischen Axiom der Satz von der oberen Grenze. Kurz :

$$(SUP) \iff (INT) \wedge (ARCH)$$

Beweis

1. Wir zeigen zunächst die Richtung "$\implies$" und müssen dafür wegen Satz 4 nur noch beweisen, daß aus (SUP) die Eigenschaft (INT) folgt. Sei dazu $([a_n, b_n])_{n \in \mathbb{N}}$ eine Intervallschachtelung. Zu zeigen ist die Existenz einer Zahl $x \in \mathbb{R}$ mit

$$a_n \leq x \leq b_n \quad \text{für alle} \quad n.$$

Anschaulich ist klar, daß die kleinste obere Schranke aller linken Intervallenden a_n ein geeigneter Kandidat ist. $M := \{a_n \mid n \in \mathbb{N}\}$ ist eine nichtleere, nach oben beschränkte Menge reeller Zahlen (zum Beispiel ist

b_1 eine obere Schranke). Nach (SUP) existiert $x := \sup M$. Da x obere Schranke von M ist, gilt natürlich

$$a_n \leq x \quad \text{für alle } n.$$

Gäbe es andererseits ein n_0, für das $b_{n_0} < x$ so wäre b_{n_0} keine obere Schranke von M (da x die kleinste ist), d. h. es gäbe ein a_m mit $a_m > b_{n_0}$.

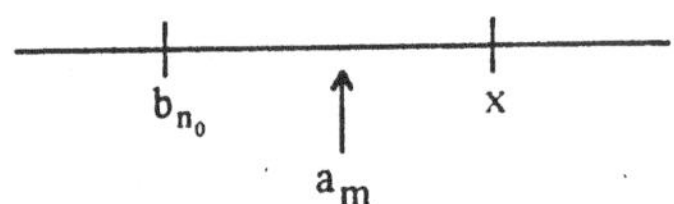

Dies widerspricht aber der Eigenschaft einer Intervallschachtelung, daß alle a_m kleiner oder gleich allen b_n sind. Also gilt auch

$$x \leq b_n \quad \text{für alle } n,$$

womit wir fertig sind.

2. Jetzt beweisen wir die Richtung "$\Longleftarrow$" und setzen dazu die Eigenschaft (INT) und (ARCH) voraus. Um (SUP) zu zeigen, nehmen wir uns eine nichtleere, nach oben beschränkte Menge M reeller Zahlen. Ziel ist die Existenz von $\sup M$.

Sei $a \in M$ $(M \neq \emptyset!)$ und $s > a$ eine obere Schranke von M. Um die Voraussetzungen ins Spiel zu bringen, konstruieren wir wie folgt eine Intervallschachtelung : Ist die Mitte des Intervalls $[a, s]$ eine obere Schranke von M, so nehmen wir die linke Intervallhälfte, sonst die rechte. Nach dieser Vorschrift entsteht durch fortgesetzte Intervallhalbierung eine Folge ineinander geschachtelter Intervalle $[a_n, b_n]$.

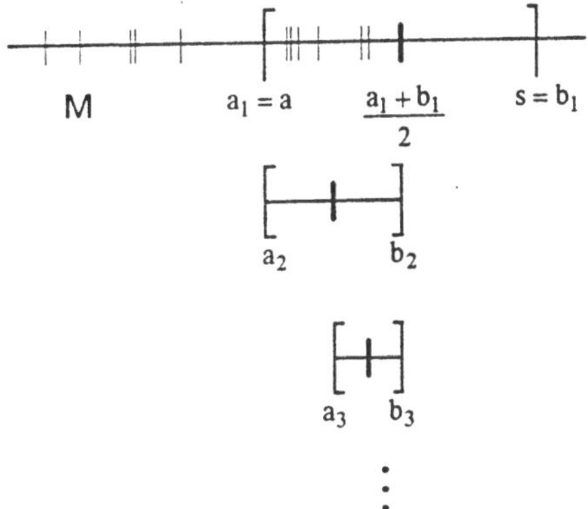

Die Intervallänge ist wegen der fortgesetzten Halbierung $b_n - a_n = \frac{s-a}{2^{n-1}}$ $(n \in \mathbb{N})$. Wieso wird dieser Ausdruck mit wachsendem n beliebig klein? Hier kommt das Archimedische Axiom ins Spiel : Nach (ARCH) gibt es zu beliebigem $\varepsilon > 0$ stets ein $n_0 \in \mathbb{N}$, das die Zahl $\frac{s-a}{\varepsilon}$ übertrifft. Für alle $n \geq n_0$ ist dann $n \geq n_0 > \frac{s-a}{\varepsilon}$, d. h.

$$\frac{s-a}{2^{n-1}} \leq \frac{s-a}{n} < \varepsilon.$$

Also liegt, da die Intervallängen beliebig klein werden, tatsächlich eine Intervallschachtelung vor. Nach (INT) gibt es ein $x \in \mathbb{R}$, das in allen Intervallen enthalten ist :

$$a_n \leq x \leq b_n \quad \text{für alle} \quad n.$$

Wir behaupten : $x = \sup M$, womit wir fertig wären.

Wir zeigen :   (i) x ist eine obere Schranke von M.

                 (ii) x ist kleinste obere Schranke.

Zu (i) : Wäre x keine obere Schranke, gäbe es ein $c \in M$ mit $c > x$.

Da $b_n - a_n$ beliebig klein wird, gäbe es dann ein $b_n < c$,

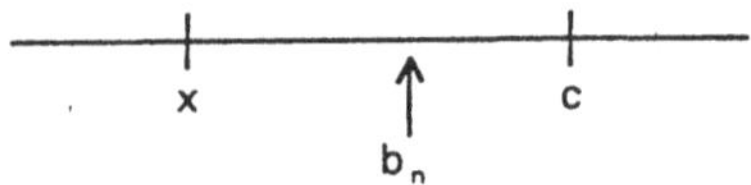

im Widerspruch zur Konstruktion der Intervallschachtelung, nach der jedes b_n obere Schranke von M ist.

Zu (ii) : Die Intervallschachtelung ist so konstruiert, daß in jedem Intervall Elemente aus M liegen. Daher gibt es zu $x' < x$ stets ein $a' \in M$ mit $a' > x'$, so daß x auch kleinste obere Schranke ist.

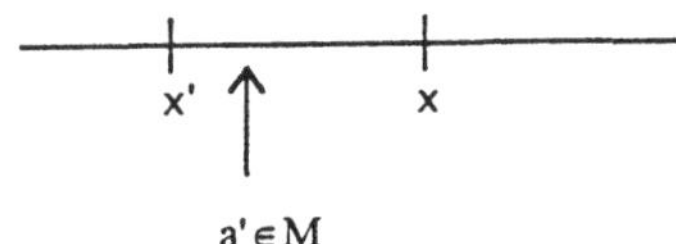

2.3 Die Vollständigkeit von $\mathbb{R}$

Der Satz von der oberen Grenze (d. h. die Existenz von Suprema für nichtleere, nach oben beschränkte Mengen) beschreibt jene Eigenschaft der Menge $\mathbb{R}$, die man die **Vollständigkeit der reellen Zahlen** nennt. Die Vollständigkeit ist (analytischer) Ausdruck der (geometrischen) Vorstellung von der Lückenlosigkeit der Zahlengeraden. Sie ist äquivalent zum Intervallschachtelungssatz einschließlich des Archimedischen Axioms (Satz 5). Die Menge $\mathbb{Q}$ der rationalen Zahlen ist nicht vollständig (Gegenbeispiel 3).

Daß die Vollständigkeit der reellen Zahlen eine bedeutsame Eigenschaft ist, haben bereits die vier Beispiele aus dem ersten Abschnitt belegt. Nun gibt es eine Vielzahl von Möglichkeiten, die Vollständigkeit von $\mathbb{R}$ zu charakterisieren, d. h. gleichwertig zu beschreiben. Wir geben im folgenden Satz (ohne Beweis) eine kleine Auswahl, die auch Satz 5 enthält.

Satz 6 (Charakterisierung der Vollständigkeit von $\mathbb{R}$)
Im Bereich der reellen Zahlen sind folgende Eigenschaften äquivalent :

(V_1) Es gilt der Satz von der oberen Grenze (SUP).

(V_2) Es gilt der Intervallschachtelungssatz (INT) und das Archimedische Axiom (ARCH).

(V_3) Jede monoton wachsende, nach oben beschränkte Folge hat einen Grenzwert [5].

(V_4) Es gilt (ARCH) und die Eigenschaft, daß jede Cauchy-Folge[6] einen Grenzwert hat.

(V_5) Jede auf einem abgeschlossenen Intervall stetige Funktion besitzt die Zwischenwerteigenschaft.[7]

(V_6) Jede auf einem abgeschlossenen Intervall stetige Funktion hat dort einen größten Funktionswert.

Bemerkungen

1. Die in Satz 6 aufgeführten Eigenschaften belegen erneut die zentrale Rolle der Vollständigkeit der reellen Zahlen für die Analysis.

2. Obwohl in der Menge $\mathbb{Q}$ der rationalen Zahlen das Archimedische Axiom gilt, ist $\mathbb{Q}$ nicht vollständig, wie wir durch Gegenbeispiele zu (V_1) und (V_2) bereits belegt hatten. Auch für die Fassungen (V_3) bis (V_6) enthalten unsere bisherigen Betrachtungen Gegenbeispiele :

Zu (V_3) *und* (V_4) : Jede rationale Intervallschachtelung $([a_n, b_n])_{n\in\mathbb{N}}$, die die Zahl $\sqrt{2}$ beschreibt, liefert durch $(a_n)_{n\in\mathbb{N}}$ ein Beispiel für eine monoton wachsende, nach oben beschränkte Folge rationaler Zahlen, die in $\mathbb{Q}$ keinen Grenzwert hat. Eine solche Intervallschachtelung hatten wir am Schluß der Diskussion um die Existenz der Quadratwurzel (Abschnitt 1) beschrieben (vgl. hierzu auch Beispiel 6 in 4.2). Die Folge $(a_n)_{n\in\mathbb{N}}$ der linken Intervallenden einer rationalen Intervallschachtelung für $\sqrt{2}$ ist zugleich ein Beispiel für eine Cauchy–Folge und damit ein Gegenbeispiel zu (V_4) (siehe hierzu auch Beispiel 7).

Zu (V_5) *und* (V_6) : Hier leisten die Gegenbeispiele 1 und 2 aus Abschnitt 1 das Verlangte.

---

[5]Die Zahl a heißt *Grenzwert* der Folge $(a_n)_{n\in\mathbb{N}}$, wenn es zu jedem $\varepsilon > 0$ eine Nummer n_0 gibt, so daß $|a_n - a| < \varepsilon$ für alle $n \geq n_0$ gilt. Anschaulich gesprochen müssen in jeder noch so kleinen Umgebung von a schließlich alle Folgenglieder liegen.

[6]Eine Folge $(a_n)_{n\in\mathbb{N}}$ heißt *Cauchy–Folge*, wenn es zu jedem $\varepsilon > 0$ eine Nummer $n_0 \in \mathbb{N}$ gibt, so daß $|a_n - a_m| < \varepsilon$ für alle $n, m \geq n_0$ gilt. Anschaulich gesprochen sind das solche Folgen, deren Glieder sich untereinander beliebig nahe kommen. Namensgeber ist der französische Mathematiker A.–L. Cauchy (1789 – 1857).

[7]Das bedeutet: Jede Zahl zwischen zwei Funktionswerten ist selbst ein Funktionswert.

Aufgaben

(6) Man führe die im Pyramidenbeispiel nur angedeuteten Schritte aus.

(7) Beweisen Sie :
Die Bedingung (ii) in Definition 2 ist äquivalent zu
(ii') zu jedem $\varepsilon < 0$ gibt es ein $x \in M$ mit $x > s - \varepsilon$.

(8) Man definiere die Begriffe *nach unten beschränkt, untere Schranke* und *größte untere Schranke (Infimum)*.

(9) Zeigen Sie :
Die größte untere Schranke der Menge $\{\frac{1}{n} \mid n \in \mathbb{N}\}$ ist gleich Null.
Kurz :
$$\inf \{\tfrac{1}{n} \mid n \in \mathbb{N}\} = 0.$$

(10) Man zeige die Eindeutigkeit von Supremum und Infimum.

3 Reelle Zahlen als Dezimalbrüche

3.1 Entsprechung von reellen Zahlen und Dezimalbrüchen

Die rationalen Zahlen begegnen uns als abbrechende oder nichtabbrechende periodische Dezimalbrüche, zum Beispiel

$$\tfrac{1}{8} = 0,125 \quad \text{oder} \quad \tfrac{2}{3} = 0,\overline{6}(= 0,666...) \quad \text{oder} \quad \tfrac{9}{28} = 0,32\overline{142857}.$$

In der Tat läßt sich, wie wir aus dem Kapitel über rationale Zahlen wissen, die Menge $\mathbb{Q}$ auf diese Weise beschreiben. Sie zerfällt in diese beiden Arten von Dezimalbrüchen :

Bei der Erfassung irrationaler Zahlen durch Intervallschachtelungen tauchten nun Dezimalbrüche auf, die weder abbrachen noch periodisch sein konnten (da eben keine rationale Zahl dargestellt wurde), zum Beispiel

$$\sqrt{2} = 1,414213 \dots.$$

Wir haben zurecht die Erwartung, daß *die Menge der reellen Zahlen* (d. h. nach unserer Definition die Gesamtheit aller Punkte der Zahlengeraden) *der Menge aller möglichen Dezimalbrüche* (abbrechend, periodisch oder nichtperiodisch) *vollständig entspricht*. Genau dies werden wir im folgenden begründen, indem wir eine geeignete Zuordnung exemplarisch beschreiben. Da bereits eine eineindeutige Korrespondenz zwischen den rationalen Zahlen und sämtlichen periodischen Dezimalbrüchen ohne Neunerende besteht (abbrechende bekommen die Periode $\overline{0}$), müssen wir lediglich eine eineindeutige Zuordnung zwischen den irrationalen Zahlen und den nichtperiodischen Dezimalbrüchen herstellen. Dies erfordert zwei Überlegungen.

1. Wie wir einer irrationalen Zahl z einen nichtperiodischen Dezimalbruch zuordnen, beschreiben wir allgemein am vertrauten Beispiel der Zahl $z = \sqrt{2}$. Uns leitet die Vorstellung von einer $\sqrt{2}$ erfassenden, eindeutig konstruierbaren Intervallschachtelung, deren linke Intervallenden untere Näherungen des gesuchten Dezimalbruchs sind.

Wir nehmen die größte Zahl $\leq z$ als nullte untere Näherung (das ist hier die Zahl 1). Sodann wird das Intervall von dieser bis zur nächstgrößeren ganzen Zahl betrachtet (hier das Intervall $[1;\ 2]$). Jetzt nimmt man in diesem Intervall die größte „Zehntel–Zahl" $\leq z$ als erste untere Näherung (hier entsteht das Intervall $[1,4;\ 1,5]$). Beim nächsten Schritt ist im letzten Intervall die größte „Hundertstel–Zahl" $\leq z$ zu bestimmen (so entsteht hier $[1,41;\ 1,42]$), und entsprechend fährt man fort. Für unser Beispiel $z = \sqrt{2}$ ergibt sich

Schritt	untere	Näherung			obere	Näherung
0	1	$\leq$	z	$<$		2
1	$1,4$	$\leq$	z	$<$		$1,5$
2	$1,41$	$\leq$	z	$<$		$1,42$
3	$1,414$	$\leq$	z	$<$		$1,415$

usw.[8]

Im allgemeinen Fall erhält man im n–ten Schritt die n–te untere Näherung

$$z_0,\ z_1 z_2 z_3 \ldots z_n$$

---

[8]Hier entsteht übrigens genau die in Abschnitt 1.1 für $\sqrt{2}$ angegebene Intervallschachtelung.

188

als größten n–stelligen Dezimalbruch $\leq z$.

So wird jeder irrationalen Zahl z ein eindeutig bestimmter nichtperiodischer Dezimalbruch

$$z_0, \; z_1 z_2 z_3 \ldots z_n \ldots$$

zugeordnet.

2. Umgekehrt läßt sich zu einem vorgegebenen nichtperiodischen Dezimalbruch

$$z_0, \; z_1 z_2 z_3 \ldots z_n \ldots$$

in natürlicher Weise jene reelle Zahl z (als Punkt der Zahlengeraden) zurückgewinnen, die nach obiger Zuordnungsvorschrift zu diesem Dezimalbruch gehört. Dazu betrachten wir die Intervallschachtelung

$$
\begin{array}{ll}
[z_0 \; ; \; z_0 + 1] & \text{Intervallänge} \quad 1 \\
[z_0, z_1 \; ; \; z_0, (z_1 + 1)] & \text{Intervallänge} \quad \frac{1}{10} \\
[z_0, z_1 z_2 \; ; \; z_0, z_1 (z_2 + 1)] & \text{Intervallänge} \quad \frac{1}{100} \\
\qquad\qquad\vdots
\end{array}
$$

usw.,

durch die genau eine reelle Zahl z erfaßt wird (Vollständigkeit der reellen Zahlengeraden). Dieser Punkt z wird durch die obige Zuordnungsvorschrift offenbar genau auf den gegebenen Dezimalbruch abgebildet.

Da schließlich verschiedenen Zahlen auch verschiedene Dezimalbrüche zugeordnet werden (Aufgabe 11), können wir insgesamt festhalten :

Satz 7

Es besteht eine *eineindeutige Korrespondenz zwischen der Menge* $\mathbb{R}$ *der reellen Zahlen* (d. h. aller Punkte der Zahlengeraden) und der *Menge* $\mathbb{D}$ *aller Dezimalbrüche* ohne Neunerende. Die Gesamtheit aller Dezimalbrüche ist sozusagen ein Modell der Menge $\mathbb{R}$.

Insbesondere erhalten wir die Zerlegung

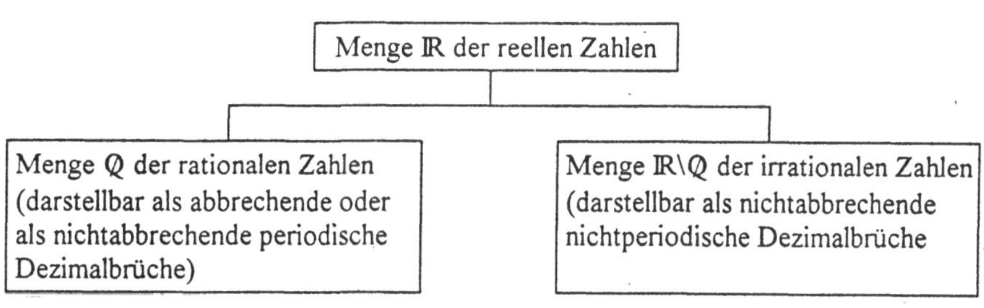

Eine interessante Folgerung von Satz 7 berührt die Frage, ob es „mehr" irrationale als rationale Zahlen gibt. Wir wissen, daß die Menge der rationalen Zahlen *abzählbar* ist, sich also eine eineindeutige Korrespondenz zwischen den Mengen $\mathbb{Q}$ und $\mathbb{N}$ herstellen läßt (vgl. II. 9).

Satz 8

Die Menge $\mathbb{R}$ der reellen Zahlen ist nicht mehr abzählbar. (Man sagt : $\mathbb{R}$ *ist überabzählbar.*)

Beweis

Zum *Beweis* zeigen wir, daß bereits die Menge der nichtabbrechenden Dezimalbrüche zwischen 0 und 1 nicht abzählbar ist :

Angenommen, die nichtabbrechenden Dezimalbrüche sind abzählbar. Wir denken uns *alle* in der Reihenfolge der Numerierung notiert :

$$0, a_{11}a_{12}a_{13}a_{14} \ldots$$
$$0, a_{21}a_{22}a_{23}a_{24} \ldots$$
$$0, a_{31}a_{32}a_{33}a_{34} \ldots$$
$$0, a_{41}a_{42}a_{43}a_{44} \ldots$$
$$\ldots\ldots$$
$$\ldots\ldots$$

Nun betrachten wir den Dezimalbruch

$$0, b_1 b_2 b_3 b_4 \ldots$$

mit

$$b_n := \begin{cases} 1, & \text{falls} \quad a_{nn} \neq 1 \\ 2, & \text{falls} \quad a_{nn} = 1 \end{cases}$$

Dann ist nach Konstruktion $b_n \neq a_{nn}$ für alle $n \in \mathbb{N}$. Es handelt sich also um einen Dezimalbruch, der in der obigen Liste nicht vorkommt. Das widerspricht der Annahme.

Insbesondere gibt es „viel mehr" irrationale Zahlen als rationale.

3.2   Zur Anordnung und Arithmetik für Dezimalbrüche

Für die Menge $\mathbb{R}$ der reellen Zahlen, d. h. auf der Zahlengeraden, haben wir eine genaue Vorstellung davon, wann eine Zahl a kleiner ist als eine Zahl b : Es gilt $a < b$, falls der Punkt a auf der Zahlengeraden links von b liegt. Ebenso lassen sich die arithmetischen Operationen, etwa die Addition und die Multiplikation, geometrisch verstehen : Die Addition (und Subtraktion) reeller Zahlen kann man in bekannter Weise auf der Zahlengeraden durch Streckenabtragen ausführen, zum Beispiel im Falle $a, b > 0$:

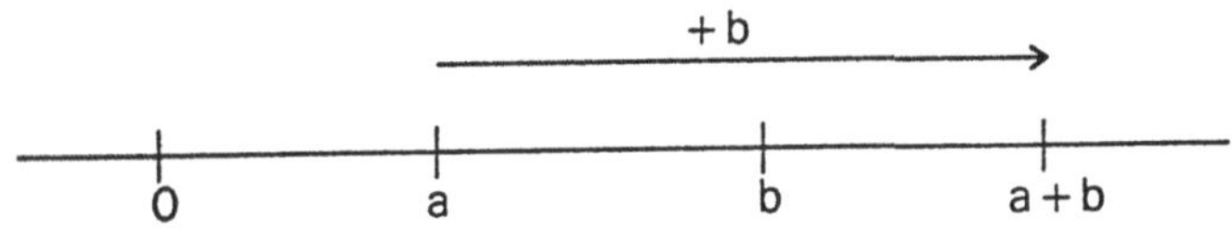

Durch einen kleinen Trick läßt sich auch das Produkt reeller Zahlen geometrisch gewinnen : Man benutzt eine zweite Zahlengerade. Das Bild (für $a, b > 0$) spricht für sich.

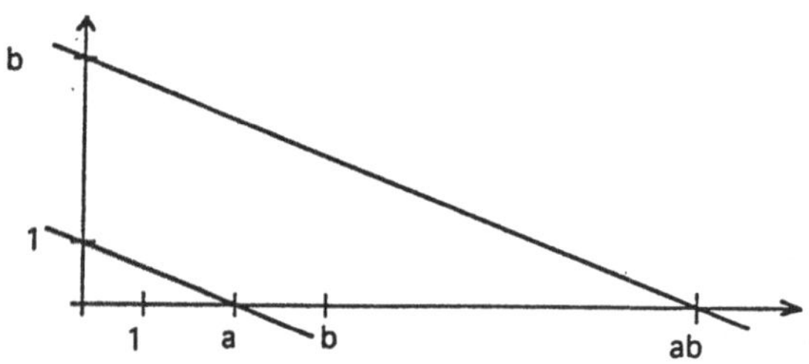

(Die Begründung für diese Konstruktion liefert der 1. Strahlensatz.)

Soviel zur Anordnung und zu den arithmetischen Operationen in der Menge $\mathbb{R}$, d. h. auf der Zahlengeraden. Nun haben wir mit der Menge $\mathbb{D}$ aller Dezimalbrüche ein Modell der reellen Zahlen kennengelernt. Anordnung und Arithmetik auf $\mathbb{R}$ werden daher ihren spezifischen Ausdruck im Modell $\mathbb{D}$ haben. Wie sieht das aus? Da uns der Umgang mit der Anordnung und den arithmetischen Operationen in der Menge der rationalen Zahlen (und damit für abbrechende und periodische Dezimalbrüche) wohlvertraut ist, *beschränken wir unsere (exemplarische) Diskussion auf nichtperiodische Dezimalbrüche.*

Zur Anordnung.

Sind
$$a = a_0,\ a_1 a_2 a_3 \ldots$$
und
$$b = b_0,\ b_1 b_2 b_3 \ldots$$
(nichtnegative) nichtperiodische Dezimalbrüche, so gilt

$$a < b$$

genau dann, wenn
an der ersten Stelle, wo die Ziffern von a und b verschieden sind, bei a die kleinere Ziffer steht.

Formalisiert :

$$(*) \qquad a < b \iff a_n < b_n \ \text{ für } \ n = min\ \{k \in \mathbb{N}_0 \mid a_k \neq b_k\}$$

So ist etwa $1,41\underline{4}28 \ldots < 1,41\underline{5}17 \ldots$, da $a_3 < b_3$ ist. Denkt man sich die Dezimalbrüche als nichtabbrechende „Wörter" mit den Ziffern als Buchstaben aus dem „Alphabet" $\{0,\ 1,\ 2,\ \ldots,\ 9\}$, so erkennt man : Es verhält sich wie mit der alphabetischen Anordnung von Wörtern in einem Lexikon. Daher heißt die durch $(*)$ erklärte Anordnung auch *lexikographische Ordnung.*

Zur Arithmetik

Da der einer irrationalen Zahl zugeordnete nichtperiodische Dezimalbruch durch eine Intervallschachtelung entsteht (vgl. die Zuordnungsvorschrift in 3.1), überrascht es nicht, daß die arithmetischen Operationen ebenfalls über Intervallschachtelungen ausgeführt werden. Wir erklären den Sachverhalt am

Beispiel 4

Gegeben sind die beiden irrationalen Zahlen

$$\pi = 3,141592 \ldots \quad \text{und} \quad \sqrt{2} = 1,414213 \ldots$$

Berechnet werden soll die Summe $\pi + \sqrt{2}$. Wir legen eine Tabelle an und rechnen schrittweise mit zunehmender Genauigkeit.

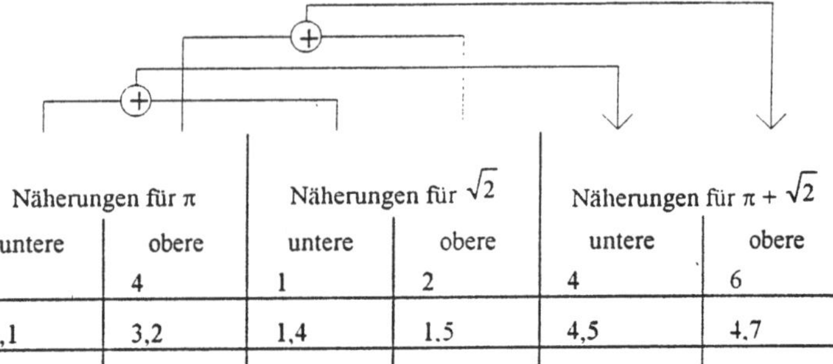

Anzahl der benutzten Dezimalen	Näherungen für π		Näherungen für $\sqrt{2}$		Näherungen für $\pi + \sqrt{2}$	
	untere	obere	untere	obere	untere	obere
0	3	4	1	2	4	6
1	3,1	3,2	1,4	1,5	4,5	4,7
2	3,14	3,15	1,41	1,42	4,55	4,57
3	3,141	3,142	1,414	1,415	4,555	4,557
4	3,1415	3,1416	1,4142	1,4143	4,5557	4,5559
5	3,14159	3,14160	1,41421	1,41422	4,55580	4,55582
6	3,141592	3,141593	1,414213	1,414214	4,555805	4,555807

	Intervalle für $\pi + \sqrt{2}$
0	$4 < \pi + \sqrt{2} < 6$
1	$4,5 < \pi + \sqrt{2} < 4,7$
2	$4,55 < \pi + \sqrt{2} < 4,57$
3	$4,555 < \pi + \sqrt{2} < 4,557$
4	$4,5557 < \pi + \sqrt{2} < 4,5559$
5	$4,55580 < \pi + \sqrt{2} < 4,55582$
6	$4,555805 < \pi + \sqrt{2} < 4,555807$

Ergebnis : $\pi + \sqrt{2} = 4,55580 \ldots$

Entsprechend verfährt man beim Produkt :

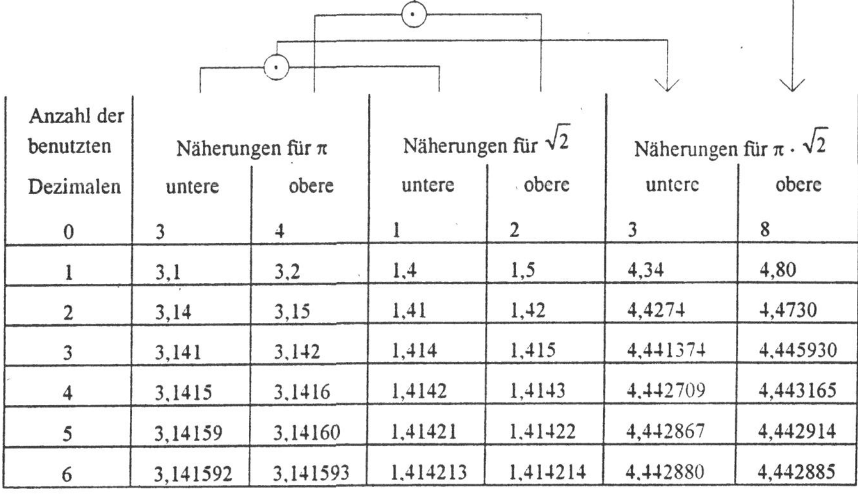

Anzahl der benutzten Dezimalen	Näherungen für π		Näherungen für $\sqrt{2}$		Näherungen für $\pi \cdot \sqrt{2}$	
	untere	obere	untere	obere	untere	obere
0	3	4	1	2	3	8
1	3,1	3,2	1,4	1,5	4,34	4,80
2	3,14	3,15	1,41	1,42	4,4274	4,4730
3	3,141	3,142	1,414	1,415	4,441374	4,445930
4	3,1415	3,1416	1,4142	1,4143	4,442709	4,443165
5	3,14159	3,14160	1,41421	1,41422	4,442867	4,442914
6	3,141592	3,141593	1,414213	1,414214	4,442880	4,442885

	Intervalle für $\pi \cdot \sqrt{2}$
0	$3 < \pi \cdot \sqrt{2} < 8$
1	$4,34 < \pi \cdot \sqrt{2} < 4,80$
2	$4,4274 < \pi \cdot \sqrt{2} < 4,4730$
3	$4,441374 < \pi \cdot \sqrt{2} < 4,445930$
4	$4,442709 < \pi \cdot \sqrt{2} < 4,443165$
5	$4,442867 < \pi \cdot \sqrt{2} < 4,442914$
6	$4,442880 < \pi \cdot \sqrt{2} < 4,442885$

Ergebnis : $\pi \cdot \sqrt{2} = 4,44288 \ldots$

3.3 $\mathbb{R}$ als vollständiger, angeordneter Körper

Die Vollständigkeit von $\mathbb{R}$ ist die neue, wertvolle Eigenschaft, die der Menge $\mathbb{Q}$ der rationalen Zahlen nicht zukommt. Sie ist der entscheidende Punkt bei der Erweiterung von $\mathbb{Q}$ nach $\mathbb{R}$. Ansonsten rechnen wir in $\mathbb{R}$ nach denselben

Rechengesetzen wie in $\mathbb{Q}$. Dies ist nach der gewonnenen Darstellung der reellen Zahlen durch Dezimalbrüche und nach den Bemerkungen in 3.2 sehr plausibel und auch im einzelnen beweisbar (worauf wir hier verzichten). $\mathbb{R}$ ist also wie $\mathbb{Q}$ ein *Körper* mit einer *Anordnung*, die mit der Körperstruktur verträglich ist, d. h. $\mathbb{R}$ ist wie $\mathbb{Q}$ ein *angeordneter Körper* (vgl. III. 5 und III. 7). Darüber hinaus gilt jedoch in der Menge der reellen Zahlen der Satz von der oberen Grenze, also die Aussage, daß jede nichtleere, nach oben beschränkte Teilmenge von $\mathbb{R}$ in $\mathbb{R}$ eine kleinste obere Schranke hat (*Vollständigkeit*).

Wir halten fest :

Satz 9

Die Menge $\mathbb{R}$ der reellen Zahlen bildet einen *vollständigen, angeordneten Körper.*

Bemerkung

Der Satz von der oberen Grenze enthält das Archimedische Axiom (Satz 4). Wie $\mathbb{R}$ ist auch $\mathbb{Q}$ ein *archimedisch angeordneter Körper*, jedoch ist $\mathbb{Q}$ nicht vollständig (Gegenbeispiel 3).

Aufgaben

(**11**) Man zeige : Bei der im Text beschriebenen Zuordnungsvorschrift werden verschiedenen Zahlen auch verschiedene Dezimalbrüche zugeordnet.

(**12**) Am Beispiel des (nichtperiodischen) Dezimalbruchs $1,234567891011121314\ldots$ beschreibe man genau die Rekonstruktion des zugehörigen Punktes auf der reellen Zahlengeraden.

(**13**) Man gebe eine geometrische Konstruktion an

    a)   für das Produkt $a \cdot b$ im Falle $a > 0,\; b < 0$,

    b)   für den Quotienten $\frac{a}{b}$ im Falle $a, b > 0$.

(**14**) Die lexikographische Ordnung der Dezimalbrüche macht erneut deutlich, wieso wir von vornherein Dezimalbrüche mit Neunerende ausgeschlossen haben (Man diskutiere das Beispiel $a = 2,5\overline{9};\; b = 2,6$ $(= 2,6\overline{0})$ und beachte, daß a und b dieselbe reelle Zahl beschreiben).

(**15**) Man gebe eine Intervallschachtelung für die Differenz $\pi - \sqrt{2}$ und den Quotienten $\frac{\pi}{\sqrt{2}}$ an.

4 Zur Konstruktion der reellen Zahlen

Blicken wir zurück : *Seit Beginn dieses Kapitels verstehen wir unter der Menge* $\mathbb{R}$ *der reellen Zahlen die Gesamtheit aller Punkte der Zahlengeraden.* Diese Definition von $\mathbb{R}$ stützt sich auf geometrische Grundvorstellungen, zum Beispiel auf die von der Lückenlosigkeit der Zahlengeraden (aus der wir dann im Abschnitt 2 die Vollständigkeit von $\mathbb{R}$ herauspräpariert haben).

Es ist typisch für die Mathematik, daß man es bei einer so bedeutsamen Sache wie den reellen Zahlen fundierter haben will und fragt : Lassen sich die reellen Zahlen ohne Rückgriff auf geometrisch–anschauliche Vorstellungen als neue Objekte aus den rationalen Zahlen *konstruieren?* Natürlich sollte dies so geschehen, daß alle für uns wesentlich gewordenen Eigenschaften (d. h. die eines vollständigen, angeordneten Körpers) gelten und unabhängig von geometrisch–anschaulichen Argumenten beweisbar sind. Dann wäre die Menge $\mathbb{R}$ – auf der Basis der rationalen und damit letztlich der natürlichen Zahlen – konstruktiv etabliert. Ein solches (ehrgeiziges) Programm würde zu dem beitragen, was man die Arithmetisierung der Grundlagen der Analysis nennt, und es hat im 19. Jahrhundert eine Reihe bedeutender Mathematiker herausgefordert. Hier sind besonders R. Dedekind und G. Cantor hervorzuheben.

Eine *Konstruktion der reellen Zahlen* läßt sich auf sehr unterschiedliche Arten bewerkstelligen. Eine Möglichkeit besteht darin, die Überlegungen aus dem letzten Abschnitt (Reelle Zahlen als Dezimalbrüche) aufzugreifen und den Spieß umzudrehen : Man könnte doch „Dezimalzahlen" der Form $a_0, a_1 a_2 a_3 \ldots$ definieren und aus diesen Objekten eine strukturierte Menge mit allen Eigenschaften eines vollständigen, angeordneten Körpers entstehen lassen. Diesen Weg zur konstruktiven Gewinnung der reellen Zahlen skizzieren wir zuerst (Abschnitt 4.1). Anschließend geben wir – in noch gröberer Skizzenhaftigkeit – einen Einblick in weitere klassische Konstruktionen von $\mathbb{R}$ (Abschnitt 4.2). Nach einer knappen Vorstellung des axiomatischen Standpunkts in 4.3 schließen wir mit einem wertenden Rückblick.

4.1 Konstruktion von $\mathbb{R}$ über Dezimalzahlen [9]

Definition 3 (Dezimalzahl)

Unter einer (nichtnegativen) *Dezimalzahl* z verstehen wir eine Folge $(z_n)_{n \in \mathbb{N}_0}$ mit $z_0 \in \mathbb{N}_0$ und $z_n \in \{0, 1, 2, \ldots, 9\}$ für jedes $n \in \mathbb{N}$. Wir benutzen die

---

[9]Eine detaillierte Beschreibung dieses Weges findet man z. B. in Rautenberg (1979).

gewohnte Schreibweise

$$z = z_0, \; z_1 z_2 z_3 \; ...$$

und nennen z_n die n–te Ziffer von z. Von vorneherein betrachten wir nur Dezimalzahlen ohne Neunerende. Eine Dezimalzahl heißt *abbrechend*, wenn es ein n gibt, so daß $z_k = 0$ für $k > n$. Die Menge aller nichtnegativen Dezimalzahlen (ohne Neunerende) bezeichnen wir mit $\mathbb{D}_0^+$, die Teilmenge der abbrechenden Dezimalzahlen mit $\mathbb{E}_0^+$.

Bemerkung

Man beachte, daß an dieser Stelle unseres konstruktiven Aufbaus die „Zahl" $z = z_0, \; z_1 z_2 \; ... \; z_n$ nicht viel mehr als eine (abstrakte) Schreibfigur ist und so lange nichts mit der Darstellung $z = z_0 + z_1 \cdot \frac{1}{10} + ... + z_n \cdot \frac{1}{10^n}$ zu tun hat, bis wir auf der Menge $\mathbb{E}_0^+$ arithmetische Operationen definiert haben. Natürlich geschieht dies dann so, daß die angegebene Darstellung tatsächlich gilt.

Eine *Anordnung* der Elemente von $\mathbb{D}_0^+$ erklären wir zweckmäßig durch die lexikographische Ordnung :

Definition 4 (Anordnung)

Für zwei Dezimalzahlen $a = a_0, \; a_1 a_2 \; ...$ und $b = b_0, \; b_1 b_2 \; ...$ gilt

$$a = b \; : \Longleftrightarrow \; a_n = b_n \quad \text{für alle} \quad n \in \mathbb{N}_0,$$

$$a < b \; : \Longleftrightarrow \; a_m < b_m \quad \text{für} \quad m = min \, \{k \in \mathbb{N}_0 \mid a_k \neq b_k\}. \; {}^{10}$$

Bereits auf dieser Basis können wir in $\mathbb{D}_0^+$ ohne größere Mühe das Archimedische Axiom und den wichtigen Satz von der oberen Grenze beweisen.

Satz 10 (Archimedisches Axiom)

Zu jeder Dezimalzahl $a \in \mathbb{D}_0^+$ gibt es ein $n \in \mathbb{N}$ mit $n > a$. [11]

Beweis

Für $a = a_0, \; a_1 a_2 \; ...$ leistet $n = a_0 + 1$ das Gewünschte.

---

[10] Man erkennt jetzt, warum wir Dezimalzahlen mit Neunerende ausgeschlossen haben: Die anschaulich plausible Forderung, daß zwischen je zwei Dezimalzahlen eine weitere liegt, wäre sonst nicht erfüllt. Zum Beispiel würde nach Definition 4 aus
$$2,15999 \; ... \; \leq a \leq 2,16000 \; ...$$
sofort $a = 2,15999 \; ...$ oder $a = 2,16000 \; ...$ folgen.

[11] Natürliche Zahlen werden in naheliegender Weise als Elemente von $\mathbb{D}_0^+$ aufgefaßt: zum Beispiel $n = n, \, 000 \; ...$

Satz 11 (Vollständigkeit)

Jede nichtleere, nach oben beschränkte Teilmenge von $\mathbb{D}_0^+$ besitzt eine kleinste obere Schranke.

Beweis

Sei M eine nichtleere, nach oben beschränkte Teilmenge von $\mathbb{D}_0^+$. $b = b_0, b_1 b_2 \ldots$ sei eine obere Schranke. Dann gilt für jedes $a = a_0, a_1 a_2 \ldots$ aus M $a_0 \leq b_0$. Nun sei c_0 die größte Zahl, die als Ziffer a_0 bei den Dezimalzahlen aus M vorkommt. Sodann sei c_1 die größte Zahl, die als Ziffer a_1 bei den Dezimalzahlen $c_0, a_1 a_2 \ldots$ aus M vorkommt. Anschließend wird c_2 als die größte Zahl gewählt, die als Ziffer a_2 bei den Dezimalzhalen $c_0, c_1 a_2 a_3 \ldots$ aus M vorkommt. So fährt man fort, und es entsteht eine bestimmte Dezimalzahl

$$c = c_0, \ c_1 c_2 c_3 \ldots,$$

die nach Konstruktion die kleinste obere Schranke von M ist ($c = \sup M$, siehe Aufgabe 17). [12]

Als nächstes sind die *Addition und Multiplikation auf* $\mathbb{D}_0^+$ zu definieren. Dazu geht man zweckmäßig von den in natürlicher Weise erklärten arithmetischen Operationen in der Teilmenge $\mathbb{E}_0^+$ aus. Aus der Arithmetik der rationalen Zahlen weiß man, wie mit abbrechenden Dezimalzahlen gerechnet werden soll : Im wesentlichen sind es einfache Kommaverschiebungsregeln, so daß die Arithmetik in $\mathbb{E}_0^+$ im Kern auf der in $\mathbb{N}$ beruht. Der entscheidende Schritt ist die Ausdehnung dieser Operationen von $\mathbb{E}_0^+$ auf ganz $\mathbb{D}_0^+$. Die Idee besteht darin, die Elemente aus $\mathbb{D}_0^+$ durch abbrechende Dezimalzahlen zu approximieren und sich dann des Satzes von der oberen Grenze zu bedienen :
Für $a = a_0, a_1 a_2 \ldots$ und $n \in \mathbb{N}_0$ sei $a^{(n)}$ die abbrechende Dezimalzahl $a_0, a_1 a_2 \ldots a_n$ ("n–te Näherungszahl zu a").
Die *Summe* von $a = a_0, a_1 a_2 \ldots$ und $b = b_0, b_1 b_2 \ldots$ wird dann so erklärt:

Man betrachtet die nach oben beschränkte Menge

$$\{a^{(n)} + b^{(n)} \mid n \in \mathbb{N}_0\},$$

gebildet aus den Summen der jeweiligen n–ten Näherungszahlen von a und b. Diese Menge hat nach Satz 11 ein Supremum. Wir definieren

$$a + b \ := \ \sup \{a^{(n)} + b^{(n)} \mid n \in \mathbb{N}_0\}.$$

---

[12]Sollte bei dieser Konstruktion von c eine Dezimalzahl mit Neunerende entstehen, so nehmen wir statt $c = c_0, c_1 c_2 c_3 \ldots c_n \, 999 \ldots$ die Dezimalzahl $c' = c_0, c_1 c_2 c_3 \ldots (c_n + 1)000 \ldots$.

198

Die Summe $a + b$ wird also approximiert durch die Folge

$$
\begin{aligned}
a^{(0)} + b^{(0)} &= a_0 + b_0 \\
a^{(1)} + b^{(1)} &= a_0, a_1 + b_0, b_1 \\
a^{(2)} + b^{(2)} &= a_0, a_1 a_2 + b_0, b_1 b_2 \\
a^{(3)} + b^{(3)} &= a_0, a_1 a_2 a_3 + b_0, b_1 b_2 b_3 \\
&\quad \cdot \\
&\quad \cdot \\
&\quad \cdot
\end{aligned}
$$

Entsprechend wird das *Produkt* erklärt :

$$
a \cdot b \; : = \; \sup \left\{ a^{(n)} \cdot b^{(n)} \mid n \in \mathbb{N}_0 \right\}.
$$

Diese Festsetzungen stehen natürlich in vollem Einklang mit dem, was wir im Hinterkopf an Wissen und Erfahrung im Umgang mit reellen Zahlen als nicht–abbrechende Dezimalbrüche erworben haben. Nur darf bei unserem konstruktiven Aufbau darauf nicht explizit zurückgegriffen werden. (Nichtsdestoweniger motivieren diese Erfahrungen unsere Definitionen.)

Nun beginnt die eigentliche Arbeit (und sie ist mühsam, wenn man sie wirklich ausführt!) :

Zunächst ist die Menge $\mathbb{D}_0^+$ in naheliegender Weise durch Hinzunahme „negativer" Dezimalzahlen (vgl. auch III. 2) zu der Menge $\mathbb{D}$ aller Dezimalzahlen zu erweitern, sodann sind die arithmetischen Operationen auf ganz $\mathbb{D}$ auszudehnen, und schließlich ist – dies ist das Entscheidende – zu zeigen, daß die Menge $\mathbb{D}$ zusammen mit der erklärten Anordnung und den definierten Operationen alle Eigenschaften hat, die zu einem *vollständigen, angeordneten Körper* gehören, insbesondere alle Rechengesetze eines Körpers. Diese Nachweise sind technisch keine Kleinigkeit. Aber erst dann ist es gerechtfertigt, die Elemente von $\mathbb{D}$ als reelle Zahlen zu bezeichnen. Hinter dieser Feststellung steht der tiefliegende Satz, daß *jede Menge von Objekten, die zusammen mit einer Addition, Multiplikation und Anordnung den Eigenschaften (Axiomen) eines vollständigen, angeordneten Körpers genügt, bis auf Isomorphie, d. h. im wesentlichen bis auf die Bezeichnung ihrer Elemente, mit der Menge* $\mathbb{R}$ *der reellen Zahlen übereinstimmt.* Wir kommen auf diesen Aspekt in Abschnitt 4.3 zurück.

4.2   Weitere Konstruktionen im Überblick

Wir skizzieren sehr knapp im Überblick drei klassische Wege, die reellen Zahlen aus den rationalen Zahlen konstruktiv zu gewinnen :   Die auf R. Dedekind (1831 – 1916) zurückgehende Konstruktion über die sogenannten *Dedekindschen Schnitte*, den von P. Bachmann (1837 – 1920) im Jahre 1892 vorgeschlagenen Weg, die reellen Zahlen systematisch *über Intervallschachtelungen* einzuführen und schließlich den Ansatz von G. Cantor (1845 – 1918), die reellen Zahlen *über Cauchy-Folgen* rationaler Zahlen zu gewinnen. Alle drei Wege sind im Detail technisch schwierig. Darauf werden wir nicht eingehen, uns interessiert hier nur ein grober Einblick in die jeweilige Grundidee.

4.2.1 Dedekindsche Schnitte

Die Idee dieser Konstruktion von $\mathbb{R}$ beruht wesentlich auf unserer geometrischen Grundvorstellung von den reellen Zahlen, d. h. auf der Vorstellung von der lückenlosen Zahlengeraden. Danach wird die Zahlengerade durch einen Punkt s auf ihr (d. h. durch eine reelle Zahl) in zwei disjunkte Teilmengen A und B „zerschnitten", die an der Stelle s aneinanderstoßen.

Hier ist $A = \{x \in \mathbb{R} \mid x < s\}$ und $B = \{x \in \mathbb{R} \mid x \geq s\}$. Das Paar (A, B) bildet einen Schnitt in $\mathbb{R}$ mit s als Schnittzahl.

Umgekehrt bestimmt jeder solche Schnitt auf der reellen Zahlengeraden eine reelle Zahl. Dedekind beschreibt diese Vorstellung so :

> „Zerfallen alle Punkte der Geraden in zwei Klassen von der Art, daß jeder Punkt der ersten Klasse links von jedem Punkt der zweiten Klasse liegt, so existiert ein und nur ein Punkt, welcher diese Einteilung aller Punkte in zwei Klassen, diese Zerschneidung der Geraden in zwei Stücke, hervorbringt".[13]

Sein kluger Gedanke besteht nun darin, in der Menge $\mathbb{Q}$ der rationalen Zahlen „Schnitte" zu definieren, die als neue Objekte die reellen Zahlen bilden.

Definition 5 (Dedekindscher Schnitt)

Ein *Dedekindscher Schnitt* in $\mathbb{Q}$ ist ein geordnetes Paar (A, B) von Mengen A („Untermenge") und B ("Obermenge") mit $A, B \subseteq \mathbb{Q}$ und folgenden Eigenschaften :

(D_1) A und B sind nicht leer.

---

[13]Dedekind (1872), S. 10

(D_2) Jede rationale Zahl liegt in genau einer der Mengen A, B.

(D_3) Jedes Element von A ist kleiner als jedes Element von B.

(D_4) A hat kein größtes Element.

Ein Dedekindscher Schnitt wird reelle Zahl genannt. *Die Menge aller Dedekindschen Schnitte bezeichnen wir mit* $\mathbb{R}$.

Beispiel 5

Durch $A = \{x \in \mathbb{Q}_0^+ \mid x^2 < 2\} \cup \mathbb{Q}^-$ und $B = \mathbb{Q} \backslash A$ ist ein Dedekindscher Schnitt in $\mathbb{Q}$ definiert. (Es ist jener natürliche Schnitt, durch den die reelle Zahl $\sqrt{2}$ erklärt wird!)

Auf der so definierten Menge $\mathbb{R}$ werden dann in geeigneter Weise eine Addition, eine Multiplikation sowie eine Anordnung definiert und anschließend (in einem wieder mühsamen Prozeß) alle Eigenschaften eines vollständigen, angeordneten Körpers bewiesen. Insgesamt hat man dann die Menge der reellen Zahlen aus der Menge $\mathbb{Q}$ konstruktiv gewonnen.

Wir deuten noch kurz an, wie Summe und Produkt sowie die Anordnung von Schnitten definiert werden. Da ein Schnitt durch Angabe der Untermenge A vollständig beschrieben ist (die Obermenge B ist dann jeweils das Komplement $\mathbb{Q} \backslash A$), identifizieren wir Schnitte mit ihren Untermengen.

Für zwei Schnitte A_1 und A_2 definiert man die Summe $A_1 + A_2$ durch die Untermenge $\{a_1 + a_2 \mid a_1 \in A_1,\ a_2 \in A_2\}$, und das Produkt $A_1 \cdot A_2$ wird (im Falle nichtnegativer Schnitte) entsprechend durch $\{a_1 \cdot a_2 \mid a_1 \in A_1,\ a_2 \in A_2\}$ erklärt.

Die Ordnungsrelation $A_1 < A_2$ ist durch die mengentheoretische Inklusion $A_1 \subset A_2$ definiert.

4.2.2   Intervallschachtelungen

Motiviert ist diese Konstruktion von $\mathbb{R}$ durch den auf der lückenlosen Zahlengeraden evidenten Intervallschachtelungssatz (INT) : Man betrachtet in der Menge $\mathbb{Q}$ der rationalen Zahlen Intervallschachtelungen und macht sich zunächst klar, daß verschiedene Intervallschachtelungen (später) sehr wohl dieselbe reelle Zahl beschreiben können. Daher wird man Intervallschachtelungen identifizieren, die sich in diesem Sinne nicht unterscheiden. Man nennt zwei Intervallschachtelungen $(I_n)_{n \in \mathbb{N}}$ und $(I_n')_{n \in \mathbb{N}}$ äquivalent, wenn sie eine gemeinsame Verfeinerung besitzen. $((J_n)_{n \in \mathbb{N}}$ heißt feiner als $(I_n)_{n \in \mathbb{N}}$, wenn

$J_n \subseteq I_n$ für alle $n \in \mathbb{N}$ gilt). *So entstehen Äquivalenzklassen von Intervall-schachtelungen, und genau diese definieren die reellen Zahlen.*

Wieder ist (in einem mühsamen Prozeß) die so definierte Menge $\mathbb{R}$ mit einer Addition, einer Multiplikation und einer Anordnung so zu versehen, daß daraus ein vollständiger, angeordneter Körper wird.

Schließlich geben wir noch ein Beispiel für eine *rationale* Intervallschachtelung, die eine für die Analysis wichtige reelle Zahl definiert : Es handelt sich um die berühmte Eulersche Zahl $e = 2,718\ldots$.[14]

Beispiel 6

Oft wird die Eulersche Zahl erklärt durch den Grenzwert

$$e = \lim_{n \to \infty} (1 + \tfrac{1}{n})^n.$$

Zur Rechtfertigung zeigen wir, daß durch $a_n = (1 + \tfrac{1}{n})^n$ und $b_n = (1 + \tfrac{1}{n})^{n+1}$ eine Intervallschachtelung $([a_n,\, b_n])_{n \in \mathbb{N}}$ gegeben ist.

1. Schritt : Die Folge der a_n ist monoton wachsend.

Für $n > 1$ gilt

$$
\begin{aligned}
a_n : a_{n-1} &= (1 + \tfrac{1}{n})^n \;:\; (1 + \tfrac{1}{n-1})^{n-1} \\
&= (\tfrac{n+1}{n})^n \;:\; (\tfrac{n}{n-1})^{n-1} \\
&= (\tfrac{n+1}{n})^n \;\cdot\; (\tfrac{n-1}{n})^{n-1} \\
&= (\tfrac{n+1}{n})^n \;\cdot\; (\tfrac{n-1}{n})^n \;\cdot\; (\tfrac{n}{n-1}) \\
&= (\tfrac{(n+1)(n-1)}{n \cdot n})^n \;\cdot\; (\tfrac{n}{n-1}) = (\tfrac{n^2-1}{n^2})^n \;\cdot\; (\tfrac{n}{n-1}) \\
&= (1 - \tfrac{1}{n^2})^n \;\cdot\; (\tfrac{n}{n-1})
\end{aligned}
$$

Mit der Bernoullischen Ungleichung [15] folgt nun :

$$a_n : a_{n-1} \geq (1 - n \cdot \tfrac{1}{n^2}) \cdot (\tfrac{n}{n-1}) = (\tfrac{n-1}{n}) \cdot (\tfrac{n}{n-1}) = 1, \quad \text{d. h.}$$

$a_n : a_{n-1} \geq 1$ und damit

$$a_n \geq a_{n-1}.$$

2. Schritt : Die Folge der b_n ist monoton fallend.

---

[14]Diese Zahl ist benannt nach dem bedeutenden Mathematiker L. Euler (1707 – 1783), der vor allem auf dem Gebiet der Analysis Bahnbrechendes leistete.

[15]vgl. Fußnote 3 im Abschnitt 2.1.

Für $n > 1$ gilt

$$
\begin{aligned}
b_{n-1} \;:\; b_n \;&=\; (1+\tfrac{1}{n-1})^n \;:\; (1+\tfrac{1}{n})^{n+1} \\
&=\; (\tfrac{n}{n-1})^n \;:\; (\tfrac{n+1}{n})^{n+1} \\
&=\; (\tfrac{n}{n-1})^n \;\cdot\; (\tfrac{n}{n+1})^{n+1} \\
&=\; (\tfrac{n^2}{n^2-1})^{n+1} \;\cdot\; (\tfrac{n-1}{n}) \\
&=\; (1+\tfrac{1}{n^2-1})^{n+1} \;\cdot\; (\tfrac{n-1}{n}).
\end{aligned}
$$

Mit der Bernoullischen Ungleichung folgt :

$$
\begin{aligned}
b_{n-1} \;:\; b_n \;&\geq\; (1+(n+1)\cdot\tfrac{1}{n^2-1}) \;\cdot\; (\tfrac{n-1}{n}) \\
&\geq\; (1+\tfrac{1}{n-1}) \;\cdot\; (\tfrac{n-1}{n}) \;=\; (\tfrac{n}{n-1}) \;\cdot\; (\tfrac{n-1}{n}) \;=\; 1, \quad \text{d. h.}
\end{aligned}
$$

$b_{n-1} \;:\; b_n \;\geq\; 1 \quad$ oder

$$
b_{n-1} \;\geq\; b_n.
$$

3. Schritt : Für alle $n \in \mathbb{N}$ gilt $a_n < b_n$, denn es ist

$$
a_n \;=\; (1+\tfrac{1}{n})^n \;<\; (1+\tfrac{1}{n})^n \cdot (1+\tfrac{1}{n}) \;=\; (1+\tfrac{1}{n})^{n+1} \;=\; b_n.
$$

4. Schritt : Die Intervallänge $b_n - a_n$ wird mit wachsendem n beliebig klein,
denn es gilt

$$
b_n - a_n = (1+\tfrac{1}{n})^{n+1} - (1+\tfrac{1}{n})^n = (1+\tfrac{1}{n})^n \cdot (1+\tfrac{1}{n}-1) \;=\; (1+\tfrac{1}{n})^n \cdot \tfrac{1}{n} = a_n \cdot \tfrac{1}{n},
$$

woraus wegen $a_n < b_n \leq b_1 = 4$ die Abschätzung

$$
0 < b_n - a_n < 4 \cdot \tfrac{1}{n}
$$

folgt. Der Term $4 \cdot \tfrac{1}{n}$ aber wird beliebig klein (Archimedisches Axiom in $\mathbb{Q}$!).

4.2.3 Cauchy–Folgen

Die tragende Idee dieser Konstruktion von $\mathbb{R}$ geht von der Erfahrung aus, daß sich reelle Zahlen als Grenzwerte rationaler Folgen beschreiben lassen. Da verschiedene Folgen rationaler Zahlen denselben Grenzwert haben können, sind – ähnlich wie im vorherigen Zugang – Äquivalenzklassen konvergenter rationaler Folgen zu bilden. (Dabei werden zwei solche Folgen äquivalent genannt, wenn ihre Differenzfolge den Grenzwert Null hat.) Doch wie läßt sich die Konvergenz einer rationalen Zahlenfolge beschreiben, ohne explizit ihren Grenzwert zu benutzen? Hier hilft eine Erinnerung an die Charakterisierung der Vollständigkeit von $\mathbb{R}$ ((V_4) in Satz 6, Abschnitt 2.3), die besagt, daß Konvergenz durch die

Eigenschaft, „Cauchy–Folge" zu sein, beschrieben werden kann. Wir betrachten also Äquivalenzklassen von rationalen Cauchy–Folgen (auch Fundamentalfolgen genannt), d. h. von Folgen $(a_n)_{n\in\mathbb{N}}$ rationaler Zahlen, für die gilt :

(∗)   Zu jedem $\varepsilon \in \mathbb{Q}^+$ gibt es ein $n_0 \in \mathbb{N}$, so daß $|a_n - a_m| < \varepsilon$ für alle $m, n \geq n_0$.

Um diese Eigenschaft einer Folge zu illustrieren, betrachten wir ein Beispiel.

Beispiel 7

Die durch

$$a_{n+1} = 1 + \tfrac{1}{1+a_n}, \quad a_1 = 1$$

rekursiv definierte Folge rationaler Zahlen ist eine Cauchy–Folge in $\mathbb{Q}$ (deren Grenzwert übrigens die irrationale Zahl $\sqrt{2}$ ist). Wir beweisen die Eigenschaft (∗) einer Cauchy–Folge :

Zunächst ist für $n \geq 2$

$$a_{n+1} - a_n = 1 + \tfrac{1}{1+a_n} - (1 + \tfrac{1}{1+a_{n-1}}) = \tfrac{a_{n-1}-a_n}{(1+a_n)(1+a_{n-1})},$$

woraus wegen $a_{n-1}, a_n > 1$

$$|a_{n+1} - a_n| < \tfrac{1}{2}\,|a_n - a_{n-1}|$$

folgt. Also gilt nach schrittweisem Zurückgehen

$$|a_{n+1} - a_n| < \tfrac{1}{2^{n-1}}\,|a_2 - a_1|,$$

d. h. wegen $|a_2 - a_1| = \tfrac{1}{2}$

$$|a_{n+1} - a_n| \leq \tfrac{1}{2^n} \quad \text{für alle } n.$$

Damit gilt

$$
\begin{aligned}
|a_{n+k} - a_n| &\leq |a_{n+k} - a_{n+k-1}| + |a_{n+k-1} - a_{n+k-2}| + \ldots + |a_{n+1} - a_n| \\
&\leq \tfrac{1}{2^{n+k-1}} + \tfrac{1}{2^{n+k-2}} + \ldots + \tfrac{1}{2^n} \\
&\leq \tfrac{1}{2^{n-1}} \quad \text{(endliche geometrische Reihe!)}
\end{aligned}
$$

Zu vorgegebenem $\varepsilon \in \mathbb{Q}^+$ wähle man nun $n_0 \in \mathbb{N}$ so, daß $\tfrac{1}{2^{n_0-1}} < \varepsilon$ (Archimedisches Axiom in $\mathbb{Q}$!). Für alle $n \geq n_0$ und alle $k \in \mathbb{N}$ ist dann

$$|a_{n+k} - a_n| < \varepsilon,$$

d. h. die Eigenschaft (∗) einer Cauchy–Folge ist erfüllt.

In der Konstruktion über Cauchy–Folgen werden also *die reellen Zahlen als Äquivalenzklassen rationaler Cauchy–Folgen definiert*. Wieder ist nach Definition einer passenden Addition, Multiplikation und Anordnung zu zeigen, daß ein vollständiger, angeordneter Körper entstanden ist. Wieder ist dies beweistechnisch aufwendig, aber erst dann ist die Konstruktion von $\mathbb{R}$ abgeschlossen.

4.3 Der axiomatische Standpunkt

Als gegen Ende des 19. Jahrhunderts verschiedene Konstruktionen der reellen Zahlen (insbesondere die von Dedekind und Cantor) vorlagen, war die Frage zu diskutieren, ob all diese Konstruktionen „dieselben" reellen Zahlen liefern.

> „In gewisser Hinsicht können selbstverständlich die reellen Zahlen im Sinne von Dedekind und im Sinne von Cantor ihrer Natur nach unterschieden werden; die einen sind ja Schnitte, die anderen sind Äquivalenzklassen von Folgen. Es war jedoch eine der fruchtbaren mathematischen Einsichten des ausgehenden 19. Jahrhunderts, daß es nicht auf die Natur der mathematischen Objektbereiche ankommt, sondern ausschließlich auf ihre Struktur. Es war Hilbert, der diese Auffassung am klarsten formuliert hat. Später hat Hilbert diese heute als die axiomatische bezeichnete Auffassung zur Grundlage eines umfassenden Programms zur Neubegründung der Fundamente der Mathematik gemacht."[16] (Rautenberg (1979), S. 147)

Die Struktur, um die es hier geht, ist die eines *vollständigen, angeordneten Körpers*. Wir verlangen also die Gültigkeit der *Körperaxiome* (vgl. III.5), einige *Anordnungsaxiome* (Trichotomiegesetz, Transitivitätsgesetz, Monotoniegesetze der Addition und Multiplikation; vgl. III.7) sowie das *Vollständigkeitsaxiom*, etwa in der Fassung, daß jede nichtleere, nach oben beschränkte Menge eine kleinste obere Schranke besitzt.

Entscheidend ist nun der in 4.1 bereits erwähnte (und im Anhang zu diesem Kapitel bewiesene)

Satz 12

Bis auf Isomorphie kann es nur einen vollständigen, angeordneten Körper geben.

---

[16]D. Hilbert (1862 – 1943) gilt als einer der bedeutendsten Mathematiker des 19./20. Jahrhunderts.

Das bedeutet : Alle vollständigen, angeordneten Körper, also alle Gebilde, die dem obigen Axiomensystem genügen, sind untereinander strukturgleich (isomorph). Sie beschreiben dasselbe mathematische Objekt. Deshalb liefern die verschiedenen in diesem Abschnitt vorgestellten Konstruktionen alle dasselbe Objekt, nämlich die Menge $\mathbb{R}$ der reellen Zahlen. $\mathbb{R}$ *ist also durch das Axiomensystem vollständig charakterisiert.* Jede Konstruktion von $\mathbb{R}$ ist eine Konkretisierung (ein Modell) der abstrakten Struktur eines vollständigen, angeordneten Körpers. Sie realisiert sozusagen das Axiomensystem und begründet die Existenz der Menge der reellen Zahlen. Erkenntnistheoretisch entscheidend ist die Standpunktverlagerung von der Frage „Was *ist* eine reelle Zahl?" zur Frage nach der abstrakten Struktur der Menge der reellen Zahlen („Welche Eigenschaften regeln das Zusammenwirken ihrer Elemente?")[17] Hilbert schreibt dazu im Jahre 1900 (zitiert nach Wisliceny (1974), S. 163) :

„Die Bedenken, welche gegen die Existenz des Inbegriffs aller reeller Zahlen und unendlicher Mengen überhaupt geltend gemacht worden sind, verlieren bei der oben gekennzeichneten Auffassung jede Berechtigung : unter der Menge der reellen Zahlen haben wir uns ... zu denken ... ein System von Dingen, deren gegenseitige Berechnungen durch das obige endliche und abgeschlossene System von Axiomen ... gegeben sind, und über welche neue Aussagen nur Gültigkeit haben, falls man sie mittels einer endlichen Anzahl von logischen Schlüssen aus jenen Axiomen ableiten kann."

Das ist der axiomatische Standpunkt.

4.4 Rückblick

Zu Beginn und über weite Strecken dieses Kapitels von den reellen Zahlen haben wir weder einen konstruktiven noch einen axiomatischen Standpunkt eingenommen; eher einen „phänomenologischen" :
Wir hielten die reellen Zahlen durch die Gesamtheit der Punkte auf der Zahlengeraden in natürlicher Weise für gegeben (sie waren so definiert) und haben daraus – über die geometrisch-anschauliche Evidenz der Lückenlosigkeit der Zahlengeraden – analytische Fassungen der Vollständigkeit herausgearbeitet, nämlich den Intervallschachtelungssatz und den Satz von der oberen Grenze. Sodann zeigten wir, daß die so definierten Zahlen eineindeutig den Dezimalbrüchen entsprechen (Abschnitt 3). Den konstruktiven oder den axiomatischen

---

[17]Die Frage „Was *ist* eine reelle Zahl?" würde dann so beantwortet: Ein Element eines vollständigen, angeordneten Körpers.

Standpunkt zu den reellen Zahlen haben wir nachgeordnet erst jetzt diskutiert.

Mit dieser Gewichtung sind wir in der Nähe einer Überzeugung des Mathematikers und Didaktikers H. Freudenthal (1905 – 1990), der mit Blick auf den Mathematikunterricht schreibt (zitiert nach Knoche/Wippermann (1986), S. 29) :

> „Man betrachte die reellen Zahlen als etwas Gegebenes, auf der Zahlengeraden ... . Man analysiere die Zahlengerade mittels unendlicher Dezimalbrüche. Man fordere oder deduziere aus den unendlichen Dezimalbrüchen topologische Eigenschaften der reellen Zahlen, sobald man sie wirklich verwendet ... . Daß man sie (die reellen Zahlen) auch als Cauchyfolge oder als Dedekindscher Schnitt definieren kann, ist ein theoretischer Luxus."

Diese Position schmälert nicht die Bedeutung einer konstruktiven oder axiomatischen Einführung der reellen Zahlen. Grundkenntnisse darüber gehören unbedingt zu einem adäquaten Bild von der Mathematik als Wissenschaft. Jedoch sind wir mit dem Aufbau dieses Kapitels der Überzeugung gefolgt, daß eine elementare Einführung in die reellen Zahlen sich zweckmäßig an einer elementaren Grundvorstellung orientiert; und zwar an der geometrischen Vorstellung von der lückenlosen Zahlengeraden. Im übrigen darf nicht verkannt werden, daß der *Begriff* der reellen Zahl eine höchst theoretische Angelegenheit ist. Wir zitieren hierzu den Mathematikdidaktiker A. Kirsch (1987, S. 90) :

> „Die Einführung der reellen Zahlen läßt sich *nicht aus praktischen Meßaufgaben* rechtfertigen. In realen Situationen, insbesondere bei Messungen, treten irrationale Zahlen niemals direkt auf. Die Entscheidung, ob eine Maßzahl oder eine Gleichungslösung rational ist oder nicht, kann nicht experimentell–empirisch erfolgen, auch *nicht durch Ausrechnen mittels Computer*, sondern nur mittels theoretischer Argumentation. Der Übergang von den rationalen zu den reellen Zahlen ist eine *aus theoretischen Gründen* zweckmäßige Erweiterung des Zahlbereichs. Durch sie wird gesichert, daß für gewisse geometrische und algebraische Probleme (wie etwa die Bestimmung der Diagonalenlänge eines Quadrats oder des Kreisumfangs) *anschaulich vorhandene Lösungen auch in der Theorie als wohlbestimmte Objekte existieren*."

Der theoretische Charakter der reellen Zahl ist mitverantwortlich dafür, daß die Fundierung dieses Begriffs erst spät gelang. Noch in der Blütezeit der klassischen Analysis im 17. und 18. Jahrhundert ist man recht sorglos mit reellen Zahlen umgegangen. Erst im 19. Jahrhundert hat die theoretische Grundlegung richtig begonnen, vor allem durch die konstruktiven Zugänge von Dedekind und Cantor sowie durch die Axiomatisierung von Hilbert.

Angesichts der sehr unterschiedlichen Standpunkte und der Verschiedenartigkeit der Konstruktionen bleibt abschließend festzustellen, was man nach der Lektüre dieses Kapitels bereits ahnt und worauf schon der Mathematiker O. Perron (1880 – 1975) hinwies :

„Es gibt keinen Königsweg zu den reellen Zahlen.“

Aufgaben

(16) Man zeige :   In der Menge $\mathbb{D}_0^+$ gilt

$$\sup \{z_0; z_0, 9; z_0, 99; z_0, 999; \; ... \} = z_0 + 1 \,.$$

(17) Man begründe, wieso die im Beweis von Satz 11 konstruierte Dezimalzahl c tatsächlich kleinste obere Schranke der Menge M ist.

4.5   Anhang

Wie angekündigt beweisen wir noch den in 4.3 formulierten

Satz 12

Bis auf Isomorphie kann es nur einen vollständigen, angeordneten Körper geben.

Beweis[18]

Wir zeigen : Sind K und K' vollständige, angeordnete [19] Körper, so gibt es einen Isomorphismus f von K auf K'. Ziel ist die Konstruktion einer solchen Abbildung

$$f : K \longrightarrow K'.$$

---

[18]vgl. Wisliceny (1988)

[19]Für beide Ordnungsrelationen verwenden wir im folgenden das Zeichen „$<$“, machen aber darauf aufmerksam, daß zwischen beiden sorgfältig unterschieden werden muß.

Um die Skizze der Beweisidee nicht zu belasten, werden wir alle technischen Details und benötigten Resultate ausgliedern und am Schluß der Skizze als Hilfssätze formulieren und beweisen.

Zunächst stellen wir fest, daß jeder angeordnete Körper einen zum Körper $\mathbb{Q}$ der rationalen Zahlen isomorphen Teilbereich enthält (Hilfssatz 1), den wir mit $\mathbb{Q}$ identifizieren wollen. K enthält also ebenso wie K' die Menge $\mathbb{Q}$ als Teilkörper.

I. Wir werden die Abbildung f zunächst nur auf K_0^+, also für nichtnegative Elemente aus K definieren. Sei also $a \in K_0^+$. Dann kann man sich a entstanden denken als das Supremum aller nichtnegativer rationaler Zahlen, die unterhalb von a liegen :

$$a = \sup Q_a$$

$$\text{mit} \quad Q_a := \{x \in \mathbb{Q}_0^+ \mid x \leq a\}$$

(Hilfssatz 2).

Um a ein Element aus K' zuzuordnen, überlegen wir : Als Menge rationaler Zahlen ist Q_a auch eine Teilmenge von K'. Und da Q_a in K nach oben beschränkt ist (zum Beispiel durch a), läßt sich Q_a auch durch eine natürliche Zahl beschränken (weil K archimedisch geordnet ist; Hilfssatz 3). Das heißt aber, daß die (nichtleere) Menge Q_a auch in K' nach oben beschränkt ist und daher dort ein Supremum besitzt. Dieses Supremum in K' ordnen wir dem Element $a \in K_0^+$ zu :

$$\begin{aligned} f : K_0^+ &\longrightarrow K_0'^+ \\ a &\longmapsto f(a) := \sup_{K'} Q_a \end{aligned}$$

II. Jetzt zeigen wir, daß die so definierte Abbildung ein Isomorphismus von K_0^+ auf $K_0'^+$ ist :

- f ist streng monoton wachsend (Hilfssatz 4) und daher auch injektiv.
- f ist surjektiv (Hilfssatz 5).
- f ist additiv, denn für $a, b \in K_0^+$ gilt

$$\begin{aligned} f(a+b) &= \sup_{K'} Q_{a+b} \\ &= \sup_{K'} (Q_a + Q_b) \qquad \text{(Hilfssatz 6)} \\ &= \sup_{K'} Q_a + \sup_{K'} Q_b \qquad \text{(Hilfssatz 7)} \\ &= \quad f(a) + f(b) \end{aligned}$$

$-\ f$ ist multiplikativ, denn für $a, b \in K_0^+$ gilt

$$
\begin{aligned}
f(a \cdot b) &= \sup_{K'} Q_{a \cdot b} \\
&= \sup_{K'} (Q_a \cdot Q_b) && \text{(Hilfssatz 6)} \\
&= \sup_{K'} Q_a \cdot \sup_{K'} Q_b && \text{(Hilfssatz 7)} \\
&= \ f(a) \cdot f(b)
\end{aligned}
$$

III. Der Isomorphismus f von K_0^+ auf $K_0'^+$ läßt sich nun leicht zu einem Isomorphismus von ganz K auf ganz K' fortsetzen, indem man einem $a \in K$ mit $a \leq 0$ das Element $-f(-a) \in K'$ zuordnet. Wir führen dies nicht weiter aus.

Abschließend begründen wir die benötigten Hilfsresultate.

Hilfssatz 1

Jeder angeordnete Körper K enthält (bis auf Isomorphie) die Menge $\mathbb{Q}$ als Teilkörper. [20]

Beweis

Sei e das multiplikativ neutrale Element von K und für $n \in \mathbb{N}$ $ne := e + \ldots + e$ (n–mal). Die eindeutig bestimmte Lösung der Gleichung $(ne)x = me$ bezeichnen wir mit $\frac{me}{ne}$. Man rechnet nun leicht nach, daß die Abbildung

$$
\begin{aligned}
f: \ \mathbb{Q}^+ &\longrightarrow K^+ \\
\tfrac{m}{n} &\longmapsto f\left(\tfrac{m}{n}\right) = \tfrac{me}{ne}
\end{aligned}
$$

injektiv und strukturverträglich, d. h. additiv und multiplikativ ist. Durch $f\left(-\frac{m}{n}\right) = -\frac{me}{ne}$ läßt sie sich auf ganz $\mathbb{Q}$ fortsetzen. Damit wird der Körper $\mathbb{Q}$ in K eingebettet.

Hilfssatz 2

Für $a \in K (a \geq 0)$ und $Q_a := \{x \in \mathbb{Q}_0^+ \mid x \leq a\} \subseteq K$ ist

$$
(1) \qquad\qquad a = \sup Q_a.
$$

Beweis

Q_a ist nichtleer und durch a nach oben beschränkt, daher existiert $\sup Q_a$ mit

$$
0 \leq \sup Q_a \leq a
$$

---

[20]vgl. auch Kapitel III.7

Für $a = 0$ ist (1) klar. Würde für $a > 0$ die Ungleichung $\sup Q_a < a$ gelten, so gäbe es ein $r \in \mathbb{Q}$ mit $\sup Q_a < r < a$ (Hilfssatz 2* in Verbindung mit Hilfssatz 3). Dann wäre $r \in Q_a$, im Widerspruch zur Definition des Supremums.

Hilfssatz 2*

Zwischen je zwei Elementen eines archimedisch angeordneten Körpers K liegt eine rationale Zahl.

Beweis

Wir beweisen zuerst (für spätere Verwendung) die Aussage

(2)   Zu $a, b, c \in K$ mit $a < b$ und $c > 0$ gibt es ein $m \in \mathbb{N}$ mit

$$a + \tfrac{c}{m} < b.$$

Begründung : Zu $a < b$ gibt es nach dem Archimedischen Axiom ein $n \in \mathbb{N}$ mit $\frac{1}{b-a} < n$, d. h. $a + \frac{1}{n} < b$. Schließlich gibt es ein $m \in \mathbb{N}$ mit $c \cdot n < m$, d. h. $\frac{c}{m} < \frac{1}{n}$. Folglich ist $a + \frac{c}{m} < a + \frac{1}{n} < b$.

Sei nun o. E. $0 \leq a < b$. Ziel ist die Existenz einer rationalen Zahl, die zwischen a und b liegt. Man wähle $n \in \mathbb{N}$ mit $a + \frac{1}{n} < b$. Ist dann m_0 die kleinste aller natürlichen Zahlen m mit der Eigenschaft $a < \frac{m}{n}$, so gilt für $m_0 - 1$ die Ungleichung $a \geq \frac{m_0 - 1}{n}$, d. h. $a + \frac{1}{n} \geq \frac{m_0}{n}$, insgesamt daher wegen $a + \frac{1}{n} < b$ die Ungleichung $a < \frac{m_0}{n} < b$. Die rationale Zahl $\frac{m_0}{n}$ leistet also das Gewünschte.

Hilfssatz 3

Jeder vollständige, angeordnete Körper ist archimedisch geordnet.

Beweis

Dies ist genau der Inhalt von Satz 4 in Abschnitt 2.2. Das Beweisargument ist dort ausgeführt.

Hilfssatz 4

Die Abbildung

$$f : K_0^+ \longrightarrow K_0'^+$$
$$a \longmapsto f(a) = \sup\nolimits_{K'} Q_a$$

ist streng monoton wachsend.

Beweis

Sei $a < b$ $(a, b \in K_0^+)$. Da zwischen a und b eine rationale Zahl liegt (Hilfssatz 2*!), ist Q_a eine echte Teilmenge von Q_b und daher $\sup_{K'} Q_a < \sup_{K'} Q_b$. Also folgt aus $a < b$ stets $f(a) < f(b)$.

Hilfssatz 5

Die Abbildung f ist surjektiv.

Beweis

Zu $a' \in K'^+_0$ wähle man $a := \sup_K Q_{a'}$ und beachte, daß $Q_{a'} = \{x \in \mathbb{Q}_0^+ \mid x \leq_{K'} a'\}$. Wegen $Q_{a'} = Q_a$ und mit Hilfssatz 2 ist dann $f(a) = \sup_{K'} Q_a = \sup_{K'} Q_{a'} = a'$.

Hilfssatz 6

Für die Mengen Q_a $(a \geq 0)$ gelten folgende Verträglichkeitsbedingungen

$$(3) \qquad\qquad Q_{a+b} = Q_a + Q_b,$$

$$(4) \qquad\qquad Q_{ab} \;= Q_a \cdot Q_b.$$

(Dabei ist $Q_a \cdot Q_b$ definiert durch die Menge $\{x \cdot y \mid x \in Q_a, \; y \in Q_b\}$; entsprechend $Q_a + Q_b$)

Beweis

Wir zeigen beispielhaft (4) und setzen $ab > 0$ voraus (im Fall $a = 0$ oder $b = 0$ ist nichts zu zeigen). Sei $r \in Q_a \cdot Q_b$, d. h. $r = xy$ mit $x \in Q_a$ und $y \in Q_b$. Aus $0 \leq x \leq a$ und $0 \leq y \leq b$ folgt $0 \leq xy \leq ab$, d. h. $xy \in Q_{ab}$. Damit ist $Q_a \cdot Q_b \subseteq Q_{ab}$ bewiesen. Sei umgekehrt $r \in Q_{ab}$, d. h. $r \leq ab$. Ist $r = ab$, so gilt auch $r \in Q_a \cdot Q_b$; ist $r < ab$, so gibt es nach (2) aus dem Beweis zu Hilfssatz2* ein $n \in \mathbb{N}$ mit $r + \frac{1}{n} < ab$. Andererseits gibt es zu jedem $m \in \mathbb{N}$ nach Hilfssatz 2 rationale Zahlen $x \in Q_a$ und $y \in Q_b$ mit $x > a - \frac{1}{m}$ und $y > b - \frac{1}{m}$. Damit gilt
$$r + \tfrac{1}{n} < ab < (x + \tfrac{1}{m})(y + \tfrac{1}{m}) = xy + \tfrac{1}{m}(x + y) + \tfrac{1}{m^2} < xy + \tfrac{1}{m}(a + b + 1).$$

Die Zahl m sei so groß gewählt, daß $\frac{1}{m}(a + b + 1) < \frac{1}{n}$ gilt. Dann folgt $r < xy$ und deshalb $\frac{r}{x} < y$ (o. E. $x > 0$), also $\frac{r}{x} < b$, d. h. $\frac{r}{x} \in Q_b$. Da $x \in Q_a$ und $r = x \cdot \frac{r}{x}$ gilt, folgt $r \in Q_a \cdot Q_b$. Damit ist auch die Inklusion $Q_{ab} \subseteq Q_a \cdot Q_b$ bewiesen, insgesamt also die Gleichheit (4).

Hilfssatz 7

Für nichtleere, nach oben beschränkte Teilmengen $A, B \subseteq K_0^+$ gilt

$$(5) \qquad \sup \, (A + B) = \sup A + \sup B$$

$$(6) \qquad \sup \, (A \cdot B) \;\; = \sup A \cdot \sup B$$

Beweis

Wir zeigen beispielhaft (6). Aus $x \in A$, $y \in B$ folgt $xy \leq \sup A \cdot \sup B$ und daher, weil $\sup \, (A \cdot B)$ kleinste obere Schranke von $A \cdot B$ ist, $\sup \, (A \cdot B) \leq \sup A \cdot \sup B$. Andererseits gibt es zu beliebigem $n \in \mathbf{N}$ Elemente $x \in A$ und $y \in B$ mit $x > \sup A - \frac{1}{n}$ und $y > \sup B - \frac{1}{n}$.

Daraus folgt

$$\sup A \cdot \sup B \; < \; (x + \tfrac{1}{n})(y + \tfrac{1}{n}) \; = \; xy + \tfrac{1}{n}(x + y) + \tfrac{1}{n^2} \; \leq \; \sup \, (A \cdot B) + \tfrac{1}{n} \, (\sup \, (A + B) + 1).$$

Da diese Ungleichung für alle $n \in \mathbf{N}$ gilt, hat man auch $\sup A \cdot \sup B \leq \sup \, (A \cdot B)$.

(Der letzte Schluß ist eine Folgerung aus (2) im Beweis zu Hilfssatz 2* : Aus $a < b + \frac{c}{n}$ für alle $n \in \mathbf{N}$ folgt in der Tat $a \leq b$. Wäre nämlich $b < a$, so müßte nach (2) für ein geeignetes m die Ungleichung $b + \frac{c}{m} < a$ erfüllt sein.) Insgesamt ist damit die Gleichung (6) bewiesen.

V Komplexe Zahlen

Der Wandel der komplexen Zahlen von *eingebildeten Zahlen* voller Mystik zu
einem sicher fundierten, sehr schlagkräftigen und in vielen Bereichen der Mathematik und auch der Naturwissenschaften und Technik vielseitig einsetzba-
ren *Werkzeug* ist ein *jahrhundertelanger* Prozeß, der im 16. Jahrhundert beginnt und sich bis weit in das 19. Jahrhundert erstreckt. Wir skizzieren diese
allmähliche *Einbürgerung* der komplexen Zahlen in die Mathematik im *ersten*
Abschnitt dieses Kapitels.

Die komplexen Zahlen bilden – wie wir im *zweiten* Abschnitt nachweisen –
einen *Körper* genau so wie die rationalen und reellen Zahlen. Sie bieten allerdings diesen gegenüber den großen *Vorteil*, daß sie zum Lösen von Gleichungen
noch wesentlich *besser* geeignet sind. Dieser Vorzug wird jedoch erkauft durch
den *Verlust* von vertrauten Eigenschaften bei der Kleinerrelation : Die komplexen Zahlen bilden keinen *angeordneten* Körper.

Eine adäquate *Veranschaulichung* ist für ein sicheres Handhaben und für eine fruchtbare Erforschung der komplexen Zahlen wichtig. Mit der *Gaußschen
Zahlenebene* (vgl. V. 3) steht (erst) seit Anfang des vorigen Jahrhunderts eine gut geeignete geometrische Veranschaulichung der komplexen Zahlen zur
Verfügung. In dieser Zahlenebene lassen sich nicht nur die komplexen *Zahlen*, sondern auch alle vier *Rechenoperationen* mit ihnen gut veranschaulichen.
Hierbei führt die Darstellung der komplexen Zahlen mittels sogenannter *Polarkoordinaten* zu einer starken Vereinfachung bei der Multiplikation und Division.
Die in diesem Band schrittweise durchgeführten *Zahlbereichserweiterungen* kommen mit den komplexen Zahlen – wie wir im *vierten* und *letzten* Abschnitt
dieses Kapitels skizzieren – zu einem wohl begründeten *Abschluß*; denn aufgrund des Fundamentalsatzes der Algebra ist im Körper der komplexen Zahlen
jede algebraische Gleichung lösbar, sind also die komplexen Zahlen in dieser
Hinsicht sehr vollkommen. Man kann *außerdem* zeigen, daß sich der Körper
der komplexen Zahlen *nur* bei einem *weiteren* Verzicht auf Eigenschaften des
vertrauten Zahlbegriffs – und somit nur um den Preis eines *immer weiteren
Abrückens* von diesem vertrauten Zahlbegriff – noch zu einem *umfassenderen* Zahlbereich erweitern läßt. Wir sind also auch in dieser Hinsicht mit den
verschiedenen Zahlbereichserweiterungen zu einem sachlich begründeten Ende
gekommen.

1 Zur Einbürgerung der komplexen Zahlen

Die Einführung – und erst recht die *Einbürgerung* – der komplexen Zahlen in die Mathematik ist *nicht* das Werk einzelner Mathematiker, sondern ein langer Prozeß, der sich über einen Zeitraum von *mehr als drei* Jahrhunderten erstreckt. So werden die komplexen Zahlen seit dem 16. Jahrhundert wegen ihrer großen *Vorteile* zunächst im Gebiet der Gleichungslehre in der Mathematik *geduldet*, über ihr Wesen und ihre Begründung herrscht jedoch lange Zeit große *Unsicherheit* und *Unklarheit. Ausgangspunkt* für ihre Einführung ist das erfolgreiche Bemühen um *Formeln* zur Lösung *quadratischer* und *kubischer* Gleichungen. Diese Bemühungen sind eng mit den Namen Cardano (1501 – 1576) und Bombelli (1526 – 1572) verbunden und finden noch heute ihren Niederschlag in der Benennung einer Lösungsformel für kubische Gleichungen als Cardanosche Formel. Ein sehr starkes Motiv für das Arbeiten mit komplexen Zahlen ist die Beobachtung, daß man mit Hilfe von Rechnungen mit *komplexen* Zahlen zu *reellen* Lösungen gelangen kann. So bemerkt Bombelli, daß die Cardanosche Formel auch Lösungen liefert, wenn man die Existenz einer von den reellen Zahlen verschiedenen „Zahl" i mit $i^2 = -1$ voraussetzt und mit dieser Zahl i wie mit einer reellen Zahl rechnet. Dies liefert beispielsweise bei der Gleichung $x^3 - 15x - 4 = 0$ über $(2+i)+(2-i)$ die Lösung 4 oder bei der Gleichung $x^3 - 6x + 4 = 0$ über $(1+i)+(1-i)$ die Lösung 2. [1] In diesen Fällen heben sich also gerade die imaginären Anteile heraus, und es ergeben sich reelle Lösungen, wie man durch Einsetzen unmittelbar überprüfen kann. Entsprechendes gilt auch für ebenfalls schon im 16. Jahrhundert gefundene Lösungsformeln für Gleichungen *vierten* Grades, wo ebenso bei Zwischenrechnungen in bestimmten Fällen Wurzeln aus negativen Zahlen auftreten, die sich im weiteren Verlauf der Rechnung wieder herausheben. Diese *Erfolge* bei der Einführung komplexer Zahlen rechtfertigen zunächst – und auch für lange Zeit! – allein ihren Einsatz.

Die komplexen Zahlen bleiben jedoch äußerst rätselhaft und geheimnisvoll, und *Leibniz* (1646 – 1716) nennt sie eine „feine und wunderbare Zuflucht des göttlichen Geistes, beinahe ein Zwitterwesen zwischen Sein und Nichtsein", und selbst noch *Euler* (1707 – 1783), der u.a. bereits die Beziehung $i^i = e^{-\frac{1}{2}\pi}$ kennt und gekonnt mit komplexen Zahlen rechnet, spricht von „Zahlen, welche ihrer Natur nach ohnmöglich sind, und gemeiniglich *imaginäre Zahlen*, oder *eingebildete* Zahlen genannt werden, weil sie bloss allein in der Einbildung stattfinden." [2]

Auf dem Weg zu einer *Fundierung* und *exakten Begründung* der komplexen Zahlen leistet erst *Gauß* (1777 – 1855) in der ersten Hälfte des 19. Jahr-

---

[1] Für Details dieser Rechnung vergleiche man gegebenenfalls Wisliceny (1988), S. 119.
[2] Zitiert nach Ebbinghaus et al. (^{3}1992), S. 48.

hunderts einen *ganz entscheidenden* Beitrag. Die Einstellung *seiner Zeitgenossen* zu den komplexen Zahlen ist nämlich immer noch ausgesprochen ambivalent; denn so Gauß: „die den reellen Größen gegenübergestellten imaginären – ehemals, und hin und wieder noch jetzt, obwohl unschicklich, *unmöglich* genannt – sind noch immer weniger eingebürgert als nur geduldet, und erscheinen also mehr wie ein an sich inhaltsleeres Zeichenspiel, dem man ein denkbares Substrat unbedingt abspricht, ohne doch den reichen Tribut, welchen dieses Zeichenspiel zuletzt in den Schatz der Verhältnisse der reellen Größen steuert, verschmähen zu wollen."[3] Gauß befreit jedoch die komplexen Zahlen, wie er psychologisch geschickt diese Zahlen nennt, von allem Geheimnisvollen und von aller Mystik, indem er sie *geometrisch* als *Punkte* der Zahlenebene („Gaußsche Zahlenebene") veranschaulicht. Hierdurch kann man mit den komplexen Zahlen eine konkrete Vorstellung verbinden. Damit stehen die komplexen Zahlen – veranschaulicht durch die Zahlenebene – weithin gleichberechtigt neben den reellen Zahlen, die durch die Zahlengerade veranschaulicht werden. Den letzten entscheidenden Schritt zu einer exakten Theorie der komplexen Zahlen geht jedoch erst *Hamilton* (1805 – 1865), der in der Mitte des 19. Jahrhunderts – also rund *drei* Jahrhunderte nach den ersten Anfängen durch Cardano und Bombelli! – die komplexen Zahlen als *geordnete Paare reeller Zahlen* definiert und die Addition und Multiplikation *so* festsetzt, daß die von $\mathbb{R}$ her bekannten Rechengesetze – genauer die Körperaxiome – auch in der Menge der komplexen Zahlen erhalten bleiben. Wir werden diesen Weg ausführlich im nächsten Abschnitt V. 2 beschreiten.

Die komplexen Zahlen treten im 19. Jahrhundert einen raschen Siegeszug durch viele Gebiete der *Mathematik* an, so u.a. in den Bereichen der Algebra, Zahlentheorie, Analysis und Geometrie. Aber auch in den *Naturwissenschaften* – insbesondere in der Physik sowie in der *Technik*, und dort besonders in der Elektrotechnik – ist der heutige Wissensstand ohne die Kenntnis komplexer Zahlen nur schwer vorstellbar. So beruhen die Theorien der modernen Physik stark auf der Beschreibung der Natur mit komplexen Wellenfeldern (vgl. Hausamann (1989)), und man notiert Grundgleichungen der Quantenmechanik „bedenkenlos" mit Hilfe komplexer Zahlen (vgl. Ebbinghaus et al. ([3]1992)).

---

[3]Zitiert nach Ebbinghaus et al. ([3]1992), S. 50.

2 Der Körper der komplexen Zahlen

2.1 Zielsetzung

Für alle reellen Zahlen x gilt bekanntlich $x^2 \geq 0$. Daher gibt es keine reelle Zahl, die Lösung der Gleichung $x^2 + 1 = 0$ ist. Hierfür können wir auch sagen : Es gibt keine reelle Zahl x mit $x^2 = -1$ beziehungsweise $\sqrt{-1}$ bezeichnet keine reelle Zahl. Mit Hilfe der vertrauten Formel für quadratische Gleichungen der Form $x^2 + px + q = 0$ mit $p, q \in \mathbb{R}$, nämlich $x_{1,2} = -\frac{p}{2} \pm \sqrt{(\frac{p}{2})^2 - q}$, können wir sogar allgemein einsehen, daß quadratische Gleichungen nur dann eine Lösung in $\mathbb{R}$ besitzen, wenn $\frac{p^2}{4} - q \geq 0$, wenn also $p^2 - 4q \geq 0$ gilt. Folglich sind im Bereich der reellen Zahlen *viele* quadratische Gleichungen *unlösbar*. Daher liegt der *Versuch* nahe, einen *Erweiterungskörper* von $\mathbb{R}$ so zu konstruieren, daß in ihm (zumindest) *sämtliche quadratischen* Gleichungen lösbar sind. Es ergibt sich die überraschende Tatsache, daß es hierzu schon ausreicht, einen Erweiterungskörper von $\mathbb{R}$ zu konstruieren, in dem die *eine spezielle* quadratische Gleichung $x^2 + 1 = 0$ lösbar ist. Es stellt sich die Frage, ob in diesem Erweiterungskörper von $\mathbb{R}$ beispielsweise auch alle *kubischen* Gleichungen lösbar sind oder ob wir diesen Erweiterungskörper hierzu gegebenenfalls *nochmals* erweitern müssen. Sollte dies der Fall sein, dann würde der erste Erweiterungskörper unter dem Gesichtspunkt der Lösbarkeit von Gleichungen offenbar nur von relativ *geringem* Interesse sein. Tatsächlich ergibt sich jedoch die *äußerst überraschende* Tatsache, daß wir bereits durch diese *erste* Erweiterung der reellen Zahlen zu einem Körper gelangen, den wir Körper $\mathbb{C}$ der komplexen Zahlen nennen, in dem sogar *sämtliche* algebraischen Gleichungen – also sämtliche Gleichungen der Form $a_n \cdot x^n + a_{n-1} \cdot x^{n-1} + ... + a_1 \cdot x + a_0 = 0$ mit $a_i \in \mathbb{R}$ (bzw. sogar $a_i \in \mathbb{C}$), $a_n \neq 0$ – lösbar sind (vgl. hierzu auch V. 4).

Unter Berücksichtigung dieses Sachverhaltes verfolgen wir daher in diesem Abschnitt folgendes *Ziel* :

Wir versuchen einen *Erweiterungskörper* von $\mathbb{R}$ zu konstruieren, in dem die *Gleichung* $x^2 + 1 = 0$ *lösbar* ist. Dieser Erweiterungskörper soll *minimal* sein, also keine überflüssigen Elemente enthalten. Nennen wir in Anlehnung an die *historische* Entwicklung eine Lösung von $x^2 + 1 = 0$ – sofern sie existiert – i, so können wir unsere Zielsetzung auch folgendermaßen formulieren :

(1) Wir versuchen, einen *Erweiterungskörper* von $\mathbb{R}$ zu konstruieren.

(2) In diesem Erweiterungskörper soll eine „Zahl" i existieren mit $i^2 = -1$.

(3) Dieser Erweiterungskörper soll *minimal* sein.

Hierbei ist es durchaus *nicht selbstverständlich*, daß überhaupt ein derartiger Erweiterungskörper von $\mathbb{R}$ existiert mit einer „Zahl" i mit der Eigenschaft $i^2 = -1$; denn suchen wir beispielsweise nach einem Erweiterungskörper von $\mathbb{R}$, in dem die in $\mathbb{R}$ unlösbare Gleichung $0 \cdot x = 1$ eine Lösung – nennen wir sie j – besitzt, so gelangen wir rasch zu *Widersprüchen*; denn in einem solchen Erweiterungs*körper* müßte folgende Gleichungskette gelten :

$$0 \cdot j + 0 \cdot j = (0 + 0) \cdot j = 0 \cdot j = 0 \cdot j + 0,$$

also $\qquad\qquad 0 \cdot j = 0.$

Laut Voraussetzung gilt jedoch auch $0 \cdot j = 1$ und damit $0 = 1$.

2.2   Vorüberlegungen/ Anforderungen an $\mathbb{C}$

Bei der Konstruktion des Körpers $\mathbb{C}$ der komplexen Zahlen gehen wir im folgenden ähnlich vor wie bei der Einführung der Rechenoperationen mit rationalen Zahlen im dritten Kapitel. Wir leiten zunächst aus der *Annahme* der Existenz eines geeigneten Erweiterungskörpers von $\mathbb{R}$ *Anforderungen* ab, die wir bei der in 2. 3 folgenden Konstruktion berücksichtigen. Dort zeigen wir dann auch, daß der so konstruierte Zahlbereich Körperstruktur aufweist und auch die weiteren Anforderungen von 2. 1 erfüllt.

Angenommen, es existiert ein minimaler Erweiterungskörper $\mathbb{C}$ von $\mathbb{R}$, der eine Zahl i enthält mit $i^2 = -1$, so muß in ihm wegen $\mathbb{R} \subseteq \mathbb{C}$ sowie wegen der Gültigkeit der Körperaxiome insbesondere folgendes gelten :

Mit $a, b \in \mathbb{R}$ müssen sowohl $b \cdot i$ als auch $a + b \cdot i$ stets Elemente des Erweiterungskörpers $\mathbb{C}$ sein. Stellen wir Elemente $z \in \mathbb{C}$ in der Form $z = a + b \cdot i$ dar, so sind die reellen Zahlen a und b hier *eindeutig* bestimmt; denn angenommen ein Element $z \in \mathbb{C}$ habe *zwei* Darstellungen dieser Form, nämlich $z = a + b \cdot i$ und $z = c + d \cdot i$ mit $a, b, c, d \in \mathbb{R}$, so folgt aus $a + b \cdot i = c + d \cdot i$ direkt $a - c = (d - b) \cdot i$ und daraus $(a - c)^2 = -(d - b)^2$, also $(a - c)^2 + (d - b)^2 = 0$ und daher $a = c$ und $b = d$. Bezeichnen wir die Menge aller Elemente der Form $a + b \cdot i$ aus $\mathbb{C}$ mit $\mathbb{C}'$, also $\mathbb{C}' := \{a + b \cdot i \mid a, b \in \mathbb{R}\}$, so gilt $i \in \mathbb{C}'$ und $\mathbb{R} \subseteq \mathbb{C}' \subseteq \mathbb{C}$. Wir können jetzt leicht zeigen, daß bereits $\mathbb{C}'$ einen *Körper* bildet – immer *vorausgesetzt*, daß $\mathbb{C}$ als Erweiterungskörper existiert. In $\mathbb{C}'$ gelten nämlich unter dieser Voraussetzung jeweils das *Kommutativ-* und *Assoziativgesetz* bezüglich der Addition und Multiplikation sowie das *Distributivgesetz*, da diese Gesetze für *alle* Elemente von $\mathbb{C}$ und damit – wegen $\mathbb{C}' \subseteq \mathbb{C}$ – erst recht auch für *alle* Elemente von $\mathbb{C}'$ gelten. Ferner ist $\mathbb{C}'$ *abgeschlossen* bezüglich der Addition und Multiplikation, bilden also $(\mathbb{C}', +)$ und $(\mathbb{C}', \cdot)$ Verknüpfungsgebilde; denn es gilt :

(A) $\quad (a + b \cdot i) + (c + d \cdot i) = (a + c) + (b + d) \cdot i,$

(M) $\quad (a + b \cdot i) \cdot (c + d \cdot i) = a \cdot c + a \cdot d \cdot i + b \cdot i \cdot c + b \cdot i \cdot d \cdot i =$
$\quad\quad a \cdot c + b \cdot d \cdot i^2 + a \cdot d \cdot i + b \cdot c \cdot i = (a \cdot c - b \cdot d) + (a \cdot d + b \cdot c) \cdot i,$

$\quad$ also $\quad (a + b \cdot i) \cdot (c + d \cdot i) = (a \cdot c - b \cdot d) + (a \cdot d + b \cdot c) \cdot i.$

Da $0 \in \mathbb{C}'$ *neutrales* Element in $(\mathbb{C}', +)$ ist und da es zu jedem Element $a + b \cdot i$ aus $\mathbb{C}'$ mit $(-a) + (-b) \cdot i$ ein *additiv Inverses* in $\mathbb{C}'$ gibt, bildet $(\mathbb{C}', +)$ eine *kommutative Gruppe.*

Neben $(\mathbb{C}', +)$ bildet aber *unter unseren Voraussetzungen* auch $(\mathbb{C}' \setminus \{0\}, \cdot)$ eine *kommutative Gruppe.* $\mathbb{C}' \setminus \{0\}$ ist *abgeschlossen* bezüglich der Multiplikation und bildet ein Verknüpfungsgebilde; denn nach III. 5 gilt in beliebigen Körpern $\mathbb{K}$ für alle $a \in \mathbb{K}$ stets $a \cdot 0 = 0 \cdot a = 0$. Daher gilt auch in beliebigen Körpern $\mathbb{K}$ wegen III. 4 (Satz 4), daß ein Produkt zweier Faktoren genau dann gleich Null ist, wenn mindestens einer der Faktoren gleich Null ist; dies bedeutet, daß ein Produkt zweier Faktoren genau dann ungleich Null ist, wenn beide Faktoren ungleich Null sind. Diese Aussage gilt in $\mathbb{C}$, also wegen $\mathbb{C}' \subseteq \mathbb{C}$ auch in $\mathbb{C}'$. Aus der Gültigkeit des *Assoziativ*– und *Kommutativge-setzes* in $\mathbb{C}'$ folgt ferner direkt die Gültigkeit dieser Gesetze in $\mathbb{C}' \setminus \{0\}$. 1 ist *neutrales* Element in $\mathbb{C}$ und daher auch in $\mathbb{C}' \setminus \{0\}$. Es bleibt nur noch zu beweisen, daß es in $\mathbb{C}' \setminus \{0\}$ zu jedem Element ein *multiplikativ Inverses* gibt. Wir müssen hierzu zeigen, daß es zu jedem $a + b \cdot i \neq 0$ stets ein Element $x + y \cdot i$ in $\mathbb{C}' \setminus \{0\}$ gibt mit $(a + b \cdot i) \cdot (x + y \cdot i) = 1$. Ausmultiplizieren der linken Seite ergibt wie bei (M) $(a \cdot x - b \cdot y) + (a \cdot y + b \cdot x) \cdot i = 1$. Wegen der Eindeutigkeit dieser Darstellung besitzt $a + b \cdot i$ nur dann ein Inverses, wenn zugleich gilt :

$$a \cdot x - b \cdot y = 1 \quad \text{und} \quad a \cdot y + b \cdot x = 0,$$

wenn also folgendes lineares Gleichungssystem lösbar ist :

$$a \cdot x - b \cdot y = 1$$

$$b \cdot x + a \cdot y = 0.$$

Multiplikation der ersten Gleichung mit $-b$ und der zweiten Gleichung mit a sowie anschließende Addition dieser beiden Gleichungen ergibt
$b^2 \cdot y + a^2 \cdot y = -b$, also wegen $a + b \cdot i \neq 0$ und damit $a \neq 0$ oder $b \neq 0$

dann $y = \frac{-b}{a^2+b^2}$. Multiplikation der ersten Gleichung mit a und der zweiten Gleichung mit b und anschließende Addition dieser beiden Gleichungen ergibt $a^2 \cdot x + b^2 \cdot x = a$, also $x = \frac{a}{a^2+b^2}$. Multiplizieren wir jetzt $a + b \cdot i$ mit $\frac{a}{a^2+b^2} + \frac{-b}{a^2+b^2}i$, so erhalten wir (vgl. Aufgabe 1) tatsächlich 1, also gibt es zu jedem Element von $\mathbb{C}' \setminus \{0\}$ ein multiplikativ Inverses.

Da schließlich ebenfalls – wie schon gezeigt – das Distributivgesetz in $\mathbb{C}'$ gilt, haben wir hiermit *insgesamt* bewiesen :

Falls ein minimaler Erweiterungskörper $\mathbb{C}$ von $\mathbb{R}$ existiert, der eine Zahl i enthält mit $i^2 = -1$, dann bildet $\mathbb{C}' := \{a + b \cdot i \mid a, b \in \mathbb{R}\}$ einen Erweiterungskörper von $\mathbb{R}$ und enthält eine Zahl i mit $i^2 = -1$. Wegen $\mathbb{C}' \subseteq \mathbb{C}$ und der Forderung, daß $\mathbb{C}$ *minimal* sein soll, gilt also $\mathbb{C}' = \mathbb{C}$. Daher muß für den minimalen Erweiterungskörper $\mathbb{C}$ von $\mathbb{R}$ – sofern er denn existiert – gelten $\mathbb{C} = \{a + b \cdot i \mid a, b \in \mathbb{R}\}$. Hierbei ist die Darstellung der Elemente von $\mathbb{C}$ in der Form $a + b \cdot i$ *eindeutig.*

2.3 Konstruktion von $\mathbb{C}$

Wegen der *Eindeutigkeit* der Darstellung der Elemente $z \in \mathbb{C}$ in der Form $z = a + b \cdot i$ mit $a, b \in \mathbb{R}$ können wir – sofern $\mathbb{C}$ existiert - jedem $z \in \mathbb{C}$ eindeutig das geordnete Paar (a, b) aus $\mathbb{R} \times \mathbb{R}$ zuordnen. Daher liegt es nahe, die *Konstruktion* des minimalen Erweiterungskörpers von $\mathbb{R}$ mit Hilfe geordneter Paare aus dem vertrauten Bereich $\mathbb{R} \times \mathbb{R}$ *zu versuchen.* Sei $\mathbb{C}^* := \{(a, b) \mid a, b \in \mathbb{R})\}$, so definieren wir – in Anlehnung an die Addition (A) und Multiplikation (M) in $\mathbb{C}'$ in 2.2 – eine Addition und Multiplikation in $\mathbb{C}^*$ durch :

Definition 1 (Addition und Multiplikation in $\mathbb{C}^*$)

Wir definieren in $\mathbb{C}^* := \{(a, b) \mid a, b \in \mathbb{R}\}$ eine Addition und Multiplikation durch

$$(a, b) + (c, d) := (a + c, \ b + d),$$
$$(a, b) \cdot (c, d) := (a \cdot c - b \cdot d, \ a \cdot d + b \cdot c).$$

Wir können leicht zeigen :

Satz 1

$(\mathbb{C}^*, +, \cdot)$ bildet einen Körper.

Beweis

(1) Wegen Definition 1 ist $\mathbb{C}^*$ unter der Addition abgeschlossen und $(\mathbb{C}^*, +)$ ein *Verknüpfungsgebilde.*

(2) $\mathbb{C}^*$ ist *kommutativ* unter der Addition; denn für alle (a,b), $(c,d) \in \mathbb{C}^*$ gilt $(a,b) + (c,d) = (a+c,\ b+d) = (c+a,\ d+b) = (c,d) + (a,b)$. Die Kommutativität in $\mathbb{C}^*$ ergibt sich also fast unmittelbar durch Rückgriff auf die Kommutativität in $\mathbb{R}$.

(3) Völlig analog zeigt man die *Assoziativität* in $(\mathbb{C}^*, +)$ (vgl. Aufgabe 2).

(4) $(0,0)$ ist *neutrales Element* in $(\mathbb{C}^*, +)$, denn für alle $(a,b) \in \mathbb{C}^*$ gilt $(a,b) + (0,0) = (a,b)$.

(5) In $\mathbb{C}^*$ existiert zu jedem Element (a,b) ein *additiv Inverses*, nämlich $(-a,-b)$; denn $(a,b) + (-a,-b) = (0,0)$. Auch hier ergibt sich die Existenz inverser Elemente in $\mathbb{C}^*$ fast unmittelbar durch Rückgriff auf die Existenz inverser Elemente in $\mathbb{R}$.

Wir haben hiermit bereits gezeigt, daß $(\mathbb{C}^*, +)$ eine *kommutative Gruppe* bildet.

(6) Wegen der Definition 1 ist $\mathbb{C}^*$ unter der Multiplikation abgeschlossen und $(\mathbb{C}^*, \cdot)$ ein *Verknüpfungsgebilde*.

(7) $\mathbb{C}^*$ ist *kommutativ* unter der Multiplikation; denn für alle (a,b), (c,d) $\in \mathbb{C}^*$ gilt $(a,b) \cdot (c,d) = (a \cdot c - b \cdot d,\ a \cdot d + b \cdot c) = (c \cdot a - d \cdot b,\ c \cdot b + d \cdot a) = (c,d) \cdot (a,b)$. Wir greifen hierbei auf die Kommutativgesetze in $(\mathbb{R}, \cdot)$ und $(\mathbb{R}, +)$ zurück.

(8) Durch Rückgriff auf das *Assoziativgesetz* in $(\mathbb{R}, \cdot)$ zeigt man, daß auch $\mathbb{C}^*$ assoziativ ist bezüglich der Multiplikation (vgl. Aufgabe 3).

(9) $(1,0)$ ist *neutrales Element* bezüglich der Multiplikation; denn für alle $(a,b) \in \mathbb{C}^*$ gilt $(a,b) \cdot (1,0) = (a \cdot 1 - b \cdot 0,\ a \cdot 0 + b \cdot 1) = (a,b)$.

(10) Zu jedem Element (a,b) aus $\mathbb{C}^*$ mit $(a,b) \neq (0,0)$ existiert ein *multiplikativ* Inverses. Die Überlegungen in 2.2 legen es nahe, daß $\left(\frac{a}{a^2+b^2},\ \frac{-b}{a^2+b^2} \right)$ das multiplikativ Inverse zu (a,b) ist. Dies können wir durch Ausmultiplizieren leicht bestätigen:

$$(a,b) \cdot \left(\tfrac{a}{a^2+b^2},\ \tfrac{-b}{a^2+b^2} \right) = \left(\tfrac{a^2}{a^2+b^2} - \tfrac{-b^2}{a^2+b^2},\ \tfrac{-a \cdot b}{a^2+b^2} + \tfrac{a \cdot b}{a^2+b^2} \right) = (1,0).$$

(11) $(\mathbb{C}^* \setminus \{(0,0)\}, \cdot)$ bildet eine *kommutative Gruppe*. Wir müssen hierzu im wesentlichen nur noch zeigen, daß das Produkt zweier von $(0,0)$ verschiedener Elemente aus $\mathbb{C}^*$ stets wieder von $(0,0)$ verschieden ist.

Bezeichnen wir das nach (10) immer existierende Inverse zu $(a, b) \neq (0, 0)$ mit $(a, b)^{-1}$, so gilt: Aus $(a, b) \cdot (c, d) = (0, 0)$ und $(a, b) \neq (0, 0)$ folgt $(c, d) = (1, 0) \cdot (c, d) = \big((a, b) \cdot (a, b)^{-1}\big) \cdot (c, d) = \big((a, b) \cdot (c, d)\big) \cdot (a, b)^{-1} = (0, 0) \cdot (a, b)^{-1} = (0, 0)$. Also folgt aus $(a, b) \cdot (c, d) = (0, 0)$ stets $(a, b) = (0, 0)$ oder $(c, d) = (0, 0)$ und damit auch – im Sinne der Kontraposition – aus $(a, b) \neq (0, 0)$ und $(c, d) \neq (0, 0)$ stets $(a, b) \cdot (c, d) \neq (0, 0)$. Daher bildet $(\mathbb{C}^* \setminus \{(0,0)\}, \cdot)$ ein Verknüpfungsgebilde. Wegen (7) und (8) gilt auch in $(\mathbb{C}^* \setminus \{(0,0)\}, \cdot)$ das Assoziativ- und Kommutativgesetz, und wegen (9) ist $(1, 0)$ auch hier neutrales Element.

(12) In $\mathbb{C}^*$ gilt auch das Distributivgesetz (vgl. Aufgabe 4).

Wir haben hiermit insgesamt gezeigt, daß $(\mathbb{C}^*, +, \cdot)$ einen *Körper* bildet.

2.4   Einbettung der reellen Zahlen

Wir müssen jetzt noch eine *Verbindung* herstellen zwischen dem Körper $\mathbb{R}$ der reellen Zahlen und dem in 2.3 konstruierten Körper $\mathbb{C}^*$. Hierbei können wir analog vorgehen wie in II. 8 bei der Einbettung der natürlichen Zahlen in die Menge der Bruchzahlen. Wir zeigen hierzu, daß die rellen Zahlen und eine *Teilmenge* von $\mathbb{C}^*$ strukturgleich, d.h. *isomorph*, sind, indem wir eine isomorphe Abbildung von $\mathbb{R}$ auf diese Teilmenge von $\mathbb{C}^*$ angeben. *Nach diesem Nachweis können wir diese Teilmenge von $\mathbb{C}^*$ und die reellen Zahlen identifizieren* und haben – in diesem Sinne – $\mathbb{R}$ in $\mathbb{C}^*$ *eingebettet* bzw. $\mathbb{R}$ zum Körper $\mathbb{C}^*$ *erweitert*.

Entsprechend den Überlegungen zu Beginn des vorigen Abschnitts liegt wegen $a = a + 0 \cdot i$ folgende Zuordnung zwischen den reellen Zahlen und der Teilmenge $\mathbb{C}_1^* := \{(a, 0) \mid a \in \mathbb{R}\}$ nahe:

$$f : \mathbb{R} \longrightarrow \mathbb{C}_1^* \quad \text{mit} \quad a \longmapsto (a, 0)$$

$\mathbb{C}_1^*$ ist offenbar abgeschlossen bezüglich der Addition und Multiplikation in $\mathbb{C}^*$. Die Zuordnung f ist eine *bijektive Abbildung* (vgl. Aufgabe 5). Sie ist ferner *verknüpfungstreu*; denn für alle $a, b \in \mathbb{R}$ gilt:

$$f(a + b) = (a + b, 0) = (a, 0) + (b, 0) = f(a) + f(b),$$

$$f(a \cdot b) = (a \cdot b, 0) = (a, 0) \cdot (b, 0) = f(a) \cdot f(b).$$

Daher können wir $\mathbb{R}$ und $\mathbb{C}_1^*$ identifizieren. Die *so* erhaltene Erweiterung von $\mathbb{R}$ nennen wir $\mathbb{C}$. Allerdings ist die Bezeichnung $\mathbb{C}$ hierfür *erst* gerechtfertigt, wenn wir nachgewiesen haben, daß unsere vorstehend eingeführte Menge $\mathbb{C}$ die drei Anforderungen von 2.2 erfüllt, nämlich

daß sie 1.) ein Erweiterungskörper von $\mathbb{R}$ ist,

daß sie 2.) eine Zahl i enthält mit $i^2 = -1$,

und daß 3.) $\mathbb{C}$ minimal ist.

Offenbar müssen wir hier nur noch 2.) beweisen, da wir 1.) und 3.) schon gezeigt haben.

Motiviert durch die Überlegungen zu Beginn des vorigen Abschnitts vermuten wir wegen $i = 0 + 1 \cdot i$, daß $(0,1) \in \mathbb{C}$ die zweite Anforderung erfüllt. Es gilt $(0,1) \cdot (0,1) = (-1,0)$, und daher gilt $(0,1)^2 = -1$ in $\mathbb{C}$. Wir kürzen deshalb $(0,1)$ durch i ab, also $i := (0,1)$, und können damit jedes Element (a,b) aus $\mathbb{C}^*$ darstellen in der Form $(a,b) = (a,0) + (0,b) = (a,0) + (b,0) \cdot (0,1) = (a,0) + (b,0) \cdot i$.

Gehen wir von $\mathbb{C}^*$ zu $\mathbb{C}$ über, so können wir wegen der Identifizierung von $(a,0)$ mit a und $(b,0)$ mit b jedes Element von $\mathbb{C}$ in der Form $a + b \cdot i$ schreiben.

Fassen wir unsere Ergebnisse von 2.3 und 2.4 zusammen, so haben wir *insgesamt* folgendes gezeigt :

Mit $\mathbb{C}$ haben wir einen Körper konstruiert,

- der $\mathbb{R}$ umfaßt,

- in dem es mit $(0,1)$ ein Element „i" gibt mit $i^2 = -1$ und

- der minimal ist bezüglich der beiden ersten Forderungen.

Wir können also festhalten :

Satz 2

Es gibt *genau einen*[4] minimalen Erweiterungskörper $\mathbb{C}$ von $\mathbb{R}$, in dem die Gleichung $x^2 = -1$ lösbar ist. Nennen wir eine Lösung von $x^2 = -1$ i, so können wir jedes Element z aus $\mathbb{C}$ eindeutig darstellen in der Form $z = a + b \cdot i$ mit $a, b \in \mathbb{R}$.

Bemerkung

Den nach Satz 2 eindeutig bestimmten Erweiterungskörper $\mathbb{C}$ von $\mathbb{R}$ nennen wir den Körper der *komplexen Zahlen*.

---

[4]Es gibt selbstverständlich nur *bis auf Isomorphie* genau einen derartigen Erweiterungskörper.

2.5 Zur Anordnung der komplexen Zahlen

Im Körper $\mathbb{C}$ der komplexen Zahlen kann eine Kleinerrelation eingeführt werden beispielsweise durch die sogenannte lexikographische Anordnung $a+b\cdot i < c+d\cdot i \; : \Longleftrightarrow \; a < c \vee (a = c \wedge b < d)$. Man weist leicht nach, daß für diese Kleinerrelation das Trichotomie– und Transitivitätsgesetz gilt. Offenkundig ist diese Relation in $\mathbb{C}$ auch eine *Fortsetzung* der Kleinerrelation von $\mathbb{R}$. Dennoch wird $\mathbb{C}$ hierdurch *nicht* zu einem *angeordneten Körper*, denn in diesem Fall müßte die Kleinerrelation zusätzlich noch mit den Rechenoperationen in $\mathbb{C}$ verträglich sein, müßten also *zusätzlich* noch die *Monotoniegesetze* der Addition und Multiplikation gelten. Diese sind im Körper der komplexen Zahlen jedoch weder bezüglich der obigen – durch die lexikographische Anordnung eingeführten – Kleinerrelation noch bezüglich einer *anders* definierten Ordnungsrelation gleichzeitig mit der Trichotomie und Transitivität erfüllt. So wie nämlich für den angeordneten Körper $\mathbb{Q}$ der rationalen Zahlen nach III. 6 (Satz 22) für alle $a \in \mathbb{Q}$ mit $a \neq 0$ stets $a^2 > 0$ gilt, so gilt entsprechend auch für jeden angeordneten Körper für $a \neq 0$ stets $a^2 > 0$ (vgl. Aufgabe (6)). *Wäre* $\mathbb{C}$ ein *angeordneter Körper*, so müßte daher gelten $1^2 > 0$, also $1 > 0$ (bzw. $0 < 1$) *und* $i^2 > 0$, also $-1 > 0$ (bzw. $0 < -1$). Wegen der Gültigkeit des Monotoniegesetzes der Addition würde aus $0 < -1$ folgen $0 + 1 < -1 + 1$, also $1 < 0$. Im *Widerspruch* zur Trichotomie müßte also *gleichzeitig* gelten $0 < 1$ und $1 < 0$. Wir haben hiermit gezeigt :

Satz 3

Die komplexen Zahlen können *nicht* zu einem angeordneten Körper gemacht werden.

Bemerkung

Die historischen Schwierigkeiten mit den komplexen Zahlen beruhen überwiegend auf diesem Sachverhalt; denn für lange Zeit war die Vorstellung von „wirklichen" Zahlen untrennbar mit der Anordnung (im Sinne von III. 7 (Definition 9)) verknüpft.

3 Geometrische Veranschaulichung der komplexen Zahlen

In der eindeutigen Darstellung komplexer Zahlen z in der Form $z = a + b \cdot i$ mit $a, b \in \mathbb{R}$ bezeichnet man die reelle Zahl a als *Realteil* und die reelle Zahl b als *Imaginärteil* von z. Ist der Realteil speziell 0, so spricht man von einer *rein imaginären* Zahl, ist der Imaginärteil speziell 0, so handelt es sich um eine *reelle* Zahl. Komplexe Zahlen veranschaulicht man in einer Zahlenebene, der sogenannten *Gaußschen Zahlenebene*. Hierbei deutet man in einem kartesischen Koordinatensystem die auf der waagerechten Achse aufgetragenen reellen Zahlen als Realteile, die auf der hierzu senkrechten Achse aufgetragenen reellen Zahlen als Imaginärteile komplexer Zahlen. Dann entspricht jeder komplexen Zahl genau ein Punkt der Zahlenebene, und umgekehrt entspricht auch jedem Punkt der Zahlenebene genau eine komplexe Zahl; die Punkte der Zahlenebene und die komplexen Zahlen werden also bijektiv aufeinander abgebildet, entsprechend wie dies auch zwischen den Punkten der Zahlengerade und den reellen Zahlen der Fall ist.

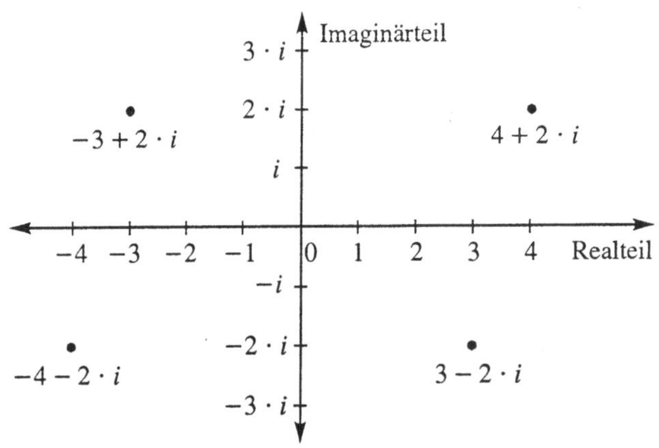

Hierbei liegen auf der mit „Realteil" bezeichneten Achse alle komplexen Zahlen mit dem Imaginärteil 0, also alle reellen Zahlen, und auf der mit „Imaginärteil" bezeichneten Achse alle komplexen Zahlen mit dem Realteil 0, also alle rein imaginären Zahlen.

Die Veranschaulichung der komplexen Zahlen mittels der Gaußschen Zahlenebene war für die Weiterentwicklung der Mathematik von großer Bedeutung. Erst durch das Auffinden dieser anschaulichen Darstellung und Deutung der komplexen Zahlen durch Gauß, Argand und Wessel zu Beginn des 19. Jahrhunderts verloren nämlich diese Zahlen – wie schon in V. 1 erwähnt – ihre Rätselhaftigkeit und Mystik; denn „das Sinn–Problem und die Frage nach der Existenz und Bedeutung dieser Zahlen waren damit gelöst. Man konnte „verstehen", was eine komplexe Zahl ist und war nicht mehr in der paradoxen Situation, mit fiktiven Größen, die es gar nicht geben konnte, rechnen zu müssen. Die adäquate Veranschaulichung eines mathematischen Gegenstandes ist es, welche Sicherheit in der Handhabung und fruchtbaren Erforschung möglich macht, formal korrekte Definitionen stellen hinterher den Zusammenhang im logischen System her" (Artmann (1983), S. 88).

In der Gaußschen Zahlenebene kann man jedoch nicht nur die komplexen *Zahlen* gut und einfach veranschaulichen, *sondern auch* die *Rechenoperationen* mit ihnen. Ordnet man hierzu jeder komplexen Zahl *statt* des entsprechenden *Punktes* in der Zahlenebene *jeweils* die gerichtete *Strecke* vom Ursprungspunkt 0 zu dem betreffenden Punkt zu, so läßt sich hierdurch die *Addition* und *Subtraktion* in $\mathbb{C}$ mittels der üblichen Vektoraddition gut veranschaulichen. Für die Veranschaulichung der *Multiplikation* und *Division* in der Gaußschen Zahlenebene ist die Darstellung der komplexen Zahlen mittels sogenannter *Polarkoordinaten* hilfreich. Hierzu müssen wir zunächst den Begriff des *Betrages* einer komplexen Zahl einführen :

Definition 2 (Betrag einer komplexen Zahl)

Gegeben sei die komplexe Zahl $z = a + b \cdot i$. Wir nennen die reelle Zahl $\sqrt{a^2 + b^2}$ den *Betrag* von z und schreiben hierfür $|z|$.

Bemerkungen

(1) Im Bereich der reellen Zahlen kann man den Betrag einer Zahl anschaulich deuten als den *Abstand* des zugeordneten Punktes auf der Zahlengeraden vom Nullpunkt. Entsprechendes gilt auch für die komplexen Zahlen. Wie man dem folgenden Bild direkt entnehmen kann, läßt sich der Betrag $|z|$ einer komplexen Zahl aufgrund des Satzes des Pythagoras anschaulich deuten als die *Länge* der zugehörigen gerichteten Strecke bzw. als der *Abstand* des zugehörigen Punktes in der Zahlenebene vom Ursprung.

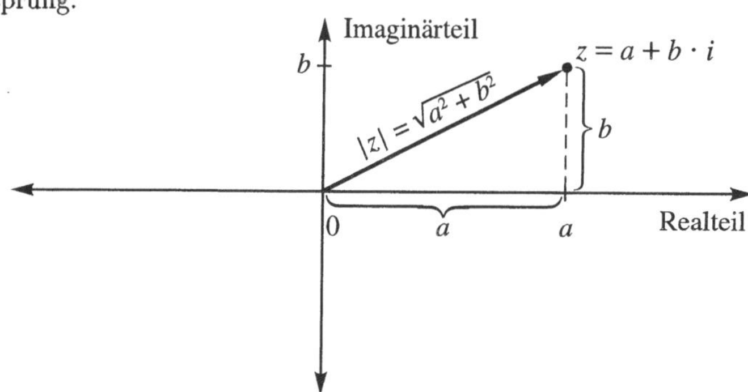

(2) Für alle $z \in \mathbb{C}$ gilt nach Definition $|z| \geq 0$.

(3) Es gilt : $|z| = 0 \iff z = 0$.
Sei $z = 0 = 0 + 0 \cdot i$. Dann gilt $|z| = \sqrt{0^2 + 0^2} = 0$.

Sei umgekehrt $|z| = 0$, also $\sqrt{a^2 + b^2} = 0$. Hieraus folgt $a^2 + b^2 = 0$ und daraus in $\mathbb{R}$ $a = 0$ und $b = 0$, also $z = 0 + 0 \cdot i = 0$.

(4) Für alle $z \in \mathbb{C}$ gilt $|-z| = |z|$.
Diese Aussage gilt wegen $(-a)^2 = a^2$ und $(-b)^2 = b^2$ für $a, b \in \mathbb{R}$.

(5) Für alle $z_1, z_2 \in \mathbb{C}$ gilt $|z_1 - z_2| = |z_2 - z_1|$.
Dies ergibt sich aus (4) mit $z = z_2 - z_1$.

(6) Die Aussagen (1) bis (5) zeigen, daß wir mit dem Betrag einer komplexen Zahl weithin genau so rechnen können wie mit dem Betrag einer *rationalen* oder *reellen* Zahl. Man kann leicht nachweisen, daß für den Betrag $|z|$ einer komplexen Zahl auch weitere von $\mathbb{Q}$ bzw. $\mathbb{R}$ vertraute Aussagen wie $|z_1 \cdot z_2| = |z_1| \cdot |z_2|$, $\left|\frac{z_1}{z_2}\right| = \frac{|z_1|}{|z_2|}$ für $z_2 \neq 0$ oder auch die wichtige Dreiecksungleichung $|z_1 + z_2| \leq |z_1| + |z_2|$ gültig bleiben. Wir verzichten hier auf einen Beweis.

Geht man von der anschaulichen Darstellung der komplexen Zahlen in der Zahlenebene als gerichtete Strecken aus, so reicht zur eindeutigen Beschreibung einer komplexen Zahl $z = a + b \cdot i$ der Betrag alleine nicht aus. Zusätzlich muß vielmehr noch der eindeutig bestimmte *Winkel* α mit $0 \leq \alpha < 360^0$ und $\cos \alpha = \frac{a}{|z|}$ sowie $\sin \alpha = \frac{b}{|z|}$ hinzukommen, den diese gerichtete Strecke – sofern $z \neq 0$ gilt – mit der positiven Realteil-Achse bildet, wobei der Winkel im mathematisch positiven Sinne, d. h. entgegen dem Uhrzeigersinn, gemessen wird. Diesen Winkel nennt man das *Argument* von z. Somit läßt sich jede komplexe Zahl $z \neq 0$ eindeutig durch ihren *Betrag* $|z|$ und ihr *Argument* α beschreiben.

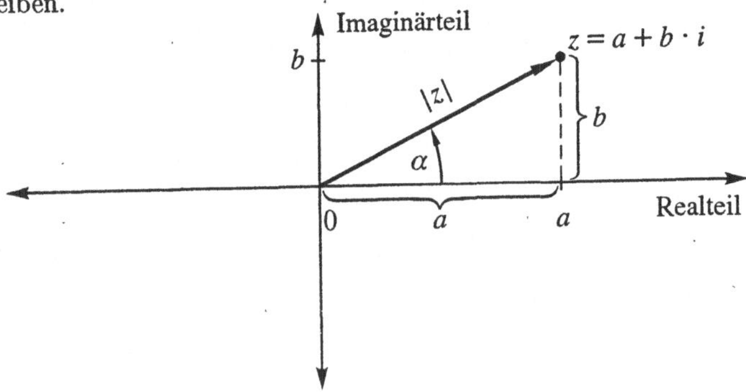

Löst man $\cos \alpha = \frac{a}{|z|}$ und $\sin \alpha = \frac{b}{|z|}$ nach a bzw. b auf und setzt dies in $z = a + b \cdot i$ ein, so können wir jede komplexe Zahl $z \neq 0$ auch darstellen in der Form

$$z = |z| \cdot cos\ \alpha + |z| \cdot sin\ \alpha \cdot i = |z| \cdot (cos\ \alpha + sin\ \alpha \cdot i) = |z|(cos\ \alpha + i \cdot sin\ \alpha).[5]$$

Beispiele (für die Darstellung in Polarkoordinaten)

(1) Für $z = i$ gilt $|z| = 1$ und $\alpha = 90^0$, also $i = 1 \cdot (cos\ 90^0 + i \cdot sin\ 90^0) = cos\ 90^0 + i \cdot sin\ 90^0$. Beim Einsetzen von $cos\ 90^0 = 0$ und $sin\ 90^0 = 1$ erhalten wir $i = 0 + i \cdot 1$ und können uns so von der Richtigkeit der Darstellung überzeugen.

(2) Für $z = -1$ gilt $|z| = 1$ und $\alpha = 180^0$, also ergibt sich die Darstellung $-1 = 1 \cdot (cos\ 180^0 + i \cdot sin\ 180^0) = cos\ 180^0 + i \cdot sin\ 180^0$. Durch Einsetzen von $cos\ 180^0 = -1$ und $sin\ 180^0 = 0$ können wir uns wiederum von der Richtigkeit überzeugen.

(3) Für $z = -i$ gilt $|z| = 1$ und $\alpha = 270^0$, entsprechend ergibt sich also $-i = 1 \cdot (cos\ 270^0 + i \cdot sin\ 270^0) = cos\ 270^0 + i \cdot sin\ 270^0$.
(Zur Probe : $cos\ 270^0 = 0$, $sin\ 270^0 = -1$)

(4) Für $z = 1 + i$ gilt $|z| = \sqrt{2}$ und $\alpha = 45^0$, also ergibt sich $1 + i = \sqrt{2} \cdot (cos\ 45^0 + i \cdot sin\ 45^0)$.
(Zur Probe : $cos\ 45^0 = \frac{1}{2}\sqrt{2}$, $sin\ 45^0 = \frac{1}{2}\sqrt{2}$)

(5) Für $z = 1 - i$ gilt $|z| = \sqrt{2}$ und $\alpha = 315^0$, also entsprechend $1 - i = \sqrt{2} \cdot (cos\ 315^0 + i \cdot sin\ 315^0)$.
(Zur Probe : $cos\ 315^0 = cos\ 45^0 = \frac{1}{2}\sqrt{2}$, $sin\ 315^0 = -sin\ 45^0 = -\frac{1}{2}\sqrt{2}$)

Die Darstellung komplexer Zahlen mittels *Polarkoordinaten* vereinfacht deutlich die *Multiplikation*; denn ist

$$z_1 = |z_1| \cdot (cos\ \alpha_1 + i \cdot sin\ \alpha_1) \ , \ z_2 = |z_2| \cdot (cos\ \alpha_2 + i \cdot sin\ \alpha_2),$$

dann gilt

$$z_1 \cdot z_2 = |z_1| \cdot (cos\ \alpha_1 + i \cdot sin\ \alpha_1) \cdot |z_2| \cdot (cos\ \alpha_2 + i \cdot sin\ \alpha_2) = |z_1| \cdot |z_2| \cdot ((cos\ \alpha_1 \cdot cos\ \alpha_2 - sin\ \alpha_1 \cdot sin\ \alpha_2) + i \cdot (cos\ \alpha_1 \cdot sin\ \alpha_2 + sin\ \alpha_1 \cdot cos\ \alpha_2)).$$

Wenden wir hierauf die Additionstheoreme für die Sinus– bzw. Cosinus–Funktion an,

nämlich $\quad sin\ (\alpha + \beta) = sin\ \alpha \cdot cos\ \beta + cos\ \alpha \cdot sin\ \beta$

und $\quad cos\ (\alpha + \beta) = cos\ \alpha \cdot cos\ \beta - sin\ \alpha \cdot sin\ \beta,$

---

[5] Wir verwenden bei der Darstellung in Polarkoordinaten die hier übliche Schreibweise mit $i \cdot sin\ \alpha$ statt wie bisher $b \cdot i$.

so vereinfacht sich obiger Term zu

$$|z_1| \cdot |z_2| \cdot (cos\ (\alpha_1 + \alpha_2) + i \cdot sin\ (\alpha_1 + \alpha_2)),$$

und es ergibt sich insgesamt

$$z_1 \cdot z_2 = |z_1| \cdot |z_2| \cdot (cos\ (\alpha_1 + \alpha_2) + i \cdot sin\ (\alpha_1 + \alpha_2)).$$

Wir erhalten also das *Produkt* zweier komplexer Zahlen in Polarkoordinatendarstellung, indem wir einfach *ihre Beträge multiplizieren* und *ihre Argumente addieren.*

Nicht nur die Multiplikation, sondern auch die *Division* komplexer Zahlen vereinfacht sich stark bei der Benutzung der Polarkoordinatendarstellung. Wir führen die Division in $\mathbb{C}$ auf die Multiplikation mit dem multiplikativ Inversen zurück. Sei $z \in \mathbb{C}$, $z \neq 0$, mit $z = |z| \cdot (cos\ \alpha + i \cdot sin\ \alpha)$, dann hat das Inverse z^{-1} von z den Betrag $\frac{1}{|z|}$ und das Argument $-\alpha$, wie wir durch Ausrechnen unmittelbar überprüfen können; denn es gilt

$$|z| \cdot (cos\ \alpha + i \cdot sin\ \alpha) \cdot \tfrac{1}{|z|} \cdot (cos\ (-\alpha) + i \cdot sin\ (-\alpha))$$
$$= |z| \cdot \tfrac{1}{|z|} \cdot (cos\ 0^0 + i \cdot sin\ 0^0) = 1 \cdot (1 + i \cdot 0) = 1$$

Das multiplikativ Inverse z^{-1} von $z = |z| \cdot (cos\ \alpha + i \cdot sin\ \alpha)$ lautet also

$$z^{-1} = \tfrac{1}{|z|} \cdot (cos\ (-\alpha) + i \cdot sin\ (-\alpha)).$$

Also gilt :

$$z_1\ :\ z_2 = z_1 \cdot z_2^{-1}$$
$$= |z_1| \cdot (cos\ \alpha_1 + i \cdot sin\ \alpha_1) \cdot \tfrac{1}{|z_2|} \cdot (cos\ (-\alpha_2) + i \cdot sin\ (-\alpha_2))$$
$$= (|z_1|\ :\ |z_2|) \cdot (cos\ (\alpha_1 - \alpha_2) + i \cdot sin\ (\alpha_1 - \alpha_2)).$$

Wir erhalten also den *Quotienten* $z_1 : z_2$ zweier komplexer Zahlen mit $z_1 = |z_1| \cdot (cos\ \alpha_1 + i \cdot sin\ \alpha_1)$ und $z_2 = |z_2| \cdot (cos\ \alpha_2 + i \cdot sin\ \alpha_2)$, indem wir ihre *Beträge dividieren* und ihre *Argumente subtrahieren.*

Wir beenden diesen Abschnitt mit zwei *Folgerungen* aus der *Produktformel* für komplexe Zahlen in Polarkoordinatendarstellung :

(1) Multiplizieren wir *speziell* eine komplexe Zahl $z = |z| \cdot (cos\ \alpha + i \cdot sin\ \alpha)$ mit sich selbst, so ergibt sich – wenn wir auch für komplexe Zahlen die vertraute Potenzschreibweise für Produkte mit gleichen Faktoren benutzen – unmittelbar aus der Produktformel

$$z^2 = |z|^2 \cdot (cos\ (2\ \alpha) + i \cdot sin\ (2\ \alpha)).$$

Multiplizieren wir wiederum z^2 mit z, so erhalten wir

$$z^3 = |z|^3 \cdot (cos\,(3\,\alpha) + i \cdot sin\,(3\,\alpha)).$$

Gehen wir entsprechend weiter vor, so gewinnen wir die Aussage :

Für alle $n \in \mathbf{N}$ gilt

$$z^n = |z|^n \cdot (cos\,(n\,\alpha) + i \cdot sin\,(n\,\alpha)).$$

Betrachten wir *speziell* komplexe Zahlen z mit dem Betrag 1, also mit $|z| = 1$, so nennt man die vorstehende Aussage nach Moivre (1667 – 1754) auch die *Moivresche Formel*.

$$(cos\,\alpha + i \cdot sin\,\alpha)^n = cos\,(n\,\alpha) + i \cdot sin\,(n\,\alpha).$$

(2) Aufgrund der Produktformel lassen sich auch *Drehungen* gerichteter Strecken in der Euklidischen Ebene durch Multiplikationen mit komplexen Zahlen beschreiben. Bekanntlich können wir jede gerichtete Strecke (vom Nullpunkt aus) als komplexe Zahl $z_1 \neq 0$ deuten. Multiplikation von $z_1 = |z_1| \cdot (cos\,\alpha + i \cdot sin\,\alpha)$ mit $z_2 = i = cos\,90^0 + i \cdot sin\,90^0$ ergibt $z_3 = |z_1| \cdot (cos\,(90^0 + \alpha) + i \cdot sin\,(90^0 + \alpha))$. Also entspricht der Multiplikation mit i bei der zugehörigen Strecke eine Drehung um den Nullpunkt um 90^0. Entsprechend bewirkt die Multiplikation mit $-i = cos\,270^0 + i \cdot sin\,270^0$ eine Drehung um 270^0, die Multiplikation mit $1 + i = \sqrt{2} \cdot (cos\,45^0 + i \cdot sin\,45^0)$ eine Drehung um 45^0 mit anschließender Streckung dieser Strecke um den Faktor $\sqrt{2}$ oder die Multiplikation mit $1 - i = \sqrt{2} \cdot (cos\,315^0 + i \cdot sin\,315^0)$ eine Drehung um 315^0 mit anschließender Streckung um den Faktor $\sqrt{2}$.

4 Fundamentalsatz der Algebra

Die in diesem Band schrittweise durchgeführten Zahlbereichserweiterungen kann man deuten als das Bemühen, zu einem Zahlbereich vorzustoßen, in dem *möglichst viele algebraische Gleichungen* lösbar sind. Hierbei sind die *ersten* Schritte von $\mathbf{N}$ über $\mathbb{Q}^+$ zu $\mathbb{Q}$ von dem noch *elementareren* Bemühen geprägt, die *vier Grundrechenarten* möglichst *ohne* jede Einschränkung durchführen zu können. Während in $\mathbf{N}$ nur die Addition und die Multiplikation uneingeschränkt durchführbar sind, trifft dies in $\mathbb{Q}^+$ schon für die Addition, Multiplikation und Division zu. Erst mit dem Erreichen der algebraischen Struktur eines *Körpers* bei den rationalen Zahlen wird bezüglich der vier Grundrechenarten ein *optimaler* Zustand erreicht, nämlich eine uneingeschränkte Durchführbarkeit aller vier Grundrechenarten mit Ausnahme der Division durch Null. Im Sinne der Lösbarkeit algebraischer Gleichungen kann man auch sagen, daß erst in $\mathbb{Q}$ *jede lineare* Gleichung $a \cdot x + b = 0$ mit $a \neq 0$ lösbar ist. Daneben sind in $\mathbb{Q}$ auch *einige* algebraische Gleichungen *höheren* Grades lösbar. Aber schon quadratische Gleichungen der Form $a_2 \cdot x^2 + a_1 \cdot x + a_0 = 0$ mit $a_2 \neq 0$ sind in $\mathbb{Q}$ oft unlösbar, wie zum Beispiel die einfache quadratische Gleichung $x^2 - 2 = 0$ belegt. Beim Übergang zum Körper $\mathbb{R}$ der reellen Zahlen werden *diese* quadratische Gleichung sowie *viele weitere* – in $\mathbb{Q}$ unlösbare – quadratische Gleichungen lösbar, aber unverändert bleiben auch noch in $\mathbb{R}$ viele andere – selbst äußerst einfache – quadratische Gleichungen *unlösbar*, wie zum Beispiel die Gleichung $x^2 + 1 = 0$. Erst durch Übergang zum Körper $\mathbb{C}$ der komplexen Zahlen wird auch diese Gleichung lösbar. Es gilt :

Satz 4

Die Gleichung $x^2 + 1 = 0$ ist in $\mathbb{C}$ lösbar und besitzt dort genau zwei Lösungen, nämlich i und $-i$.

Beweis

Wegen $i^2 = -1$ und $(-i)^2 = -1$ sind i und $-i$ Lösungen von $x^2 + 1 = 0$. Diese Gleichung besitzt keine *weiteren* Lösungen; denn sei $|z|(cos\ \alpha + i \cdot sin\ \alpha)$ eine beliebige Lösung von $x^2 + 1 = 0$, dann muß gelten

$$|z|^2 \cdot (cos\ \alpha + i \cdot sin\ \alpha)^2 = -1, \quad \text{also wegen V. 3}$$

$$|z|^2 \cdot (cos\ 2\alpha + i \cdot sin\ 2\alpha) = -1, \quad \text{d. h.}$$

$$|z|^2 \cdot cos\ 2\alpha + i \cdot |z|^2 \cdot sin\ 2\alpha = -1 + 0 \cdot i.$$

Wegen der *Eindeutigkeit* der Darstellung komplexer Zahlen in der Form $a + b \cdot i$ muß also gelten $|z|^2 \cdot cos\ 2\alpha = -1$ *und* $|z|^2 \cdot sin\ 2\alpha = 0$. Hieraus folgt $\alpha = 90^0$ oder $\alpha = 270^0$ und $|z| = 1$, also ist jede Lösung von $x^2 + 1 = 0$ von der Form $cos\ 90^0 + i \cdot sin\ 90^0 = i$ oder von der Form $cos\ 270^0 + i \cdot sin\ 270^0 = -i$.

In $\mathbb{C}$ ist jedoch nicht nur diese *spezielle* quadratische Gleichung lösbar, sondern hier sind *alle* quadratischen Gleichungen lösbar. Es gilt :

Satz 5

Jede quadratische Gleichung der Form
$a_2 \cdot x^2 + a_1 \cdot x + a_0 = 0$ mit $a_2,\ a_1,\ a_0\ \in \mathbb{R}$ und $a_2 \neq 0$ ist in $\mathbb{C}$ lösbar.

Beweis

Jede quadratische Gleichung der Form $a_2 \cdot x^2 + a_1 \cdot x + a_0 = 0$ läßt sich offenbar durch Division durch $a_2 \neq 0$ äquivalent auf die Form $x^2 + p \cdot x + q = 0$ umformen. Mit Hilfe der quadratischen Ergänzung können wir $x^2 + p \cdot x + q = 0$ weiter umformen zu

$$x^2 + 2 \cdot \tfrac{p}{2} \cdot x + (\tfrac{p}{2})^2 - (\tfrac{p}{2})^2 + q = 0, \quad \text{also zu}$$

$$(x + \tfrac{p}{2})^2 = (\tfrac{p}{2})^2 - q.$$

Für $\tfrac{p^2}{4} - q \geq 0,$ d. h. für $p^2 - 4q \geq 0$

hat die quadratische Gleichung die beiden reellen Lösungen

$$x_1 = -\tfrac{p}{2} + \sqrt{\tfrac{p^2}{4} - q}\,, \quad x_2 = -\tfrac{p}{2} - \sqrt{\tfrac{p^2}{4} - q};$$

für $\tfrac{p^2}{4} - q < 0$ hat sie die beiden komplexen Lösungen

$$x_1 = -\tfrac{p}{2} + i \cdot \sqrt{q - \tfrac{p^2}{4}}\,, \quad x_2 = -\tfrac{p}{2} - i \cdot \sqrt{q - \tfrac{p^2}{4}}.$$

Bemerkung

Die Aussage von Satz 5 bleibt übrigens auch gültig, wenn $a_2,\ a_1,\ a_0\ \in \mathbb{C}$. Im Körper der *komplexen* Zahlen ist nicht nur jede Gleichung der Form $a_2 \cdot x^2 + a_1 \cdot x + a_0 - 0$ lösbar, sondern allgemein sogar *jede* algebraische Gleichung der Form $a_n \cdot x^n + a_{n-1} \cdot x^{n-1} + ... + a_1 \cdot x + a_0 = 0$ mit reellen oder auch komplexen Koeffizienten und $n \in \mathbb{N}$. Für Gleichungen *dritten* und *vierten* Grades – also für $n = 3$ und $n = 4$ – kann man den Nachweis führen durch die Angabe von expliziten Lösungsformeln, die ähnlich aufgebaut sind wie die vertraute Lösungsformel für quadratische Gleichungen – nur viel komplizierter. Man sagt hierfür deshalb auch : Die Gleichungen bis zum vierten Grad können „durch Radikale" gelöst werden.

Im 17. und 18. Jahrhundert versuchen die Mathematiker, ähnliche Formeln auch für allgemeine Gleichungen *fünften* oder *höheren* Grades aufzustellen. Erst Anfang des 19. Jahrhunderts kann Abel (1802 – 1829) nachweisen, daß die Lösungen von algebraischen Gleichungen der Form $a_n \cdot x^n + a_{n-1} \cdot x^{n-1} + ... + a_1 \cdot x + a_0 = 0$ mit $a_n \neq 0$ für $n \geq 5$ *keine* von den Koeffizienten $a_n,\ a_{n-1},\ ...,\ a_0$ abhängige „Radikal"-Darstellungen besitzen können, daß also dem Suchen nach *Lösungsformeln* für Gleichungen vom fünften oder höheren Grad ähnlich den klassischen Formeln für $n = 2, 3$ und 4 *kein* Erfolg beschieden sein kann. Hiermit ist allerdings *nicht* die Frage beantwortet, ob diese Gleichungen überhaupt *Lösungen* besitzen. Die Antwort hierauf gibt Gauß, der nachweisen kann, daß *jede* algebraische Gleichung der Form $a_n \cdot x^n + a_{n-1} \cdot x^{n-1} + ... + a_1 \cdot x + a_0 = 0$ mit $a_i \in \mathbb{C}$ und $n \in \mathbb{N}$ *mindestens eine* komplexe Zahl als Lösung besitzt.

Als Folgerung aus dieser Aussage ergibt sich der fundamentale Satz :

Satz 6   (Fundamentalsatz der Algebra)

Jede Gleichung der Form $a_n \cdot x^n + a_{n-1} \cdot x^{n-1} + ... + a_1 \cdot x + a_0 = 0$ mit $a_i \in \mathbb{C}$ und $n \in \mathbb{N}$ hat im Körper $\mathbb{C}$ der komplexen Zahlen bei geeigneter Zählweise genau n Lösungen.

Mit der Formulierung „bei geeigneter Zählweise" ist in Satz 6 gemeint, daß die n Lösungen *nicht* alle verschieden sein, aber dennoch jeweils einzeln gezählt werden müssen. So können wir beispielsweise $x^2 - 6x + 9$ darstellen in der Form $x^2 - 6x + 9 = (x - 3) \cdot (x - 3)$. Hierbei muß die Lösung 3 *zweimal* gezählt werden.

Beim *Beweis*[6] zeigt man, daß jedes Polynom $f(x) = x^n + a_{n-1} \cdot x^{n-1} + ... + a_1 \cdot x + a_0$ in ein Produkt von genau n Faktoren zerlegt werden kann, nämlich $f(x) = (x - z_1) \cdot (x - z_2) \cdot ... \cdot (x - z_n)$, wobei die z_1, z_2, ... z_n komplexe Zahlen sind. So kann *beispielsweise* $x^4 - 1 = 0$ als Produkt mit genau vier Faktoren dargestellt werden, nämlich

$$x^4 - 1 = (x^2 + 1) \cdot (x^2 - 1) = (x + i) \cdot (x - i) \cdot (x + 1) \cdot (x - 1).$$

Gilt allgemein

$$x^n + a_{n-1} \cdot x^{n-1} + ... + a_1 \cdot x + a_0 = (x - z_1) \cdot (x - z_2) \cdot ... \cdot (x - z_n) = 0,$$

dann sind die n Zahlen z_1, z_2, ..., z_n jedenfalls Lösungen, wie man durch Einsetzen unmittelbar sieht. (So hat beispielsweise $x^4 - 1 = 0$ die vier Lösungen 1, -1, i, $-i$). Diese Lösungen sind aber auch schon die *einzigen* Lösungen obiger algebraischer Gleichung; denn sei a eine (weitere) Lösung. Dann gilt $(a - z_1) \cdot (a - z_2) \cdot ... \cdot (a - z_n) = 0$. In einem Körper ist jedoch ein Produkt genau dann gleich Null, wenn mindestens einer der Faktoren Null ist. Also muß für mindestens einen der Faktoren $a - z_i$ gelten $a - z_i = 0$, also $a = z_i$ für wenigstens ein i.

Den Fundamentalsatz der Algebra kann man auch folgendermaßen formulieren : Der Körper $\mathbb{C}$ der komplexen Zahlen ist *algebraisch abgeschlossen.*[7] Der Fundamentalsatz offenbart in dieser Formulierung besonders gut die große *Vollkommenheit* von $\mathbb{C}$ und zeigt, daß die schrittweisen Zahlbereichserweiterungen von $\mathbb{N}$ bis $\mathbb{C}$ mit dem Körper $\mathbb{C}$ der komplexen Zahlen zu einem von

---

[6]Für verschiedene Beweise dieses Satzes vergleiche man Steiner (1964 b), Volkenborn (1985) oder Ebbinghaus et al. (^{3}1992).

[7]Dies bedeutet, daß jede algebraische Gleichung mit Koeffizienten aus $\mathbb{R}$ oder $\mathbb{C}$ in $\mathbb{C}$ eine Lösung hat.

der Sache her begründeten *Abschluß* gekommen sind. Wir sind mit den komplexen Zahlen aber auch noch unter einem *anderen* Gesichtspunkt zu einem begründeten *Abschluß* gekommen, wie wir hier am Ende dieses Bandes kurz erläutern wollen. Versucht man nämlich – analog zum Konstruktionsverfahren der komplexen Zahlen mittels geordneter Paare reeller Zahlen – einen $\mathbb{C}$ *umfassenden* Körper mit Hilfe von geordneten Paaren *komplexer* Zahlen oder mit Tripeln, Quadrupeln usw. *reeller* Zahlen zu konstruieren, so kann dieses Verfahren höchstens bei Verzicht auf das Kommutativgesetz der Multiplikation zu einem Erfolg führen. Dies bedeutet jedoch, daß wir bei diesen so konstruierten „Zahlen" über den Verzicht auf eine Anordnung im Sinne eines angeordneten Körpers hinaus noch zusätzlich auf die Kommutativität der Multiplikation verzichten müssen und wir uns damit noch weiter von dem vertrauten Zahlbegriff entfernen. Auch in diesem Sinne sind wir also mit den komplexen Zahlen an einem begründeten Ende unserer Kette von Zahlbereichserweiterungen angelangt.

Aufgaben

(1) Überprüfen Sie, daß $\frac{a}{a^2+b^2} + \frac{-b}{a^2+b^2} \cdot i$ das multiplikativ Inverse von $a + b \cdot i$ in $\mathbb{C} \setminus \{0\}$ ist.

(2) Beweisen Sie, daß $(\mathbb{C}^*, +)$ assoziativ ist.

(3) Beweisen Sie, daß $(\mathbb{C}^*, \cdot)$ assoziativ ist.

(4) Beweisen Sie, daß auch in $\mathbb{C}^*$ das Distributivgesetz gilt.

(5) Beweisen Sie, daß
$f : \mathbb{R} \longrightarrow \mathbb{C}_1^*$ mit $a \longmapsto (a, 0)$
eine bijektive Abbildung ist.

(6) Beweisen Sie :
In jedem angeordneten Körper $\mathbb{K}$
gilt für alle $a \in \mathbb{K}$ mit $a \neq 0$ stets $a^2 > 0$.

Anhang

Lösungshinweise zu den Aufgaben

Kapitel I

(2) Die für den Induktions–Schritt entscheidende Umformung ist :

$$\frac{1}{1\cdot 2} + ... + \frac{1}{n\cdot(n+1)} + \frac{1}{(n+1)\cdot(n+2)} = \frac{n}{n+1} + \frac{1}{(n+1)\cdot(n+2)} = \frac{n\cdot(n+2)+1}{(n+1)\cdot(n+2)} =$$

$$\frac{(n+1)\cdot(n+1)}{(n+1)\cdot(n+2)} = \frac{n+1}{n+2}$$

(3) Wir stellen die ungeraden Zahlen dar als Zahlen der Form $2 \cdot n - 1$ ($n \in \mathbb{N}$). Die Behauptung lautet dann: Für jedes $n \in \mathbb{N}$ gibt es ein $k \in \mathbb{N}_0$, so daß gilt : $(2 \cdot n - 1)^2 = 8 \cdot k + 1$
Der Induktionsschritt kann dann aufgrund der Beziehung
$$(2 \cdot n + 1)^2 = (2 \cdot n - 1)^2 + 8n$$
durchgeführt werden.

(4) Für eine Gerade ist die Aussage trivial.
Sei die Aussage für n Geraden gültig. Man zeichne jetzt eine neue Gerade ein. Diese Gerade teilt die Ebene in zwei Halbebenen. Wenn man in einer der beiden Halbebenen jedes weiße Gebiet schwarz und jedes schwarze Gebiet weiß färbt, erhält man für $n + 1$ die gesuchte Färbung.

(5) Gelte das Kettenprinzip. Wenn es nun eine Menge ohne kleinstes Element gibt, kann man eine unendliche absteigende Kette konstruieren, im Widerspruch zum Kettenprinzip.

(6) Wir gehen davon aus, daß die Dezimalbruchentwicklung von $a : b$ nicht endlich ist. In der Folge der Reste r_1 bis r_b kommt deshalb die 0 nicht vor. Man wendet jetzt das Schubfachprinzip an, um die Behauptung zu erhalten.

(7) Der „Vorspann" zu den Peano–Axiomen entspricht Forderung 1 : dort wird gefordert, daß $\nu : \mathbb{N} \longrightarrow \mathbb{N}$ eine *Abbildung* ist. Das bedeutet gerade, daß es zu jedem $n \in \mathbb{N}$ *genau einen* „Nachfolger" gibt.
(P 2) entspricht Forderung 2, (P 3) entspricht Forderung 3, (P 4) entspricht Forderung 5.

(9) Die Perlen–Anordnung ① erfüllt alle Peano–Axiome bis auf P 2. Insbesondere ist das Axiom der vollständigen Induktion erfüllt: Wenn wir eine "Teil–Perlenmenge" bilden, die die 1 und mit jeder Perle auch deren Nachfolger enthält, so ist diese Menge bereits gleich der dargestellten Menge.

Die Perlen–Anordnung ② erfüllt alle Axiome bis auf das Induktionsaxiom : hier erfüllt der obere unendliche Perlenstrang die Voraussetzung des Induktionsaxioms. Dieser Perlenstrang ist aber *nicht* gleich der gesamten Perlenmenge.

Die Perlen–Anordnung ③ erfüllt (P 1) und (P 3).

Die Perlen–Anordnung ④ erfüllt (P 1), (P 2) und (P 4).

(10) Der Induktionsanfang folgt aus Definition 2 b (M 1).

Induktionsschritt :

Induktionsvoraussetzung : Für alle $x, y \in \mathbf{N}$ gilt : $(x + y) \cdot z = x \cdot z + y \cdot z$

Wir haben daraus die *Induktionsbehauptung* abzuleiten :

Für alle $x, y \in \mathbf{N}$ gilt : $(x + y) \cdot (z + 1) = x \cdot (z + 1) + y \cdot (z + 1)$

Seien also $x, y \in \mathbf{N}$ beliebig aber fest. Dann gilt :

$$
\begin{aligned}
(x + y) \cdot (z + 1) \ &= (x + y) \cdot z + (x + y) && \text{(Def. 2b, M2)} \\
&= (x \cdot z + y \cdot z) + (x + y) && \text{(IV)} \\
&= (x \cdot z + x) + (y \cdot z + y) && \text{(mehrfache Anwendung} \\
& && \text{von (AG; +)} \\
& && \text{und (KG; +))} \\
&= x \cdot (z + 1) + y \cdot (z + 1) && \text{(Def. 2b, M2)}
\end{aligned}
$$

(12) ”$\Longrightarrow$”

Aus $x < y$ folgt $y = x + v$ mit passendem v. Für die weiteren Überlegungen ist die Gleichung $x \cdot z + v \cdot z = y \cdot z$ entscheidend.

”$\Longleftarrow$”

Wir setzen jetzt $x \cdot z < y \cdot z$ voraus. Aus der Annahme $x < y$ gelte *nicht*, folgt mit Satz 8, daß entweder $x = y$ oder $y < x$ gilt.

Im ersten Fall ergibt sich unmittelbar $x \cdot z = y \cdot z$, was zusammen mit $x \cdot z < y \cdot z$ einen Widerspruch zu Satz 8 ergibt.

Im zweiten Fall benutzen wir die soeben bewiesene Richtung $\Longrightarrow$, um einen Widerspruch zu Satz 8 zu erzeugen.

(13) Wir setzen $x \cdot z = y \cdot z$ voraus und führen die Annahme $x \neq y$ wie in Aufgabe 12 zum Widerspruch.

(14) A'1 $\qquad x + 0 = x$ $\qquad\qquad$ A'2 $\qquad x + v(y) = v(x + y)$

Damit folgt aus der Setzung

$v(0) = 1 : x + 1 = x + v(0) = v(x + 0) = v(x)$

(16) Es würde naheliegen, die Beweise lediglich um den "Fall 0" zu ergänzen. Diese Lösung ignoriert allerdings, daß die Definitionen der Addition und der Multiplikation der neuen Situation angepaßt wurden. Erforderlich sind demnach Beweise durch vollständige Induktion in N_0, die demnach den Induktionsanfang bei der 0 haben. Die Beweise erfolgen dann analog zu denen von Satz 6, sind aber nicht identisch.

(18) Da a von b geteilt wird, ist $a = n \cdot b$ mit passendem n, und damit a DIV $b = n$. Die Behauptung folgt dann unter Anwendung einiger Sätze über die Multiplikation.

(19) Die Behauptung folgt aus dem Hauptsatz der elementaren Zahlentheorie.

(20) Auch dieser Satz folgt aus dem Hauptsatz: die Primfaktorzerlegung von t muß in $a \cdot b$ "enthalten" sein. $t = c \cdot d$ kann dann so gebildet werden, daß die Primfaktorzerlegung von c ganz in "a liegt", die von d ganz in "b liegt".

(21) Wir bilden das Rechteck A mit Seitenlängen a [cm] und b [cm]. Da p eine Primzahl ist, muß das gemäß **(20)** existierende Rechteck B die Seitenlängen p und 1 haben. Die sich ergebende regelmäßige Parkettierung von A mit B zeigt unmittelbar, daß p die Zahl a oder die Zahl b (oder beide) teilt

(23) Nehmen wir an, es gebe eine Zahl $x \leq 100$, die noch nicht unterstrichen wurde, aber keine Primzahl ist. Dann besitzt a eine Primfaktorzerlegung $a = p_1 p_2 ... p_r$. Dabei muß für wenigstens ein p_i die Beziehung $p_i \leq 10$ gelten. Alle Primzahlen unter 10 wurden aber beim Siebverfahren bereits berücksichtigt. a muß im Widerspruch zur Annahme bereits unterstrichen sein.

Kapitel II

(1) Gehen Sie von $\frac{a}{b}$ und $\frac{c}{d}$ zu $\frac{a \cdot d}{b \cdot d}$ und $\frac{c \cdot b}{b \cdot d}$ über, und wenden Sie Definition 5 an.

(2) Wählen Sie einen gemeinsamen Nenner, und wenden Sie Definition 5 an.

(3) Greifen Sie auf Satz 3 nebst daraus gezogener Konsequenz zurück, und argumentieren Sie dann analog wie im Beispiel 1 des zweiten Abschnittes.

(4) Wenden Sie das Assoziativgesetz in $\mathbb{N}$ auf die Zähler an.

(5) Greifen Sie auf das Monotoniegesetz in $\mathbb{N}$ zurück.

(6) Teil 1 : $\frac{a}{b} < \frac{c}{d} \implies \frac{a}{b} < \frac{a+c}{b+d}$. Benutzen Sie Satz 4, addieren Sie auf beiden Seiten $a \cdot b$, und wenden Sie das Distributivgesetz an.

Teil 2 : Weisen Sie entsprechend nach : $\frac{a}{b} < \frac{c}{d} \implies \frac{a+c}{b+d} < \frac{c}{d}$

(7) Setzen Sie $\frac{bc-ad}{bd}$ in die entsprechende Gleichung ein.

(9) Wenden Sie die Produktdefinition sowie auf Zähler und Nenner das Kommutativ- bzw. Assoziativgesetz in $\mathbb{N}$ an.

(11) Wenden Sie die Additions- und Multiplikationsdefinition für Bruchzahlen sowie auf den Zähler das Distributivgesetz in $\mathbb{N}$ an.

(12) Multiplizieren Sie die erste Ungleichung mit $\frac{e}{f}$, die zweite mit $\frac{c}{d}$, und wenden Sie das Transitivitätsgesetz an.

(13) (1) : beide Bruchzahlen kleiner als 1, (4) : beide Bruchzahlen größer als 1, (2) / (3) : eine Bruchzahl größer, eine Bruchzahl kleiner als 1.

(16) Argumentieren Sie mit Hilfe der Beziehung $\frac{a}{b} < \frac{a+1}{b}$ sowie den Fallunterscheidungen $b = 1$ und $b > 1$.

(17) (1) Nehmen Sie an, $(M, \circ)$ besitze zwei neutrale Elemente, und zeigen Sie, daß diese dann gleich sind.

(2) Nehmen Sie an, $(M, \circ)$ besitze zu einem Element a zwei Inverse, nämlich a^* und a^{**}. Weisen Sie mit Hilfe der Gleichheit der Ausdrücke $(a^* \circ a) \circ a^{**}$ und $a^* \circ (a \circ a^{**})$ nach, daß gilt $a^* = a^{**}$.

(18) Ersetzen Sie im Beweis von Satz 1 stets „$\cdot$" durch „$\circ$" sowie a/b, c/d und $e \mid f$ durch (a, b), (c, d) und (e, f).

(19) Wir müssen zeigen, daß für beliebige $(a', b') \in \overline{(a, b)}$ und beliebige $(c', d') \in \overline{(c, d)}$ stets gilt : $\overline{(a' \circ c', \; b' \circ d')} = \overline{(a \circ c, \; b \circ d)}$. Laut Voraussetzung gilt : $(a', b') \sim (a, b)$ und $(c', d') \sim (c, d)$.

Der Beweis verläuft völlig analog zu den Vorüberlegungen vor der Definition 8. Es muß nur jeweils a/b, a'/b', c/d, c'/d' durch (a, b), (a', b'), (c, d) und (c', d') sowie „$\cdot$" durch „$\circ$" ersetzt werden.

(20) Greifen Sie auf das Assoziativgesetz in $\mathbb{M}$ zurück, und gehen Sie analog vor wie beim Nachweis der Kommutativität von $(\mathbb{G}, *)$.

(21) Wenden Sie die Definition von $*$ bzw. die Definition des Inversen an.

(22) Multiplizieren Sie $c = qd + r$ mit $0 \leq r < d$ mit f durch.

(24) Setzen Sie in $b = 2^m \cdot 5^n$ jeweils geeignete $m, n \in \mathbb{N}_0$ ein, sodaß $100 \leq 2^m \cdot 5^n \leq 200$ ist. Die Anzahl der Stellen ist stets gleich dem maximalen Exponenten.

(25) Wenden Sie (D) an und beachten Sie, daß stets $10a = 9a + a$ gilt mit $0 < a < 9$.

Kapitel III

(2) Unterscheiden Sie wie im Fall 2 folgende Unterfälle (5 a) $q < r$, (5 b) $q = r$, (5 c) $r < q < r + s$, (5 d) $q = r + s$, (5 e) $r + s < q$, und beweisen Sie die Aussagen jeweils durch Rückgriff auf Definition 2 sowie auf die Aussagen (a), (b), (c) im Abschnitt III. 3 im Anschluß an den Fall 2.

(5) Ersetzen Sie in dem entsprechenden Beweis des Assoziativgesetzes der Addition in III. 3 jeweils „+" durch „·".

(6) Unterscheiden Sie die drei Fälle $q > r$, $q = r$ und $q < r$, und gehen Sie analog vor wie beim Beweis von Fall 3 des Distributivgesetzes.

(7) Ersetzen Sie in III. 3 bei (6) bzw. (9) jeweils „+" durch „·", 0 durch 1, $(-a)$ und $(-b)$ durch a^{-1} und b^{-1}.

(8) Argumentieren Sie völlig analog wie beim Nachweis von Aussage (1) zu Beginn von III. 4.

(9) Greifen Sie beim Durchrechnen der verschiedenen Fälle auf die Aussage von (8) zurück.

(10) Sei $a + d = b$. Zeigen Sie, daß d auch die Gleichung $a + c + x = b + c$ löst.

(11) Wenden Sie auf $a + c < b + c$ das Monotoniegesetz der Addition an, und addieren Sie $-c$.

(12) Addieren Sie unter Anwendung des Monotoniegesetzes auf beiden Seiten von $a < b$ die Zahl c sowie auf beiden Seiten von $c < d$ die Zahl b. Wenden Sie dann das Transitivitätsgesetz an.

(13) Gehen Sie entsprechend vor wie bei (12), wobei Sie statt zu addieren jeweils multiplizieren.

(14) Wenden Sie Satz 21 an.

(15) Wenden Sie auf $1 \neq 0$ Satz 20 an.

(16) Die Kleinerrelation in $\mathbb{Q}$ kann durch die Beziehung „liegt links von" am Zahlenstrahl veranschaulicht werden.

(17) Unterscheiden Sie jeweils die Fälle $a \geq 0$ und $a < 0$, und wenden Sie Satz 12 an.

(18) (1) Ist $|a| < b$, dann folgt wegen $a \leq |a|$ (Aufgabe 17) jedenfalls $a < b$. Außerdem ist wegen $|-a| = |a|$ auch $-a < b$, woraus durch Multiplikation mit -1 sich $-b < a$ ergibt. Insgesamt ist also $-b < a < b$.

    (2) Unterscheiden Sie die Fälle $a \geq 0$ und $a < 0$.

(19) Führen Sie Satz 26 durch $\frac{a}{b} = a \cdot \frac{1}{b}$ auf Satz 25 zurück, und beweisen Sie $\left|\frac{1}{b}\right| = \frac{1}{|b|}$.

(20) Beachten Sie : $a - b = a + (-c) + c + (-b) = (a - c) + (c - b)$, und wenden Sie hierauf Satz 23 an.

(21) Gehen Sie völlig entsprechend wie beim Beweis von Satz 1 in II. 2 vor, und ersetzen Sie jeweils „$\cdot$" durch „$+$".

(22) $(\overline{0,0})$ bzw. $(\overline{1,0})$.

Kapitel IV

(1) Die Annahme $\left(\frac{m}{n}\right)^2 = p$ führt auf $m \cdot m = p \cdot n \cdot n$. In der Primfaktorzerlegung der Zahl $m \cdot m$ tritt der Primfaktor p in gerader Anzahl, in $p \cdot n \cdot n$ dagegen in ungerader Anzahl auf. Widerspruch!

(2)

$$2 \quad \leq \sqrt{5} < 3$$
$$2,2 \quad \leq \sqrt{5} < 2,3$$
$$2,23 \quad \leq \sqrt{5} < 2,24$$
$$2,236 \quad \leq \sqrt{5} < 2,237$$
$$2,2360 \leq \sqrt{5} < 2,2361$$

$$\cdot$$
$$\cdot$$

(3) Euklid benutzt i. w. dieses (heute im Mathematikunterricht meist verwendete) Argument: Die Annahme $\left(\frac{m}{n}\right)^2 = 2$ mit vollständig gekürztem (!) Bruch $\frac{m}{n}$ bedeutet $m^2 = 2n^2$. Dann wäre m^2 gerade und damit m, d. h. $m = 2k (k \in \mathbb{N})$. Es folgte $(2k)^2 = 2n^2$, also $n^2 = 2k^2$. Mithin wäre auch n^2 und damit auch n gerade. Man hätte also $\frac{m}{n}$ noch durch 2 kürzen können. Widerspruch!

(4) Für $a = 0$ ist nichts zu zeigen $(\sqrt[n]{0} = 0)$. Für $a > 0$ ist $f(0) = -a < 0$ und $f(a+1) = (a+1)^n - a > na + 1 - a = (n-1)a + 1 > 0$ (Beachte: Die Potenzfunktion $x \mapsto x^n$ verläuft im 1. Quadranten ganz oberhalb der Tangente im Punkt $(1,1)$.) Nach dem Nullstellensatz gibt es ein x_0 mit $f(x_0) = x_0^n - a = 0$, d. h. mit $x_0^n = a$.

(5) $l_n = b_n - a_n = \frac{b_0 - a_0}{2^n}$. Da $2^n > n$ für jedes n gilt, ist $l_n < \frac{b_0 - a_0}{n}$ und wird daher mit wachsendem n beliebig klein: Wählt man nämlich zu einer noch so kleinen positiven Zahl ε die Nummer n so, daß $n > \frac{b_0 - a_0}{\varepsilon}$ gilt, dann ist $l_n < \varepsilon$ ($\to$ Archimedisches Axiom; Näheres in 2. 1).

(6) (Herleitung der Formel (1) für den äußeren Treppenkörper)
$G_1, G_2, ..., G_n = G$ seien die Inhalte der Schnittfiguren. Mit Ähnlichkeitsargumenten folgt

$$G_1 : G = \left(\tfrac{h}{n}\right)^2 : h^2 = \frac{1}{n^2} \ , \text{ also } \ G_1 = \frac{1}{n^2}G,$$
$$G_2 : G = \left(\tfrac{2h}{n}\right)^2 : h^2 = \frac{2^2}{n^2} \ , \text{ also } \ G_2 = \frac{2^2}{n^2}G,$$

$$\cdot$$
$$\cdot$$
$$\cdot$$

$$G_n : G = \left(\tfrac{nh}{n}\right)^2 : h^2 = \frac{n^2}{n^2} \ , \text{ also } \ G_n = \frac{n^2}{n^2}G$$

Damit ist

$$V_{\text{außen}}(n) = G_1 \cdot \frac{h}{n} + G_2 \cdot \frac{h}{n} + ... + G_n \cdot \frac{h}{n}$$
$$= \frac{h}{n^3}G \left(1 + 2^2 + 3^2 + ... + n^2\right),$$

und mit der Formel

$$1 + 2^2 + \ldots + n^2 = \frac{n(n+1)(2n+1)}{6}$$

ergibt sich (1).

(7) (ii) $\Rightarrow$ (ii') : Gäbe es ein $\varepsilon > 0$ mit $x \leq s - \varepsilon$ für alle $x \in M$, so wäre $s - \varepsilon$ eine obere Schranke von M, die kleiner ist als s, im Widerspruch zu (ii).

(ii') $\Rightarrow$ (ii) : Gäbe es eine obere Schranke s', die kleiner ist als s, so könnte es zwischen s' und s kein Element $x \in M$ geben, im Widerspruch zu (ii').

(8) $M \subset \mathbb{R}$ *nach unten beschränkt*, wenn es ein $s \in \mathbb{R}$ gibt, so daß $s \leq x$ für alle $x \in M$. s heißt *größte untere Schranke (Infimum von M)*, wenn überdies für jede andere Schranke s' von M $s' \leq s$ gilt.

(9) 0 ist untere Schranke von $M = \{\frac{1}{n} | n \in \mathbb{N}\}$, da $0 < \frac{1}{n}$ für alle $n \in \mathbb{N}$. 0 ist auch größte untere Schranke, da es zu jedem $s' > 0$ ein $n \in \mathbb{N}$ gibt mit $\frac{1}{n} < s'$ (Archimedisches Axiom!), ein solches s' also nicht mehr untere Schranke wäre.

(10) (Eindeutigkeit des Supremums) Ist $s = \sup M$ und $s' = \sup M$, so gilt $s \leq s'$ (da s kleinste obere Schranke) und $s' \leq s$ (da s' kleinste obere Schranke), also $s = s'$.

(11) Zwei verschiedene Zahlen liegen nach genügend vielen Zehntelteilungen schließlich in verschiedenen Teilintervallen und unterscheiden sich daher in den Ziffern der dazugehörigen Stelle.

(12)

Schritt Nr.	untere Näherungszahl	obere Näherungszahl	Intervall, in dem x liegt
0	1	2	[1; 2]
1	1,2	1,3	[1,2; 1,3]
2	1,23	1,24	[1,23; 1,24]
3	1,234	1,235	[1,234; 1,235]
4	1,2345	1,2346	[1,2345; 1,2346]

Der zu rekonstruierende Punkt auf der Zahlengeraden ist das Zentrum dieser Intervallschachtelung.

(13) a) $a > 0, \quad b < 0$

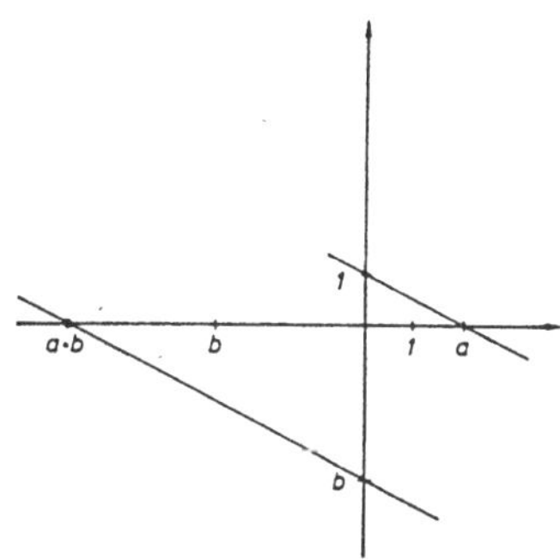

b) Man überträgt b auf die zweite Zahlengerade, verbindet a auf der ersten Zahlengeraden mit b auf der zweiten Zahlengeraden und zeichnet zu dieser Verbindungsgeraden die Parallele durch 1 auf der zweiten Zahlengeraden. Die Parallele schneidet die erste Zahlengerade im Punkt $a : b$.

$a > 0, \quad b > 0$

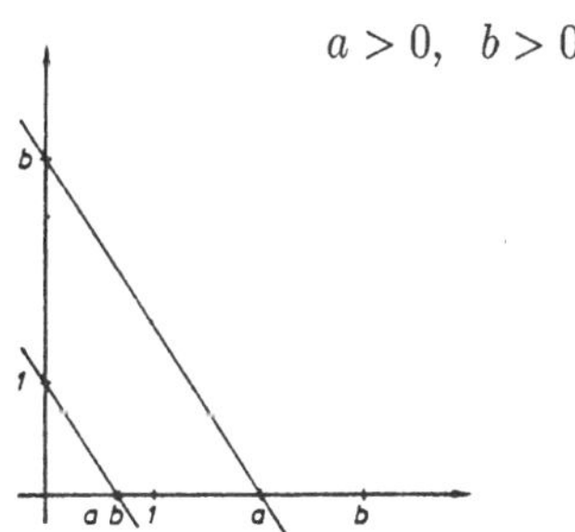

(14) Für $a = 2,5999\ldots$ und $b = 2,6000\ldots$ wäre nach Definition der lexikographischen Ordnung $a < b$, da $5 < 6$ ist !

(15)

Intervalle für $\pi - \sqrt{2}$		Intervalle für $\pi : \sqrt{2}$	
1	$< \pi - \sqrt{2} < 3$	$1,5$	$< \pi : \sqrt{2} < 4$
$1,6$	$< \pi - \sqrt{2} < 1,8$	$2,066666 < \pi : \sqrt{2} < 2,285715$	
$1,72$	$< \pi - \sqrt{2} < 1,74$	$2,211267 < \pi : \sqrt{2} < 2,234043$	
$1,726$	$< \pi - \sqrt{2} < 1,728$	$2,219787 < \pi : \sqrt{2} < 2,222066$	
$1,7272$	$< \pi - \sqrt{2} < 1,7274$	$2,221240 < \pi : \sqrt{2} < 2,221468$	
$1,72737$	$< \pi - \sqrt{2} < 1,72739$	$2,221429 < \pi : \sqrt{2} < 2,221453$	
$1,727378$	$< \pi - \sqrt{2} < 1,727380$	$2,221440 < \pi : \sqrt{2} < 2,221443$	

(16) Alle Elemente der Form $z_0, 99 \ldots 9$ sind nach Definition der lexikographischen Ordnung kleiner als $z_0 + 1$, also ist die Zahl $z_0 + 1$ obere Schranke. Sie ist auch kleinste obere Schranke, denn jede Dezimalzahl $< z_0 + 1$ wird von einem Element der Form $z_0, 999 \ldots 9$ übertroffen.

(17) Nach Konstruktion von c ist c jedenfalls obere Schranke von M. Ist nun $z < c$, so gilt $z_n < c_n$ für $n = min\ \{k \in \mathbb{N}_0 \mid z_k \neq c_k\}$. Dann gibt es aber ein $a \in M$ mit $z < a \leq c$, nämlich $a = c_0, c_1 c_2 \ldots c_n \ldots$ (da $z_n < a_n = c_n$ nach Konstruktion von c_n). Also ist c auch kleinste obere Schranke von M.

Kapitel V

(1) Beim Ausmultiplizieren heben sich gerade die Glieder mit i heraus, und wir erhalten $\frac{a^2+b^2}{a^2+b^2}$, also 1.

(2) Berechnen Sie $((a,b) + (c,d)) + (e,f)$ sowie $(a,b) + ((c,d) + (e,f))$ nach Definition 1, und wenden Sie das Assoziativgesetz in $\mathbb{R}$ an.

(3) Berechnen Sie $((a,b) \cdot (c,d)) \cdot (e,f)$ sowie $(a,b) \cdot ((c,d) \cdot (e,f))$ nach Definition 1, und wenden Sie das Assoziativgesetz in $\mathbb{R}$ an.

(4) Wenden Sie die Definition 1 an, und rechnen Sie jeweils aus $(a,b) \cdot ((c,d) + (e,f))$ sowie $(a,b) \cdot (c,d) + (a,b) \cdot (e,f)$.

(5) Gehen Sie entsprechend vor wie im Beweis von Satz 15 in II. 8.

(6) Im Fall (1) $0 < a$ wenden Sie das Monotoniegesetz der Multiplikation an. Im Fall (2) $a < 0$ erhalten Sie durch Anwendung des
Monotoniegesetzes der Addition und durch Addition von $(-a)$ auf
beiden Seiten $0 < -a$. Gehen Sie jetzt entsprechend vor wie im Fall
(1).

Literatur

Artmann, B. : Der Zahlbegriff. Göttingen 1983

Blum, W. ; Törner, G. : Didaktik der Analysis. Göttingen 1983

Bürger, H. ; Schweiger, F. : Zur Einführung der reellen Zahlen. In: Didaktik der Mathematik, 2/1973, S. 98 – 108

Courant, R. ; Robbins, H. : Was ist Mathematik?. Berlin 1962

Danckwerts, R. ; Vogel, D. : Analysis. Der Mathematikunterricht (MU) 2/1986

Deutsches Institut für Fernstudien (DIFF) : Studienbrief HE 8 : Dezimalzahlen. Tübingen 1982

Dedekind, R. : Stetigkeit und rationale Zahlen. Braunschweig 1872

Ebbinghaus, H.–D. et al : Zahlen. Berlin ^{3}1992

Freudenthal, H. : Mathematik als pädagogische Aufgabe. Band 1. Stuttgart ^{2}1977

Griesel, H. : Der mathematische Hintergrund der natürlichen Zugänge zu den negativen Zahlen. In: Der Mathematikunterricht (MU), 1/1973, S. 54 – 77

Griesel, H. : Die Neue Mathematik für Lehrer und Studenten. Band 3. Hannover 1974

Hahn, O. ; Dzewas, J. : Analysis. Braunschweig 1990

Hausamann, D. : Die komplexen Zahlen im gymnasialen Unterricht – Ein neuer methodischer Zugang. In: Praxis der Mathematik (PM), 3/1989, S. 143 – 148, S. 173 – 175

Kirsch, A. : Mathematik wirklich verstehen. Köln 1987

Knoche, N. ; Wippermann, H. : Vorlesungen zur Methodik und Didaktik der Analysis. Mannheim 1986

Kütting, H. : Elementare Analysis. Band 1. Mannheim 1992

Landau, E. : Grundlagen der Analysis. New York ^{4}1965

Menninger, K. : Zahlwort und Ziffer. Eine Kulturgeschichte der Zahl. Göttingen ^{3}1979

Nissen, H. J. ; Damerow, P. ; Englund, R. K. : Frühe Schrift und Techniken der Wirtschaftsverwaltung im alten vorderen Orient. Bad Salzdetfurth ^{2}1991

Oberschelp, A. : Aufbau des Zahlensystems. Göttingen 1968

Padberg, F. ; Kütting, H. : Lineare Algebra. Eine elementare Einführung. Mannheim 1991

Padberg, F. : Elementare Zahlentheorie. Mannheim ^{2}1991

Padberg, F. : Didaktik der Arithmetik. Mannheim ^{2}1992

Padberg, F. : Didaktik der Bruchrechnung. Heidelberg ^{2}1995

Pieper, H. : Die komplexen Zahlen. Theorie – Praxis – Geschichte. Berlin 1984

Rautenberg, W. : Reelle Zahlen in elementarer Darstellung. Stuttgart 1979

Rautenberg, W. : Elementare Grundlagen der Analysis. Mannheim 1993

Russell, B : Einführung in die mathematische Philosophie. München ^{2}1930

Scheid, H. ; Warlich, L. : Mathematik für Lehramtskandidaten. Band II: Algebraische Strukturen und Zahlbereiche. Frankfurt 1974

Steiner, H.–G. : Moderne begriffliche Methoden bei der Behandlung der komplexen Zahlen. In: Der Mathematikunterricht (MU), 2/1964, S. 5 – 35

Steiner, H.–G. : Elementare Beweise zum Fundamentalsatz der Algebra. Eine didaktische Analyse. In: Der Mathematikunterricht (MU), 2/1964, S. 60 – 93 (1964 b)

Strehl, R. : Zahlbereiche. Freiburg ^{2}1976

Vogel, A. : Klassische Grundlagen der Analysis. Leipzig 1952

Volkenborn, A. : Das Erweitern von Zahlbereichen als grundlegende Idee der Mathematik : Zur Einführung der komplexen Zahlen. In: Der Mathematikunterricht (MU), 4/1985, S. 22 – 34

Vollrath, H.–J. : Aufbau des Zahlsystems. In: G. Wolff (Hrsg) : Handbuch der Schulmathematik. Band 7. Hannover 1968

Vollrath, H.–J. : Algebra in der Sekundarstufe. Mannheim 1994

Weidig, I. : Die Multiplikation ganzer Zahlen. In: Der Mathematikunterricht (MU), 1/1973, S. 40 – 53

Winter, H. : Bemerkungen zur Einführung der reellen Zahlen. In: Der Mathematikunterricht, 6/1974, S. 7 – 38

Wisliceny, J. : Grundbegriffe der Mathematik. II. Rationale, reelle und komplexe Zahlen. Berlin (^{1}1974), ^{5}1988

Liste der verwendeten Symbole

$\mathbb{N}$	Menge der natürlichen Zahlen
$\mathbb{N}_0$	$\mathbb{N}$ zuzüglich Null
$\mathbb{N}^-$	Menge der negativen ganzen Zahlen
$\mathbb{Z}$	Menge der ganzen Zahlen
$\mathbb{Q}$	Menge der rationalen Zahlen
$\mathbb{Q}^+$	Menge der positiven rationalen Zahlen
$\mathbb{Q}_0^+$	$\mathbb{Q}^+$ zuzüglich Null
$\hat{\mathbb{Q}}^+$	$\{\frac{a}{1} \mid a \in \mathbb{N}\}$
$\mathbb{Q}^-$	Menge der negativen rationalen Zahlen
$\mathbb{R}$	Menge der reellen Zahlen
$\mathbb{D}$	Menge aller Dezimalzahlen
$\mathbb{D}_0^+$	Menge der nichtnegativen Dezimalzahlen
$\mathbb{E}_0^+$	Menge der abbrechenden Dezimalzahlen in $\mathbb{D}_0^+$
$\mathbb{C}$	Menge der komplexen Zahlen
$(M,+),\ (M,\cdot),\ (M,o)$	Verknüpfungsgebilde mit einer Verknüpfung
$(M,+,\cdot)$	Verknüpfungsgebilde mit zwei Verknüpfungen
$(M,+,\cdot,<)$	Verknüpfungsgebilde mit zwei Verknüpfungen und einer Kleinerrelation
K_0^+	Menge der nichtnegativen Elemente eines Körpers K
$-a$	additiv Inverses zu a
$a^{-1}\ (\frac{1}{a})$	multiplikativ Inverses von a
$\emptyset$	leere Menge
$\{x \mid ....\}$	Menge aller x, für die gilt
$\in$	ist Element von
$\notin$	ist nicht Element von
$\cap$	geschnitten mit
$\cup$	vereinigt mit
$\setminus$	ohne
$\subseteq$	ist Teilmenge von
$\subset$	ist echte Teilmenge von
(a,b)	geordnetes Paar a,b
$A \times B$	Kreuzprodukt der Mengen A und B
$\wedge$	und
$\vee$	oder

$\forall$	für alle .... gilt
$\exists$	es existiert ein
$A(n)$	Aussageform
$\Longrightarrow$	wenn, dann
$\Longleftrightarrow$	genau dann, wenn
$:\Longleftrightarrow$	definitorisch genau dann, wenn
$:=$	definitorisch gleich
$<$	kleiner als
$>$	größer als
$\leq$	kleiner oder gleich
$\geq$	größer oder gleich
$\not<$	ist nicht kleiner als
$\neq$	ungleich
$f : A \longrightarrow B$ mit $a \longmapsto b$	Abbildung
f^{-1}	Umkehrabbildung
$A \equiv B$	A und B sind gleichmächtig
$|A|$	Kardinalzahl von A
$a \mid b$	a ist Teiler von b
a/b	Bruch a/b
$\frac{a}{b}$	Bruchzahl $\frac{a}{b}$
$\sim$	ist äquivalent zu
$\overline{(a, b)}$	Äquivalenzklasse
$q_0, q_1 q_2 \cdots q_n$	endlicher Dezimalbruch
$q_0, \overline{q_1 q_2 \cdots q_n}$	reinperiodischer Dezimalbruch
$|a|$	Absolutbetrag (Betrag) von a
$([a_n , b_n])_{n\in\mathbb{N}} , (I_n)_{n\in\mathbb{N}}$	Intervallschachtelung
$\sqrt[n]{a}$	n–te Wurzel aus a
$\sup M$	Supremum der Menge M
$\inf M$	Infimum der Menge M
(SUP)	Satz von der oberen Grenze
(ARCH)	Archimedisches Axiom
(INT)	Intervallschachtelungssatz
(A, B)	Dedekindscher Schnitt
e	Eulersche Zahl
i	imaginäre Einheit

Index